U0116767

現代化鐵律與價值投資

李 录 著

商務印書館

現代化鐵律與價值投資

作　　者　李　录
責任編輯　毛永波
裝幀設計　黃鑫浩
出　　版　商務印書館 (香港) 有限公司
　　　　　香港筲箕灣耀興道 3 號東滙廣場 8 樓
　　　　　http://www.commercialpress.com.hk
發　　行　香港聯合書刊物流有限公司
　　　　　香港新界荃灣德士古道 220-248 號荃灣工業中心 16 樓
印　　刷　美雅印刷製本有限公司
　　　　　九龍觀塘榮業街 6 號海濱工業大廈 4 樓 A 室
版　　次　2020 年 10 月第 1 版第 1 次印刷

　　　　　ISBN 978 962 07 5868 3
　　　　　Printed in Hong Kong

目　錄

上篇　文明、現代化與中國

下篇 價值投資與理性思考

價值投資與中國

閱讀、思考與感悟

序一

芒格評李录*

查理·芒格

為甚麼李录如此成功？我覺得部分原因在於，他可以說是中國的沃倫·巴菲特。這點幫助很大。另一部分原因是他在中國市場「捕魚」，而不是在競爭激烈的美國市場——這裏已經被過度捕撈，漁民太多了。中國市場上還存在一些無知和惰性認知的盲點，因此為他創造了不尋常的機會。捕魚的第一條規則：「去有魚的地方捕魚。」捕魚的第二條規則：「千萬別忘了第一條規則。」李录恰好去了魚很多的地方捕魚。我們其他人就像那些鱈魚漁民一樣，試圖去已經被過度捕撈的地方尋找鱈魚。當競爭太激烈時，你再努力工作也無濟於事。

問：您在李录身上看到了甚麼和其他中國投資人不同的地方？從他的傳記來看，他更像是個局外人。他和托德·康姆斯、特德·韋施勒（Todd Combs 和 Ted Weschler 是伯克希爾·哈撒韋公司的投資官）有哪些相似和不同之處？去年您和李录一起接受中國媒

* 節選自查理・芒格在 2019 年報業公司（Daily Journal）年度股東大會上的演講。

體採訪的原因是甚麼？

我接受採訪是因為李录叫上了我。有時候我會做這樣的事，在這方面我有些「愚蠢」。採訪中我只是如實回答了那些問題，說出自己真實的想法。答案就是李录不是常人，他是中國的沃倫•巴菲特。他非常有天分。當然，我也喜歡批評他，但這是我們之間相處的樂趣所在。我今年已經95歲了。95年裏，我把芒格家族的財產交給外人管理僅此一例。結果如何呢？不用猜也知道，這就是李录，他已經本壘打直接得分了。這太了不起了，也是極其罕見的。從此以後，有了李录的先例，我還會挑選別人嗎？順便說一句，這是一種很好的決策方式，我們在工作中也是如此。如果我們找到一樣東西，能讓我們大有所為，那我們對那些比不上它的東西就不必再看了。這樣可以大大簡化生活，因為比李录更出色的人寥寥無幾。所以我只需要靜坐着等待。花些時間安靜地坐着等待——這看似無為的做法卻充滿了智慧。相比之下，很多人都太過於活躍了。

問：很多人都會問您如何決定要做甚麼投資或交易，您的答案是這是一個比較快的過程。我的問題是，您如何判斷一位基金經理或一家公司的管理層是否具有優秀的人格和誠信？您需要多長時間能做出判斷？您會在他們身上尋找哪些特質？

現在我找到了李录，我不會再去找別人了。所以你向我提這個問題是找錯人了。找到比李录更出色的人的概率有多少呢？所以對我來說，做這個決定非常容易。回到你的問題——你需要的是李录，但我不知道去哪裏再給你找一個。

序二

得道者多助

常勁

我與李录君三十年前相識於北京。彼時我在北京大學讀大三，而他是南京大學四年級的學生。大約一年後，我們又在美國舊金山見面。那時他是耀眼的明星，被哥倫比亞大學的本科學院錄取，名字常出現於中、英文各大媒體。而我剛到美國不久，住在加州大學伯克利分校附近的窮人區，正在為生計苦苦掙扎，對前途一片茫然。在當地一個大型活動中，他是台上的演講者，我是台下芸芸聽眾之一，他竟然在人羣中一眼認出我，走過來熱情地與我擁抱，讓我感動不已。從此，我們成為好友。

1994 年我被哥倫比亞大學商學院 MBA 項目錄取，機緣巧合竟然成為李录君的同班同學，一起在哥大度過了兩年的學習時光，一起畢業。畢業時，李录君同時取得三個學位 —— 哥倫比亞學院的經濟學本科學位、商學院的工商管理碩士學位以及法學院的法律博士學位，是哥大歷史上第一位同時獲得三個學位的學生，並作為學生代表在哥大 1996 年的畢業典禮上發言。

畢業後他成為一名投資人，一年後就創辦了喜馬拉雅資本管理公司並成立了自己的投資基金；而我則加入了波士頓的一家管理諮詢公司，1999 年在互聯網的大潮中離職創業，失敗後加入了一家初創的網絡媒體公司。2006 年，當我決定要離開這家公司時，李录君邀請我加入喜馬拉雅資本，從此成為他的工作夥伴，一眨眼到今天已 13 年了。實際上，從離開商學院到加入喜馬拉雅這段時間，我們的職業軌跡也一直有交集。他是我最早的天使投資人，又是我後來加入的創業公司的主要股東。離開學校進入商界後，我的人生道路和他緊密相關，一直得到他的幫助。

我常說他是我人生中的「三老」，別人聽了總以為我在開玩笑。年輕時說他「老」的確有些開玩笑的意思，但他真的也是少年老成。現在我說的「三老」卻是認真的，是老友、老闆和老師。

說李录君是我的老師，並沒有恭維的意思。李录君熱愛讀書，知識淵博。他想問題特別深，問起問題來就像針錐一樣尖銳，任何想法和說法如果有漏洞，到了他這裏都無法蒙混過關，都會被赤裸裸地暴露出來。而且他說話特別直率，不講人情，不管你是至親好友，還是專家權威，都一針見血，直接扎在你的痛處，所以也常常惹人反感。

開始與他接觸的時候，這一點讓我很不舒服，覺得他太「圪」，太鋒芒畢露、不留情面。後來慢慢了解他的個性如此，對個人並沒有任何成見，只是看到有問題的地方，就會忍不住要講出來。和他在一起交流，只要放開胸懷，暢所欲言，即便大家爭論得面紅耳赤，爭論完就過去了，他絕不會放在心上。

而且我慢慢發現，往往最後證明他總是看得更全面，他的觀點最經得起時間的考驗。特別是在和他一起工作後，由於我們工作的性質更由不得半點不懂裝懂的空間，於是我的想法和工作有了更多被他批評的機會。從開始的抗拒，到反思和適應，慢慢到敞開心胸向他學習，漸漸懂得他的這種「對知識的誠實」不僅是一種學習態度，而且是一種價值觀，驅動着他在投資上不斷精進，在思想上探索求真。今天回頭來看，他教我的不僅是價值投資的真諦、學習和研究的真諦，而且是做人的真諦。

感謝李录君這麼多年對我的耐心，把他所學所悟毫無保留地傳授於我。如果在我的事業上、在我的思想上有任何稍稍優於常人的地方，那一定能歸功於李录君的教誨，所以我稱李录君為老師絕不為過。

當李录君請我給他這本文集寫序時，我的內心其實很矛盾。能為李录君的文集寫序，自然是我人生的一大榮耀。以李录君在事業和思想上的成就而言，他是我們這一代人中鳳毛麟角的人物，尤其在事業和思想上同時達到如此高度，在我了解的世界裏絕無僅有。

因為人生中有很多共同的經歷，李录君和我有很多共同的興趣和話題，其中之一是中國，特別是關於中國過去為甚麼落後、如何實現現代化的問題。這個問題其實也困擾了我幾十年，一直沒有找到很好的答案，更談不上自己形成一套系統的理論體系。對這樣的大問題，我和很多喜歡思考的朋友一樣，想一想或者時有見地也就放下了，不再深究，再多思考，就會發現自己並沒有想得很清楚。

可幸的是，李录君在這方面的思考比我深入得多，而且樂於與我分享，讓我受益極大。回顧我和他過去十幾年的交談和討論，我覺得他是從 2008 年、2009 年這兩年，對這個問題的認識開始產生質的飛躍。而這兩年恰恰是他在事業和生活上都面臨巨大困惑和挑戰的時候，那時我們經常在帕薩迪納市政府的花園裏散步、聊天、談心，當然主要是我聽他講。關於中國的話題自然也談得最多，從歷史談到現代，從文化談到經濟。他的閱讀量巨大，知識面極廣，大量的信息都是我過去聞所未聞的。

2009 年 4 月，李录君有了把 *Poor Charlie's Almanack* (《窮查理寶典》) 翻譯成中文出版的想法。《窮查理寶典》是海外價值投資界聖經式的經典之一，它囊括了查理‧芒格先生畢生的思想精華和重要演講，內容既有關於投資的，又有關於學習和思考的，還有關於人生的，翻譯和出版工作需要一個專業團隊來完成。李录君的好友、知名作家六六特別支持這個想法，專門把出版人施宏俊先生介紹給我們。

施宏俊君在國內出版界是響當當的人物，在發現優秀作品上眼光獨到。我們相約 7 月在香港見面，商談《窮查理寶典》的翻譯和出版事宜。在香港，因為有好學好問的六六在，李录君特別健談，從《窮查理寶典》談到他自己對投資、人生、中國和世界的認識。因為芒格先生本身就是一個百科全書式的人物，而好學的六六君對天下所有的事都好奇，無所不問，李录君竟然也無所不答，涵蓋了金融、商業、經濟、科學、技術、人文、歷史、哲學，不管是東方的還是西方的，對任何問題的回答都胸有成竹、信手拈來，既引經據典，又有自己的獨特見解，尤其是他對中國歷史認識之深刻，已自成一體！

2009 年 7 月中旬至 2010 年 3 月底這段時間，我們集中精力翻譯、校對和修改《窮查理寶典》中文版。施宏俊君找到李繼宏先生做翻譯，李繼宏的譯稿發給我們後，先由我做第一輪的校對，由六六君再次校對和文字潤色，最後由李录君終審把關，然後才發回給出版社編輯，力求翻譯後的文字符合原文的意思，並盡可能真實反映原作者的行文風格。

讀過《窮查理寶典》的人都知道，芒格先生一生研究的興趣範圍不僅限於投資、金融和商業，還囊括了硬科學和軟科學的各個專業領域。書中有大量的專業術語、歷史人物的故事和語錄，還有很多風趣的比喻以及芒格先生特有的語言風格，特別是芒格先生善用反向思維和冷幽默，加上東西文化在思維範式上有很多細小的差異，如果對芒格先生的思想沒有深刻的認識，翻譯中自然會有大量的錯誤。故而即便有李繼宏、六六和我三人前期的工作，李录君依然需要花大量的時間做修改和校正。事實上如果沒有李录君把關，《窮查理寶典》中文版的翻譯質量不可能達到今天的水平。在此期間，李录君還寫了《窮查理寶典》中文版的序言——「書中自有黃金屋」。該文發表後成為長期在網上熱傳的一篇佳作，我個人以為這正是他本人思想成果發生井噴的起點。

2010年5月5日，李录君在家中舉辦了一個私人聚會慶祝《窮查理寶典》中文版的出版，邀請了南加州各界朋友參加，並在邀請信中附上了他給《窮查理寶典》寫的中文序言。聚會結束後，有幾位朋友留下來，聽李录講人類的進化和中國問題。這是我第一次聽到他用進化論的原理解釋文化的形成。我印象特別深的是李录君和時任南加州大學建築學院院長的馬清運君討論的一個有關建築設計方面的問題，李录君用地理在人類進化中的影響很有説服力地解釋了建築設計中使用樹木和草坪的原因。

此後近兩年的時間，當我們在帕薩迪納市政府的花園裏散步和聊天時，他講的最多的是如何用進化的觀點看待各種問題，包括投資中國的問題。他給我詳細講過加州大學洛杉磯分校教授賈雷德•戴蒙德（Jared M. Diamond）的《槍炮、病菌與鋼鐵》（*Guns, Germs, and Steel*）、斯坦福大學教授伊恩•莫里斯（Ian Morris）的《西方將主宰多久》（*Why the West Rules-for Now*）、英國科普作家馬特•里德利（Matt Ridley）的《理性樂觀派：一部人類經濟進步史》（*The Rational Optimist: How Prosperity Evolves*）以及生物學家及人類學家愛德華•威爾遜（E. O. Wilson）的《社會性征服地球》（*The Social Conquest of Earth*）這四本書對他的影響，以及他自己在研究中國問題時的一些重大發現，特別是在為甚麼現代化沒有在中國發生，以及中國未來如何發展這些問題上，他已然形成了一套獨特和完整的理論體系。

最開始，我的質疑比較多，後來更多的是贊同，最後徹底信服。我鼓勵他把這些想法寫成一本書，與更多人分享他的思想。起初他十分猶豫，後來在幾個不同的朋友聚會的場合，他和在場的朋友們分享了他對人類文明史和現代化的最新理解，令大家耳目一新。2012 年 8 月的一天，我拿着錄音筆，請他把關於人類文明史和現代化的理論從頭到尾講一遍，我找人整理成文字，正式開始了《李录談現代化》的文字記錄整理工作。

此後近八個月的時間，由李录君口述，我和喜馬拉雅的同事做文字整理，整理好的文字再經過李录君親自修改和校正。2013 年 4 月初，我們終於完成了《李录談現代化》的第一個版本，恰好是他 47 歲生日當天。

完成後我們把這篇近五萬字的長文發給朋友們相互傳閱，獲得大家的熱烈反響，國內竟然還有朋友把文章印成了一本小冊子，作為禮物送給自己的朋友。虎嗅網的創辦人李岷讀到這篇長文後聯繫李录君，希望在虎嗅網首發。經過李录君再次修改和編輯，2014 年 5 月正式以《李录談現代化》系列專題的形式在虎嗅網發表，分成 16 篇，每週發 1 篇，同時也在李录君個人的微博發表。系列文章發表後，每一篇都在網上熱傳並引發了熱烈的討論，成為當年虎嗅網最熱門的系列文章。

本書的上篇「文明、現代化與中國」收錄了《李录談現代化》系列的 16 篇文章。《李录談現代化》應用新史學的科學方法論和研究成果，結合李录君個人三十多年積累的思考、解讀和論證，對人類文明的發展，尤其是現代化的誕生和發展提出很多具有原創性的觀點和理論，並在此基礎上提出了他對中國未來，中國現代化對西方的影響，以及人類未來共同命運的一些探索和預測。 在他思考和寫作的過程中，我有幸成為他的第一個讀者，並直接同他進行深度交流和腦力激蕩，我對他的思想體系有了比較深入的認識和理解，也通過微博和微信，與朋友們分享過自己對《李录談現代化》系列文章的一些零碎的感受和體會。我也注意到，因為李录君用濃縮精煉的文字和突破傳統思維定式的全新思想框架，來重新解析人類從走出非洲開始橫跨數萬年的文明史，並探討有關人類文明和中國社會發展的許多重大歷史話題，一些讀者產生無所適從的感覺。因其中引用的大量史料和涵蓋的知識領域遠超我的知識範圍，我在閱讀時，也有相當吃力的感覺，不得不臨時惡補很多關鍵知識。

為幫助各位讀者更好地理解李录君關於人類文明進程和現代化理論體系的闡述，我整理了過去在網上發表過的那些零碎的讀後感，添加了個人與作者在交談過程中所獲得的一些新的認識和體會。以我之見，李录君對人類文明史和中國歷史的全新理解和認識，代表了我們 60 後這一代人對世界及中國的過去和未來最深刻的思想探索，尤其是李录君對現代化本質和鐵律的認識和理解，是一次思想上的飛躍，將具有劃時代的意義！理解了現代化的本質和鐵律，就能理解為甚麼全球化的趨勢勢不可擋，也就能理解為甚麼未來幾十年中國將持續發展成為真正的世界大國。

首先，李录君在研究歷史現象的方法論上突破了「大歷史」學者的宏觀分析法。李录君採用了伊恩•莫里斯教授創建的社會發展指數，用量化的方式來觀察和研究歷史，同時採用了在歷史、考古、地理、氣候、天文、生物、遺傳、經濟、社會等多個社會和自然科學領域的最新研究發現，用科學理性的思維方法來深入探討歷史現象的本質和發展規律，從而對人類文明發展過程中的歷史事件做出合理、可靠的解釋，並對未來可能出現的事件做出合理、可靠的預測。莫里斯的社會發展指數是用關於人類攝取能量、社會組織、信息技術和戰爭動員四個方面能力的具體參數總和而成的，這些參數可以用科學的辦法從人類歷史的不同階段提取出來做成圖表，從而讓我們看見人類文明發展的軌跡，尤其是東、西兩個文明中心發展的軌跡和比較[1]。

李录君認為人類進化具有雙重性——生物進化和文化進化。達爾文的進化論闡述了生物進化的歷程。但人類進化和生物進化還有不同之處，是生物進化和文化進化的雙重結果。文化進化，是人類通過文字、信仰、藝術等形式、通過一代代人學習和知識的累積進行的，其繼承和發展的速度遠遠快於生物遺傳，因此拉開了人與其他物種之間的距離，而人和動物之間的距離就是本書中定義的文明。

1 對該社會指數如何定義計算及提取數據感興趣的讀者可參閱伊恩•莫里斯所著《文明的度量》(*The Measure of Civilization*)一書。

在莫里斯人類社會發展指數的基礎上，李录君提出把人類文明分為三個階段，1.0 採集狩獵文明、2.0 農業畜牧業文明、3.0 科技文明。這種分法與傳統我們所熟知的用社會發展形態或制度演進的分法不太一樣，它與文化和社會制度沒有直接聯繫，完全根據莫里斯指數曲線增長的不同階段來區分的，體現的是莫里斯指數曲線增長的情況。從莫里斯指數來看，人類文明在大約七萬年前發生了一次巨大的飛躍，人類走出非洲並在之後的幾萬年遍佈全球。在此過程中，人類祖先表現出其他動物完全不具備的智慧、想像力、創造力和進取心，雖然生活方式上並沒有比在非洲時發生巨大變化，依舊是採集狩獵的原始狀態，但人口數量迅速增長並覆蓋全球，瀕臨滅絕的機會大大降低，為下一次文明的飛躍奠定了基礎。

李录君認為，公元前 9600 年左右農業文明的誕生是地球氣候變暖給人類帶來的禮物。在這一點上，李录君採用了賈雷德•戴蒙德的研究成果，認為農業文明中心最早出現在所謂幸運緯度帶上，西方在西南亞的側翼丘陵地帶（Hilly Flanks），中國在 2000 年之後出現在黃河長江流域，而美洲和澳大利亞因為地理隔絕基本上沒有農業，東西兩大文明中心從農業文明的誕生開始就逐步形成了。李录君認為，東西方農業文明經過三次衝頂的嘗試，到公元 1776 年，亞當•斯密（Adam Smith）在英國出版《國富論》、美國的國父們發表《獨立宣言》以及瓦特在伯明翰宣佈製造世界上第一台蒸汽機這三件事，標誌着人類文明躍升到 3.0 階段。在這裏李录君沒有把 3.0 文明按慣常說法稱為工業文明，而是把它命名為科技文明，這並不是為了標新立異，而是蘊有深意的——它體現了李录君對現代化這個概念的深刻理解。

為了闡述人類文明從 1.0 到 3.0 的演進過程和機制，李录君從第三講開始到第十講，一共用了八個篇幅回顧歷史，從七萬年前人類文明的起源到 19 世紀現代化的傳播以及 20 世紀現代化的道路之爭，討論涉及和囊括了地球的氣候變遷、人類祖先智慧人猿的出現、人與動物在生理和智能上的根本區別、農業文明的天花板、為甚麼現代科學革命出現在歐洲、現代化是如何誕生的、為甚麼現代化沒有在中國誕生等重大問題。

第十一講——「現代化的本質和鐵律」是李录君談現代化十六講系列文章中最深刻、最具原創思想的一篇。「現代化」（Modernization）在東西方都曾是一個比較泛濫的概念，無數學者和哲人都對何為現代化有過深刻的思考、研究和論述。現在比較被廣泛接受的認識是，現代化是傳統農業社會向工業社會轉化的一個過程。圍繞着這個概念而提出種種問題，例如現代化這個轉化的核心動力是甚麼？是單向的還是雙向的？是單一的還是有其他選擇的？是主動的還是被動的？是建設性的還是破壞性的？等等，至今尚有爭議。近幾十年在西方社會，因為綠色環保思想的傳播和普及，更出現反現代化的潮流，追求回歸傳統，回歸原始，回歸農業時代無現代科技的生活方式。究其原因，人們對現代化的認識仍然停留在工業化的層面上，尚未洞悉現代化的本質。

在上篇第二講——「文明的軌跡」一文中，李录君應用伊恩・

莫里斯關於人類社會發展指數的研究成果來探討人類文明的發展過程。從莫里斯的東西方社會發展指數圖表上可以看到，公元1800年以後，西方率先進入了一個飛速發展期，東方從20世紀起也開始起飛，東西方社會都呈現出火箭式的發展，社會發展指數出現持續複合增長的狀態。他把這段時期人類的文明稱為3.0文明，並稱之為科技文明。

為甚麼李录君把1800年以後的人類文明3.0稱為科技文明而非我們慣常理解的工業文明？

在上篇第八講——「現代化的誕生」一文中，他敏鋭地觀察到，1776年亞當•斯密的《國富論》的出版、美國《獨立宣言》的發表和瓦特蒸汽機的發明這三件互不相干的事件在同一年裏發生，成為人類文明史上的分水嶺，此後人類社會的現代化進程一發而不可收，從英國開始向全球蔓延。這三件事分別代表了自由市場經濟、憲政民主制下的有限政府以及現代科學技術。縱觀從工業革命開始持續至今全球最成功、最發達的國家都具備這三個關鍵的要素。

他把現代科技和自由市場的結合稱為人類歷史上最偉大的制度創新。他指出，人類就本性而言情感上追求結果平等，理性上追求機會平等；對結果平等的追求使得人類文明的任何進步都會最終傳播到地球的每一個角落；建立了提供機會平等制度的社會都會繁榮進步、長治久安。而自由市場經濟給每個人提供了真正的平等機會，讓所有人都有可能實現自己的才華，獲得自己應得的經濟果實。他稱這種體制為「經濟賢能制」。在這樣的體制中，現代科技和自由市場經濟的結合使得科學技術能迅速轉化為新的生產力，使抽象的想法迅速轉化為產品，並被迅速地用最低成本的手段生產出來，投入市場提供給每個消費者，通過自由市場的機制創造出財富。而憲政民主制下的有限政府則為公民個人的權利、自由和私人財產提供了保護，為科技創新提供了必要的自由空間，為自由市場經濟按規則運行提供了基本保障，讓社會財富在機會平等的原則下通過公平競爭的自由市場機制進行分配。所以在李录君看來，現代科技與自由市場經濟無縫結合才是 3.0 文明最核心、最本質、最成功的社會形態。

在此基礎上李录君非常有創見地指出：「現代化的本質就是現代科技與自由市場經濟的結合，使得人類經濟進入到一個可持續的複合增長的狀態。而進入到這種狀態的社會和國家就是現代化的社會和國家。」

為甚麼現代科技與自由市場經濟的結合能使人類經濟進入到一個可持續的複合增長的狀態？李录君應用了古典經濟學大師、英國政治經濟學家大衛•李嘉圖（David Ricardo）的比較優勢來做解釋：兩個具有不同能力的個人，如果他們各自專注於自己的特長，他們創造出來的價值在互相交換後合起來反而更多。這可以用 1+1>2 的數學公式來表示，如果交換的人越多，市場越大，創造出的增量就越多。李录君更進一步指出，這說明自由市場本身就是個規模經濟。

「自由市場經濟能創造更多社會財富」這個結論，在今天早已不是甚麼了不起的創見，現代經濟學的鼻祖亞當•斯密早已經在他的《國富論》中系統地解開了社會分工加自由交換能創造更多社會財富的秘密。而大衞•李嘉圖在其《政治經濟學及賦稅原理》(*On the Principles of Political Economy and Taxation*)一書中更在亞當•斯密的基礎上發展出比較優勢的理論，用於解釋國家間自由貿易能創造出更多社會財富並使雙方互惠的原因。但 1+1>2 不能完全解釋現代經濟長期呈複合增長的現象。因為當所有的人都參與到自由交換的市場中、社會分工極大化時，社會財富的增長達到極限。李录君在此問題上有所突破，他指出了人的知識積累對社會分工和交換所產生增量的放大作用。他用 1+1>4 的數學公式來表述：「不同的思想交換的時候，交換雙方不僅保留了自己的思想，獲得了對方的思想，而且在交流中還碰撞火花，創造出全新的思想。正是因為人的知識積累的這種特性，使得現代科學技術不斷進步和創新，當現代科技與自由市場結合時，效率的增加、財富的增量以及規模效應都成倍放大，這和人的無限需求完美結合在一起，形成了不斷複合增長的現代經濟。」

英國科普作家馬特•里德利在他的《理性樂觀派：一部人類經濟進步史》一書中提出思想的交換導致創新的論斷，他用「思想之間互相做愛」(Ideas having sex with each other) 的著名比喻來表述。李录君把里德利的想法上升到了理論的高度，他用 1+1>4 的公式簡單明瞭地表述了人類知識指數增長的原因，並用以解釋為甚麼在現代科技和自由市場經濟相結合的情況下，現代經濟會出現持續指數增長的特性。

李录君最有創見的地方是他認識到自由市場經濟本身所具有的規模效應以及現代科技對這種規模效應放大作用，並由此推斷出 3.0 文明的鐵律。他在文章中指出，一個自由競爭的市場就是一個不斷自我進化、自我進步、自我完善的機制，現代科技的介入使得這一過程異常迅猛。這樣在相互競爭的不同市場之間，最大的市場最終會成為唯一的市場，任何人、社會、企業、國家，離開這個最大的市場之後就會不斷落後，並最終被迫加入。他更進一步指出，全球化正是 3.0 文明鐵律的必然結果。全球化以後，商品、服務、科技、金融市場，在全世界範圍內進一步整合、拓展、加深，讓離開這個市場的代價越來越大。

著名記者托馬斯•弗里德曼（Thomas L. Friedman）在《世界是平的：一部二十一世紀簡史》（*The World Is Flat: A Brief History of the Twenty-first Century*）一書中描述了全球化浪潮在全世界範圍內的迅猛發展，並試圖探討全球化現象的深層原因，但他提出的問題比解決的問題更多。當然，作者本意可能並非要解決為甚麼會發生全球化的問題。李录君提出的 3.0 文明鐵律解決了我讀完該書後一個長期的思想困擾，為全球化的根本原因提供了一個合理的解釋。

在上篇十二講到十六講這五篇章節中，李录君應用他對人類文明進程和現代化的理論體系，以及對中國文化和東西文化差異的深刻理解，對中國未來幾十年的經濟、文化和政治發展做了預測，討論了中國現代化的歷程和前景，3.0 文明時代的中西方關係，以及人類未來的共同命運。

在對中國文化的討論中，他提出了在中國傳統文化五倫的基礎上，加入「第六倫」來定義陌生人之間的關係，並用誠實作為「第六倫」的道德準則。在對中美關係的討論裏，他認為，地理位置在東西方文明發展過程中，對文化差異的形成產生了重要的作用。地理位置的獨特性，讓中國出現了大的帝國，最早發明了「政治賢能制」。而同樣因為地理位置，西方最早發明了「經濟賢能制」，並且最早進入了現代科技文明。西方與中國因為地理位置上的不同，形成了各自獨特的文化和文明傳統，也帶來了對彼此相互解讀時一些天然的偏見。理解這些，對理解中國和西方在現代化進程上的異同極其重要。長期以來，我本人在中國如何現代化的思考上有一些困惑。李录君總結提出的「政治賢能制」和「經濟賢能制」令我豁然開朗，對中西方現代化進程上的異同有了更加深刻的認識。

對中國現代化的歷程和前景，李录君認為，中國在過去一百多年裏走了很多彎路，只有當中國真正地達到市場經濟與科學技術的結合，並在國內外較為和平的大環境下，現代化在中國才開始大規模地發生。根據他的理論框架，他預測在同樣的條件下，中國未來幾十年裏，現代化會進一步發展。與 2.0 文明時代不同，在 3.0 文明時代，世界的統治秩序已從佔領土地過渡到主要以世界市場主導權為手段的時代。因為 3.0 文明的鐵律，最大的市場終將會成為唯一的市場。認清這個時代的特點，對中國在現今世界秩序中的選擇尤為重要。

我認為，李录君所提出對現代化本質的認識以及關於 3.0 文明鐵律的論述，不僅能從理論上為我這樣的普通讀者解開關於現代化的種種迷思，也能為社會、政治、經濟、文化等人類文明發展相關的各個領域的學者提供有益的參考。李录君的 3.0 文明鐵律一旦能被廣泛地論證和接受，將對人們對於現代文明的重新認識和理解，以及對未來人類文明進程的展望發生根本性的影響。

本書的下篇「價值投資與理性思考」分兩個部分，其中「價值投資與中國」部分收錄了李录君有關價值投資的文章和演講，其中最重要的三篇是他對價值投資的內涵及價值投資在中國的實踐的思考和論證，這部分文字記錄了李录君對價值投資的基本思想、價值投資和現代經濟的關係，以及價值投資在中國的可行性等方面的思考、理解和認識以及他在投資生涯中的人生經歷和感悟。

在價值投資的思想大廈中，李录君貢獻了他的理解、認識和實踐經驗。他對價值投資之合理性的論證為價值投資的理論打下了新的基石；他將自己對人類文明進程和現代化的獨特解釋和理論與中國的文化、歷史特點相結合，應用於價值投資的實踐，在這座宏偉的思想大廈裏構築了一道獨一無二的風景。

第二部分「閱讀、思考與感悟」主要收集了李录君的一篇書評和四篇感悟，談到人性及金融危機、金融監管、能力圈及對知識的誠實，以及分享他對芒格思想的理解，對未來科技、時代和人生的感悟。

和芒格先生一樣，李录君對人性也有很深的理解。他數次與死亡擦邊而過，這種人生經歷讓他對人性的理解更為深刻。從小深藏於基因的特立獨行和桀驁不馴讓李录君年輕時與現實中的一切現狀、偏見和權威格格不入，也因此常陷於他人的壓制和誹言，這些都使得他對人的本性和行為產生巨大的好奇，在我看來有時甚至到了一種「鑽牛角尖」的地步。稀疏平常的事，他也要問個究竟，而且總能發現更深刻的原因，這讓我不得不佩服他的洞察力。比如說，他提出市場的存在是對人性的考驗和懲罰的觀點，這是我怎麼都想不到的。

價值投資是一個說的人多但真正實踐的人很少的小眾領域。李录君在這個領域又是寥寥幾個真正對價值投資具有深刻理解和洞見，並且在實踐中表現出色的投資人之一。因為謙遜低調，李录君在公眾媒體中很少露面，故他在職業上的成就常常被人們忽略。事實上以他的二十多年的投資業績和個人管理的資金規模來看，他是全球投資界最頂尖的投資人之一。他在投資上的成就不僅得益於芒格、巴菲特、格雷厄姆等大師的教誨，得益於大量的閱讀、學習和思考，更得益於他本人的修養和品格。

因為工作的關係，我很幸運地從李录君那裏學到了很多價值投資的理論和思想，在研究的過程中得到他的指點和打磨，在工作中得到他的信任和督促。我從一個價值投資的門外漢成長為一名專業人士，甚至代表他站在最高學府的講台上，享受學生們叫一聲「老師」的滿足感。但知識和技能並不是我從李彔君那裏獲得的最寶貴的收穫，他的價值觀、人生態度和思維方式才是我最珍視的。在對「受託人的責任」(Fiduciary Duty) 的理解上，我沒有見過比李彔君更認真、嚴肅的人，對他而言，受託人的責任是我們投資事業的生命線，是我們做人的道德底線，無論有任何藉口都不能逾越。我們工作中的每一件事情都要以此為出發點，受託人的責任構成了喜馬拉雅資本公司核心價值觀和文化的基石。

李彔君還有另外一個品格，對知識的誠實 (Intellectual Honesty)，不僅是他常常講到的，而且在他身上體現的標準之高也是我一生極少見的。學習和思維的惰性是我們人性的一部分，我們常常因為自己知道了甚麼，就不再去想自己不知道甚麼，對不知道的東西往往裝出知道的樣子，更不會去測試自己知道的東西有甚麼不對的地方。這也是我們在研究工作中很難深入下去的一個重要的障礙。而李彔君對於知識誠實的要求，用常人的標準來看，是非常苛刻的，他絕不允許不懂裝懂，對於不懂裝懂甚至有一種天然的本能的反感。我因為過去的職業經驗和自己思維習慣上的缺陷，常常會想當然，不懂裝懂，每次都被他一針見血地指出。開始我以為他是故意找茬，後來慢慢對自己的缺陷和盲點有了比較客觀和深入的認識，對知識誠實有了更深的理解，在他的幫助下，也逐漸建立起良好的思維習慣，更深刻體會到知識誠實在我們學習、工作和生活中的重要性。

我過去一直在想，雖然在投資界具有他這樣的思想力和洞察力的人不多，但比他聰明和條件好的人卻不計其數，為甚麼他能脫穎而出，達到如此成功的境界，能在市場對人性的殘酷考驗中屢戰不敗？後來我逐漸明白了這是術與道的區別。大部分人學到的是術，而求道的人鳳毛麟角。李录君便是得道之人，因為得道，所以他能獲得多助。在市場波動的驚濤駭浪裏，不僅要藝高，還要有一批真正信任和支持你的投資人。他們長期信任你，不僅僅是因為你的業績好，你的做法有説服力，更重要的是你的職業信用沒有瑕疵，你所做的一切和投資人的利益是完全一致的。在李录君的職業生涯裏，最早一批投資人大部分今天還是他的投資人，過去 21 年裏，沒有取出過一分錢。這種信任，我只在巴菲特和芒格的故事裏聽説過，這正是芒格先生所講的「一張你值得被人信賴的無縫網絡」(a seamless web of deserved trust)。

做一件事，堅持一段時間不難，堅持二十多年始終如一對常人來講幾乎不可能。李录君之所以能做到，是他把價值投資的職業要求和他的人生價值觀、世界觀和理想追求完美地結合在一起了，達到了道的境界，正如巴菲特和芒格先生。

記得我剛加入喜馬拉雅資本的時候，李录君給我推薦了幾本書，其中一本是本傑明•富蘭克林 (Benjamin Franklin) 的自傳，後來又給我推薦了沃爾特•艾薩克森 (Walter Isaacson) 寫的《富蘭克林傳》(*Benjamin Franklin: An American Life*)。讀到《窮查理寶典》，我才知道芒格先生也以本傑明•富蘭克林為人生楷模。富蘭克林是一位大百科全書式的人物，因為對真知的追求，他的人生充滿了智慧和創造性思想，為後人樹立了一個至高的燈塔。與富蘭克林和芒格先生一樣，李录君也把對真知的追求作為終身的愛好和事業。他的文章、演講和感悟中充滿了令我激動和鼓舞的思想。相信各位讀者在閱讀這本書時，一定能獲得和閱讀《窮查理寶典》一樣的人生智慧。

2019 年 4 月於美國西雅圖市

序三

師者，人生之大寶也

六六

李录是開啟我人生之門的老師。

在認識李录之前，我從不知道自己還有一個能力叫擅長學習。我從小不以「成績好」為特長，幾乎每次大考都折戟。我也沒從獲得「知識」這件事裏得到過甚麼樂趣 —— 直到老天把李录派給我做我的老師。

首先，他不遺餘力地讚美我，讓我的驕傲像玫瑰一樣綻放。他說，我會是本世紀最偉大的女作家之一。而他說那句話的時候，我只寫過《王貴與安娜》一部網絡小說而已。我以為這是網絡常見的吹捧，直到二十年後我才意識到，他不輕易說話，他說的每句話，都在成真的路上（我熱切期盼着本世紀快點結束而我還健康活着）。

李录是最好的老師。他讓我知道世界之繽紛多彩，宇宙之浩瀚深遠，和善知識是多麼有趣的東西，學習是為了知識本身，不是為了應付考試，而是發自內心對真理的追求。因為他的指引和鼓勵，我 25 歲以後的人生開了外掛，讀了很多經典，還拿了兩個不相關的碩士文憑，不為考證升職，純粹是喜歡和好奇。

李录作為老師的好在於你可以隨時發問，上天入地古今中外，他比百度好用多了，還不加塞廣告。一些被熱捧的迷障他一眼洞穿，一些純理科的理論，他淺顯地就解釋明白，一些繞得我糊塗的合同，他看一眼就告訴我：「騙子。」

我因迷他的理性尖銳，進而迷上他這個人。

他不是第一眼好友，他往那一站就是拒人千里之外的樣子——憑本事吃飯的人不需要廣結良緣；他也不是一個多話的人，基本上他要決定開口講話，滿場的似是而非都會黯然退卻——極少有人能夠當面反駁他，不是礙於面子，而是他所說的話句句是真，真金不怕火煉。

他二十年前跟我說過的預言，今天大部分都已實現；他現在出的書，再過二十年，大多數人才能真正理解。

我不用明白，我是盲從。我的另一位老師呂世浩說，人這輩子最重要的一件事是甚麼？學歷？工作？預測未來？都不是，是跟對人！這句話，我肯定是聽進去了。

想賴上李录，不容易。因為李录的老師查理•芒格說過一句名言：「你要想找到好太太，首先你自己得優秀，你想啊，好女孩也不傻，她憑甚麼選你呀！」所以，為成為李录的學生和朋友，我一路走來，跟得很辛苦，時時自省，事事躬親。先讓他給我在遠方書個大餅，然後按照他指的方向一步一步前進，走得堅實，且不失眠。既不會因資本瘋狂追趕而輕飄，也不會因泡沫破裂而倉惶潛逃。我至今還在往「本世紀最偉大的女作家」那個餅上靠攏——被老師引導着發上等願，哪怕成不了上等人，至少也是中流砥柱。

李录不僅是最好的老師，還是最好的親人。他說他不能有太多凡情，一旦罣礙，就不得不停下腳步去解決麻煩。一個在哲學科學和真理裏遨遊的人，因為老婆孩子和親友的要求就會忽然被打回塵世。我觀察過他，上一秒還在跟我討論癌症的機理，下一秒被叫一聲「爸爸」，馬上回到父親的角色，幫孩子繫好鞋帶或者回答他們古怪刁鑽的問題。這種對比經常讓我忍俊不禁。他對親人的關愛是發自骨血的。有一年他邀請家人參加巴菲特年會，當天到場的有很多名流政要，甚至他非常重要的客戶和生意夥伴也在現場。我以為他會去應酬，沒成想他只過去打了個招呼，就回到家人晚餐桌邊，聽我們說各家姪兒孫女的家長裏短，全程興高采烈地聽我們聊天。我其實好奇，像他這樣喜歡深思長考的人，有多少興趣聽這些與文史哲科不相干的話題，他和他的老師查理•芒格一樣，其實不愛聽這些閒談寒暄，但很享受與家人相處的美好時光。

老李兒時的經歷非常人所能想。特殊的歷史時期和政治環境，讓他出生不久後就離開父母，在不同的寄養家庭長大，長托的幼兒園逼他從小就要與孤獨和恐懼作戰。我曾經笑話過他連蟑螂和肉皮都害怕，但內心裏卻懂得兒時的創傷會像小樹上的刻字一樣，隨年輪長高長大。

他現在已經高大到內心無有恐懼，遠離顛倒夢想，卻在看清楚世界的實相之後，以愛將心胸填滿。我初認識他的時候，他像一把利劍鋼刀，即使讀了很多書、見過很多事，依舊鋒利尖銳劍氣逼人。二十年的日月星辰，和他永不停歇的進步，讓他已然從容不迫、溫柔寬廣。

那一天，我們在香港，約好一起早餐。在酒店大堂，人來人往，我找不到他。遠處沙發的一隅，一個年輕男子頭戴棒球帽，手裏拿一本書，平和安詳地閱讀，與嘈雜的環境融為一體又保持獨立。我站在遠處的牆角，穿過熙攘的人羣，視線定格在那個男人身上，忍不住欣賞。這個周身散發着柔和光芒卻又鶴立雞羣的男人，真是我喜歡的樣子。趁老李不在，我要不要斗胆上前搭個訕？

然後他抬起頭，我看見我熱愛的老師。

他衝我微笑，眼睛眯眯小，一縷清新，幾分好奇，一如少年模樣。

《論語》裏有一章，是子貢稱讚他的老師：「夫子之牆數仞，不得其門而入，不見宗廟之美，百官之富。」

我的眼裏，李录就是這樣。

令我仰望。

2019 年 11 月

自序

真知即是意義

不知道為甚麼，我從小就喜歡思考問題。很不巧，我整個童年都處在文革時代。那時候，言論管制比較厲害，能接觸到的書不多，主要是領袖語錄和宣傳資料。所以到了初中，接觸到物理學和幾何學，對我而言就好像是發現了新大陸。物理學和數學（幾何學）可以用簡明的公式和數學語言將紛繁複雜的自然物質世界解釋得清晰瞭然，還能被反覆證實、證否，而且有極強的預測能力。這給我帶來的震撼與欣喜，至今仍然記憶猶新。後來高考報考志願時，我除了物理系其他一概不作考慮。

可是當我接觸到熱力學第二定律，也即熵增定律的時候，又一下子感受到對物質世界、對宇宙的絕望和孤寂。雖然世界複雜龐大，看似無邊無界，但是大總能壓倒小，能量一律從高到低流動，最終一切都會歸於無序和死寂。宇宙的存在有意義嗎？作為宇宙中的滄海一粟，我們的人生又有意義嗎？

這時候，我接觸到卡爾·波普爾（Karl Popper）的科學哲學，對我產生了很大影響。科學本身不能解釋意義，受科學方法影響的科學哲學卻有可能。用科學方法理解世界、理解人與社會為我的思考打開了另一扇門。這時恰逢中國開始改革開放，80 年代自由、開放、包容的風氣讓各種新思想紛紛湧入，中國社會發生了巨大的變化。我的興趣開始轉向人文、歷史、宗教、文學、社會科學、經濟學等領域。但是我仍然一直認為基本的科學方法是獲取知識的唯一可靠的路徑。以科學方法來看，無論是古代聖賢，還是當今的政治、宗教權威，其理論學說如果不能在實踐中被不斷檢驗、批判、修正，便會成為無源之水、無本之木。科學方法的這些特點和中國 80 年代的社會氣息非常契合。透過打開的國門，我們看到了一個真實的外部世界，愈發感受到了中國和世界的差距。那時我們最關心的問題也是困擾了近代中國知識分子一百多年的問題：西方為甚麼這麼先進？中國又為甚麼這麼落後？中國有可能追趕上西方嗎？怎樣才能趕上？

80 年代末 90 年代初，我離開中國，在美國哥倫比亞大學又從本科開始唸書。機緣巧合，哥大要求所有本科生完成核心課程（Core Curriculum），核心課程的要求之一是所有學生無論甚麼專業，都要把奠基西方幾千年文明的一百多本經典著作通讀一遍，包括從《荷馬史詩》、希臘哲學戲劇、中古哲學，到文藝復興、啟蒙運動、現代科學革命的所有經典著作。這是一段讓當時的我無比激動、也無比渴求的知識旅程。這就好像讓我將整個西方文明的歷程在頭腦想像中親歷了一遍，對其中最基本的概念、理論，和其中可靠、可傳承的知識有了一次完整的認識。哥大當時還有一門延伸核心課程，用同樣的方法學習儒教文明和伊斯蘭文明。這又讓我有機會把中國文化歷史中重要著作的選編通讀了一遍（雖然是英語翻譯版）。這段在哥大的學習經歷對我的思想影響至關重大。

對知識的探求一直是我的個人興趣所在，但是我當時對如何判斷哪些知識才是能夠改變個人命運和社會的真知還沒有特別直觀的經驗。此時發生了另一件事，對我日後的人生產生了深遠影響。我在哥大的第二年，無意間聽了巴菲特的一次演講。這次演講讓我看到個人可以通過對公司長期的研究，得出一些洞見和預測，從而獲得財富。我第一次意識到，我一直以來對探求知識的個人興趣在投資這個領域可能是有用的。在研究了一段時間以後，我買入了人生第一隻股票，從此開啟了我的投資生涯，至今已經 26 年。這段經歷讓我明白書中確有黃金屋，知識確實有無窮的現實力量。

在投資生涯早期，我不是特別滿足於間接的投資證券，而是希望能親手創建一些公司。所以我也做了一些早期創投，幫助十幾家企業從無到有，發展壯大。這對我來說又是一段有趣的經歷。我從事創投的時期，適逢互聯網革命伊始。我當時投資的那些初創公司也正試圖用互聯網技術來改變世界。1997 年，我受邀去 TED 會議做演講，但很快就被其他人的演講所吸引。那時候的 TED 匯聚了當時互聯網革命中的幾乎所有重要人物。從 1997 年開始，我幾乎每年都參加 TED 年會，可以說是在第一排的座位親眼看見、並親身參與了這一場偉大的互聯網技術革命。我一路看着這場革命從最早的電子郵件和 Netscape 瀏覽器發展到互聯網，再到移動互聯網，最後成為每個人生活中不可或缺的一部分，徹底改變了世界。與此同時，在太平洋的另一端，中國也發生着天翻地覆的變化。我雖然身在美國，但對中國的一切仍時時牽掛，也算是親眼目睹了中國四十年改革開放的完整過程。

所有這些經歷都讓我真切地感受到知識對改變個人命運和社會的力量。比如說，僅僅短短的二十幾年內，計算機互聯網技術就徹底地改變了人類社會的各個方面。中國社會通過對一種新的社會組織方式的實踐，也即市場經濟和科學技術的結合，讓這個擁有 14 億人口的大國在四十年中發生了驚天動地的變化，創造了史無前例的奇跡。就我的個人經歷而言，我接觸到價值投資後，通過持續學習積累起一些洞見，在 26 年間從一文不名漂泊他鄉，到後來創建自己的投資公司。基金規模從最初的幾百萬美元發展到今天的一百多億美元，業績達到了同期市場平均回報的三倍左右。在這個過程中，運氣當然起了巨大的作用，但是也從另一方面再次佐證了知識改變個人命運的力量。命運讓我何其幸運，本來就個人興趣而言，只要有機會學習知識，已經讓我心滿意足，可是我卻誤打誤撞闖進了投資行業。而遵守價值投資的理念和方法，通過長期努力，形成一些商業洞見，又恰好能夠帶來巨大的商業回報，通過這些商業活動又令我得以親身經歷過去幾十年這場發生在全球範圍內史詩級的知識大爆炸，並親眼目睹了這場大爆炸對全世界起到的塑造性作用。這些都讓我對思考和知識的興趣愈發強烈。

在我的思考興趣中，中國和世界，尤其是中國，一直處在核心的位置上。其中一個最重要的問題就是現代化 —— 為甚麼中國在歷史上非常成功，在近代卻慘遭失敗？又是甚麼原因讓中國在過去幾十年有了如此長足的進步？中國的未來是怎樣的？這些問題一直縈繞我的腦海。這些年來我依然認為，唯一可靠的知識就是用科學方法獲取的知識。那麼能否用科學的方法來解釋這些問題，獲得一些有着清晰的説服力和預測能力的新的洞見呢？

在過去十年裏，我對這些問題產生了一些初步的框架性的想法，開始慢慢形成了自己對這一系列問題的思想脈絡。這一過程中有幾位學者的著作對我影響很大。比如賈雷德・戴蒙德（Jared M. Diamond）1997 年出版的《槍炮、病菌與鋼鐵》（*Guns, Germs, and Steel*），這本書解釋了近代史上一個非常重要的現象——為甚麼歐洲人在很短時間內就統治了整個美洲？這件事對整個人類的歷史發展具有不可估量的重大影響。這本書第一次使用現代科學方法來解讀漫長的歷史軌跡，堪稱這方面的經典。再比如 2010 年伊恩・莫里斯（Ian Morris）出版了《西方將主宰多久》（*Why the West Rules–For Now*），這本書追溯並比較了中國和西方在上萬年歷史中的文明進程，並試圖描述未來可能發生的軌跡。還有 2011 年物理學家及哲學家戴維・多伊奇（David Duetsch）在《無窮的開始》（*The Beginning of Infinity*）中提出了科學知識、科學革命對於整個人類社會及宇宙的深遠影響。2012 年生物學家及人類學家愛德華・威爾遜（E. O. Wilson）出版了《社會性征服地球》(*The Social Conquest of Earth*)，試圖從生物和文化進化的角度來理解整個人類的文明進化。這些學者的著作雖然都以普適的宇宙觀視角來研究他們所關心的命題，但是必須承認他們所關心的現實問題仍以西方為中心，中國還不是主角。但是他們都多多少少觸發了我的一些靈感，讓我開始慢慢構建起自己關於中國的思想框架。

當然，不能不提的還有我和芒格先生之間頻繁的交流探討。大概從 2004 年開始，我幾乎每個星期都會和芒格先生至少共進一次晚餐，至今持續了十五年。我和芒格先生都對跨學科知識，尤其是科學領域有廣泛的興趣。這期間，無數次思考碰撞的火花令我受益匪淺，很多討論都對我產生了潛移默化的影響。另外，我因為長期從事商業投資事業，積累了很多對經濟活動、技術進步等方面的理解。

大約 2010 年前後，本書中一些最重要的思想體系在我腦中初具雛形。以個人的性格而言，我更喜歡對複雜問題長期反覆地思考，清晰準確地表達，但是對於把這些想法在更大的範圍裏傳播既缺乏興趣，也沒有這方面的才華能力。在好友常勁、六六、施宏俊等一再鼓勵推動下，我通過小型沙龍討論，將這些想法在小範圍內分享，又通過反覆修改，整理成系統化的文章。2014 年，我開始把關於現代化思考的系列文章發表在虎嗅網，並為此開了個人微博。之後得到更多朋友，尤其是年輕朋友的熱烈反響，讓我非常欣慰，倍受鼓舞。最後在施宏俊的鼓勵下，集結成本書的第一部分。在這一系列文章中，我從人類文明進化史的角度，把現代化理解成人類文明史上的第三次偉大躍升，從而把中國的現代化歷程理解成全人類從農業文明向科技文明進化過程中的一部分，從這個背景出發去理解中國過去兩百年的歷史和近四十年的歷史。

這一系列的文章不是學術論文，但是希望對學者和實踐者都有所幫助和啟發。同時就我的職業而言，這些對人類文明和歷史的思考對投資也很重要。投資的核心是對未來的預測，投資某個國家的企業確實需要對這個國家本身有一個基本認知，包括對這個國家歷史和未來趨勢的洞察。這一點在經濟危機到來時尤其會受到考驗。比如 2008 、 2009 年的時候，如果對美國的未來沒有一些基本的判斷，那麼你很難在經濟危機最黑暗的時刻在美國股市下重注，即使你投資的只是其中的一些企業。在中國投資也是一樣。當中國面臨各種危機時，如果對中國未來幾十年的發展沒有一個基本的判斷，你也很難做出投資的決定。所以本書第二部分是在第一部分的理論框架之下，探討一些具體的現實問題，包括如何理解中國過去四十年的改革開放，如何預測中國未來幾十年的發展潛力，價值投資在中國到底是否適用、如何應用，東西方之間不同的歷史軌跡、文化差異又如何影響彼此的關係等等。在過去二十幾年裏，作為國際投資人，我的投資範圍主要是在北美和亞洲，美國與中國一直是我關注的中心，這本文集中自然也包括一些我這些年裏對價值投資的理解和實踐。

無論是我個人的理念還是職業的要求，在思考方法上我希望能夠做到謹從科學方法，客觀理性，以事實、邏輯立論。無論是討論過去、現在，還是預測未來，無論是討論中國、美國還是世界，無論討論內容涉及人文、科學、歷史、經濟、政治，我只求做到準確、全面、中立、實事求是，盡量避免情感因素、意識形態、宗教或文化信仰等對思考客觀性的影響。當然，人作為感情動物，完全避免偏見也是不現實的。我只是希望用科學方法和理性客觀的態度，逐漸構建起一些有用的想法，在實踐中可以被不斷地檢驗、證否、充實和提高。讓這些想法成為時間的朋友就是我全部的希望。

我個人的親身經歷和求知思考的旅程都讓我變得越來越樂觀。我對樂觀的定義和物理學家及哲學家戴維•多伊奇很相像。他曾經説過，所有邪惡都是因為缺乏知識（All evils are due to a lack of knowledge）。換句話説，如果有了足夠的知識，人類社會就會戰勝邪惡，不斷向前進步。人類是進化史上最後出現的一個具有創造性的物種。我們通過生物（DNA）和文化兩種方式進化，因此人類進化的速度相對於其他生物大大加快。文化進化是因為我們具有非凡的創造力，而創造性來源於人類之間的相互模仿。與其他靈長類動物（如大猩猩）不同，在相互模仿時，我們不是簡單地機械複製行為，而是複製行為的意義，從而給解讀、發揮、再創造留下空間。而人的大腦構造恰好讓我們可以理解複雜、抽象的物理學定律，並通過科學方法讓真知得以不斷積累發展。這讓我們能洞察大到星際，小到微生物、原子，複雜如人類社會的各種問題，獲得有解釋力的理論和有很強預測能力的真知。通過對真知的應用，人類開啟了一場以小博大、利用自然又超越自然的創造之旅。物質的世界、人的世界都因真知而改變了發展軌跡。地球的歷史尤其如此。自從生物開始出現，地球開始被生物改變。而人類出現後的幾十萬年間，尤其是過去一萬年間，人類對地球的改變如同再造。將來人類改變整個星際也是完全可以想像的。

自年輕時開始，我一直在求索兩件事：真知與意義。後來我明白這兩者其實是統一的。真知即是意義！人生的意義就是獲得真知，並以此讓個人、社會、世界變得更加富足、公平、進步、美好。所謂真知，並不是百分之百的真理。世界上也不存在百分之百的真理。但是真知一定要有足夠的正確性使其能夠有用（enough truth to be useful），而且可以不斷被證實、證否，不斷被修正，不斷進步、完善。一個成功的社會必然會有一種寬容、批判、容錯的文化，讓真知得以存在、發展和進步。我們看到，在人類的文明史上，當這種有解釋力的知識轉化成技術，並和一種特殊的社會組織方式——賢能制（無論是政治賢能制還是經濟賢能制）結合時，產生的力量會把人類的個人創造力和集體創造力充分發揮出來。這就是我看到的意義。

人類的文明讓熵減成為可能，由此宇宙不再只是熵增的，走向無序和沉寂的單向道路，人類也不再只是蝸居於茫茫宇宙偏僻一隅的化學浮渣（霍金語）。我們創造了超越自然的文明，通過真知的無限積累讓文明的無限進步成為可能。文明的力量比反文明的力量積累真知的速度更快，因而有可能永遠取得先機。如果文明的火炬得以傳遞延續，終有一天，我們既可以探索茫茫星際宇宙，又能夠窺視微觀原子世界，在空曠死寂的宇宙中創造出不滅的光芒。對此我深感幸運和快樂。通過這本文集，我希望能把這種快樂與同道分享！

2019 年 10 月

上篇

文明、現代化與中國

老問題和新史學

1840 年的鴉片戰爭，讓絕大多數中國人開始在落後挨打的痛苦中思考三個問題：為甚麼中國與西方差距如此懸殊？中國如何能夠趕上西方？趕上以後的中國會是甚麼樣的？是否還能重現往日的輝煌？直至今日，這三個問題還縈繞在國人心頭，不斷引發各界精英的探討。同樣地，從大概 250 年前開始，作為歷史同期領先者的西方精英們，也開始深思當時新世界格局背後的原因。和世界其他地區相比，西方已經遙遙領先，這種領先優勢在此後的 200 多年迅速形成西方對全球的統治。為甚麼西方能夠統治世界？這種統治能否持續下去？

東西兩方的問題雖然看上去「幾家歡喜幾家愁」，但實際上是同一個問題的兩面。在過去 200 多年裏，無論是在中國還是西方，東方的衰落和西方的領先一直都是各界精英關注的核心，圍繞此話題湧現出各類理論、學說，但是至今尚未形成共識。已有的學說似乎在解釋歷史和預測未來上都有局限，它們最大的共同點就是所選取的歷史區間相對較短，有些可以追溯到過去上百年，最多至千年的歷史，歷史視野仍嫌不足。李鴻章所言中國在 1840 年面臨的是一場「三千年未有之變局」實屬深刻洞見。然而直到近代，人類對歷史的考據主要靠文字記載，而文字在西方有 5500 年歷史，在中國有 3300 多年歷史，相對於整個人類進化史來說，文字記載的歷史只佔不到百分之一。用百分之一的歷史顯然不足以追溯、闡釋整個人類進化的歷程，加之傳統史學本身也有偏見和局限，僅憑文字史的視野並不能完全回答上述問題。

所幸的是，傳統歷史學在過去幾十年裏發生了根本性的變化，一系列科學學科取得突破性進展，為人們理解更長期的歷史提供了全新的工具。

1949 年考古學放射性碳定年法技術（Radiocarbon Dating）被發明，這種技術可以使用碳 -14 同位素的半衰期來比較準確地測定一種物質的歷史年代。新的檢測技術再加上基因技術，使考古學家對文字出現之前的歷史考據有了飛躍性的進展，從此在全球各地不斷發掘出來的文物就成為了比文字更為重要的考古依據。

上世紀 50 年代之後，DNA 結構的發現讓生物學進入了一個快速發展的時期，催生了分子生物學、遺傳生物學、進化生物學等學科的發展。這些學科和其他學科結合，讓科學家對人類本身的進化歷史第一次有了比較完整的了解。生物學家愛德華•威爾遜（E. O. Wilson）在 2012 年正式提出了人類起源的完整理論，發表著作《社會性征服地球》（*The Social Conquest of Earth*），這是繼達爾文之後人類進化歷史的又一次巨大發展。

1919 年，塞爾維亞的地球物理學家米盧廷•米蘭科維奇（Milutin Milanković）提出了米蘭科維奇循環理論，這一理論在 70

年代被最後證實，科學家們從數學上證明了地球的離心力、轉軸角度和軌道的進動影響了地球和太陽之間的距離，從而造成了地球氣候的長期大循環，循環週期大約是 10 萬年。米蘭科維奇循環理論幫助人們第一次理解了冰川紀的形成、持續時間以及預測大循環中的未來冰川紀。2004 年，科學家在南極打出了縱深兩英里的洞，在多年積雪堆積形成的冰層中提取出過去 74 萬年的歷史氣候數據，以及這期間人類活動對大氣造成的影響，這些記錄也還原了人類活動在過去幾萬年裏在大氣層中留下來的部分軌跡。

1987 年，在美國基因學者瑞貝卡•卡恩（Rebecca Cann）的帶領下，科學界得出了一個在當時驚人的結論：所有的人類女性都可以追溯到一個共同的祖先，她居住在非洲，被稱為非洲夏娃，誕生於大約 20 萬年以前。這一結論此後被各種研究不斷證實，不過把夏娃出現的時間推遲到了 15 萬年前左右。此後不久，科學家也找到了所有男性的祖先：非洲亞當。這些重大發現證實了今天的人類都起源於同一祖先。人的特性，比如聰明、勤奮、創造性、利他主義傾向，在一個大的羣體裏，表現出的分佈也很接近。這一結論對傳統觀點提出了巨大的挑戰，粉碎了任何以種族、文化的不同為基礎來解釋東西方領先的理論。

正是各學科的大發展奠定了新史學出現的基礎。所謂新史學，就是利用科學各個領域的前沿發展，跨學科重新構造解讀人類長期歷史的方法論，其最主要的突破就是不再局限於文字史，可以研究更久遠的歷史。

生物學家、地理學家賈雷德•戴蒙德（Jared M. Diamond）堪稱應用新史學的第一人，在 1997 年出版的《槍炮、病菌與鋼鐵》（*Guns, Germs, and Steel*）中，他第一次通過對人類農業起源的追溯，指出地理位置對人類歷史發展的決定性影響。他的研究不僅回顧了人類過去一萬年的歷史，而且首次翔實有力地解釋了為甚麼歐洲在 16 世紀徹底征服了美洲。就如新大陸的發現和美洲的征服對人類歷史發展的跨時代意義，戴蒙德的發現和這本著作也是史學界的一次大突破。

另一位新史學的踐行者，考古學家、古典學家、歷史學家、斯坦福大學教授伊恩•莫里斯（Ian Morris）使用所有已經發現的科學工具勾畫出人類文明在過去幾萬年中進化的基本軌跡，發現了人類發展的規律，據此解釋東西方在近代的差距，並預測了人類社會的未來。他於 2010 年出版的《西方將主宰多久》（*Why the West Rules-For Now*），以及 2013 年出版的姊妹篇《文明的度量》（*The Measure of Civilization*）為這些問題提供了最好的答案。使用莫里斯的定量計量文明基本軌跡的方法，再加入經濟學、生物學等自然科學及對中國歷史傳統的研究，我們今天就有可能將中國的現代化問題置於整個人類文明幾萬年的進化歷史之中，由此對開篇所提的中國人近代關心的三大問題，做出比以前任何時候都更深刻的理解和回答，並在此基礎上對中國未來提出比較可靠的預測。

筆者出生在 1960 年代的中國，在中美兩國都有二十餘年的生活經歷，對於中國現代化問題的興趣自年少起持續了三十多年。

過去二十多年的投資工作又對預測中國未來多了一份職業上的需求，並在這些年間積累起一些思考心得。這個「談現代化系列」，正是我過去三十多年的思考筆記，希望能夠起到拋磚引玉的作用。這一系列首先將主要應用賈雷德·戴蒙德和伊恩·莫里斯的研究成果，結合部分個人表述和解讀，從中國人的角度，分析人類 16000 年進化史的計量圖表，闡述人類歷史發展的重要階段，揭示其中的規律，重點將集中在現代化的誕生歷史上。之後我將着重討論現代化的本質，中國現代化的道路，以及預測中國的未來，這部分內容更多是我個人的愚見。最終，我將落腳於中國現代化對西方的影響，以及對人類未來共同命運的探討。

文明的軌跡

伊恩•莫里斯教授提供了定量記錄人類長期文明歷史軌跡的計量方式，他把這種計量方式叫做社會發展指數，即一個社會能夠辦成事的能力。社會由人組成，同為動物的人需要消耗能量。根據能量守恆原理，一個社會要能辦成事，需要攝取和使用能量的能力。所以要想衡量社會發展的程度，最重要的指數就是攝取能量和使用能量的能力。下面從計量內容、計量方法、計量對象三個方面解釋這種計量方式。

莫里斯把一個社會攝取能量和使用能量的能力分成四個方面：攝取能量的能力、社會組織的能力、信息技術的能力以及戰爭動員的能力。攝取能量的能力主要指社會中的每個成員每天能夠攝取的食物、燃料和原材料的能力。社會組織能力定義為在一個社會裏最大的永久性居住單位的人口數，在相當長一段時間裏也就是最大城市的人口數。人口越多，對社會組織的能力需求就越高。社會組織的成員每天都需要交流、儲存、記憶各種各樣的信息，因此信息技術也是人類使用能量的重要方式。戰爭作為人類消耗能量的重要來源更不必贅述。這四個方面並非人類活動的全部，卻是最具有代表性的人類攝取和使用能量的方式。更關鍵的是這四個標準能夠在一切社會中橫向比較，也可以在很長的時間範圍裏縱向比較。因為人類的整個進化史，實際上就是攝取能量和使用能量的歷史，而組織社會、形成人口中心、交流信息、進行戰爭也是所有人類社會都會進行的最重要的活動。

在考慮計量方法時，莫里斯選擇了指數的方法，把測量時間的起點定在公元前 14000 年，終點定在公元 2000 年；把要測量的四個方面分值加總，定公元 2000 年的數值為 1000 分，平均分給四個方面，將公元 2000 年代表東西方最高水平的每項社會發展指數定為滿分 250 分。比如西方最發達的地區美國，在公元 2000 年平均每人每日能量攝取大約是 228000 大卡。日本作為公元 2000 年東方最發達地區，平均每日每人能量攝取大約是 104000 大卡。按此比例，如果美國是 250 分，日本就是 114 分，以此類推。要獲取這些數據，時間越早就越困難，但是在人類歷史的早期，四個指數增長速度都很慢；而且，相對於公元 2000 年的人類社會組織、信息技術及戰爭動員能力，人類早期在相當長的時間裏，這方面的分數一直接近為零。所以社會發展指數在早期其實也就是人類攝取能量的能力。這裏計量的時間間隔在早期可以拓寬。比如公元前 14000 年到公元前 4000 年，每 1000 年取一次數據，這段時間分值變化的幅度很小。從公元前 4000 年到公元前 2500 年，可以採集的數據增加，這期間每 500 年取一次數據。從公元前 2500 年到公元前 1500 年，每 250 年取一次數據。從公元前 1500 年到公元 2000 年，每 100 年取一次數據。進入現代以後，以科學家提取數據的能力完全可以做到每年甚至每月精確地提取一次。但是要對 16000 年的數據都進行比較精確的估算，就需要考古學、氣象學、物理學、生物學在過去幾十年取得的成果輔助。

莫里斯把測量對象定為公元前 9600 年以後歐亞大陸上農業文明形成時出現的兩大文明中心，以及此後傳承這兩大中心的各個文明中心。在不同的歷史階段，東西方文明的主要中心也有所變化，因此他選取的是當時在東西方兩大文明中最為先進的地區。比如西方，最初是在兩河流域和約旦河附近的側翼丘陵區（Hilly Flanks），之後轉移到美索不達米亞、敘利亞、埃及、地中海、羅馬，再轉移到巴爾干半島，然後是地中海、南歐、西歐，最後到了美國。東方文明的中心則是從黃河流域開始，進入到黃河與長江沖積平原中間，之後轉移到長江流域，到了 20 世紀之後，轉移到中國東南沿海和日本，公元 2000 年左右則是以日本為代表。由於四個社會發展的計量指標對東西方兩地都非常適用，同樣的數據可以用來計量長時間的人類歷史。

值得一提的是，史前的記錄有很多數據需要估算，因此考古發現是重要的信息來源。考古學是一門很年輕的學問，現在通用的方法叫地層學（Stratigraphy）研究，直到 1870 年以後才開始使用。1950 年以後科學家開始使用放射性碳定年法，給考古學帶來實質性的飛躍。70 年代以後，人們對於史前的記錄逐漸有了一套系統的知識體系。

莫里斯和他的團隊通過大量的工作，將人類社會發展的指數繪製成一系列圖表，這些圖表有助於我們直觀了解東西方社會發展的歷史軌跡。

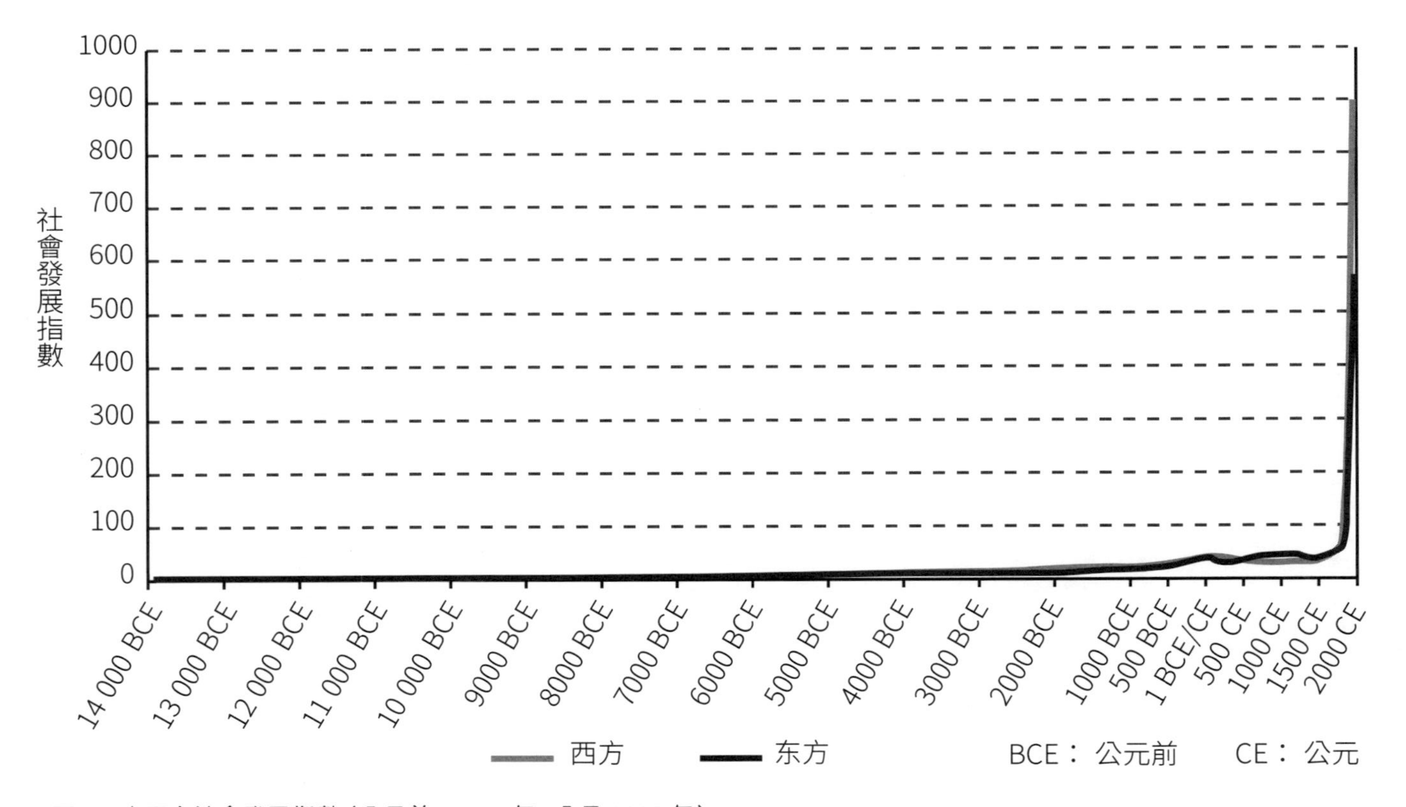

圖 1　東西方社會發展指數（公元前 14000 年－公元 2000 年）

來源：Ian Morris, *Social Development*, 2010.

從圖 1 首先可以看到，一直到公元前 3000 年左右，東西方的發展幾乎看不出任何差別，在這之後雖然兩方的發展曲線都發生了一些變化，但仍然非常緩慢。而公元 1800 年以後，社會發展的軌跡像坐了火箭一樣，呈現出飛躍式發展。接下來，在不失真的情況下，將之前的圖表數據做一個對數處理，即圖 2。這樣可以把東西方的比較看得更清楚一些。

再看公元前 1600 年到公元 1900 年的這張圖表 (圖 3)。圖 3 呈現的歷史是文字記載相對清晰、人們比較熟悉的一部分歷史。結合圖 2、圖 3，可以看到從公元前 14000 年左右，到公元 500 年左右，西方一直領先東方。大約從公元 541 年左右，東方開始趕上西方，從此在 1200 多年裏一直領先西方，直到 1773 年左右。但是從公元 1800 年以後，西方不僅追上了東方，而且率先進入了一個飛速發展期，把東西方之間的差異擴大成對全球的統治。東方的社會發展指數也從 20 世紀開始起飛，今天雖然仍然大大落後於西方，但是已經顯示出能夠追上西方的跡象，這就是近 16000 年的人類文明在東西方兩地的軌跡。之後幾篇將重點解釋人類文明軌跡的成因，東西方在文明發展過程中的異同，公元 1800 年以後社會呈現火箭式飛速發展的原因，及東西方的比較，進一步解釋西方為甚麼能夠在近代統治世界，解釋中國在近代的落後。只有在理解歷史軌跡和成因的基礎上，才能回答今天中國如何能夠趕上西方的問題，總結中國現代化的特性，展望東西方的未來。

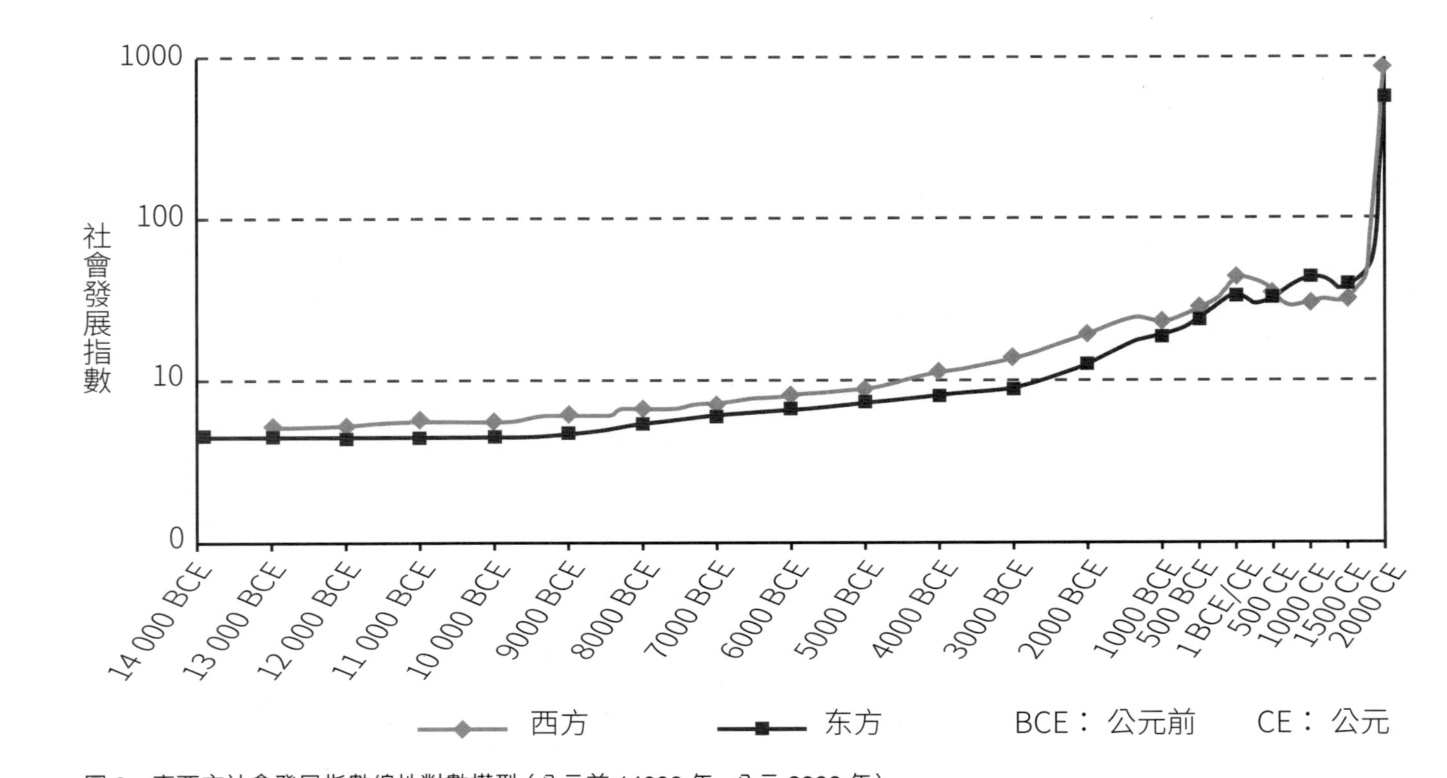

圖 2　東西方社會發展指數線性對數模型（公元前 14000 年–公元 2000 年）

來源：Ian Morris, *Social Development*, 2010.

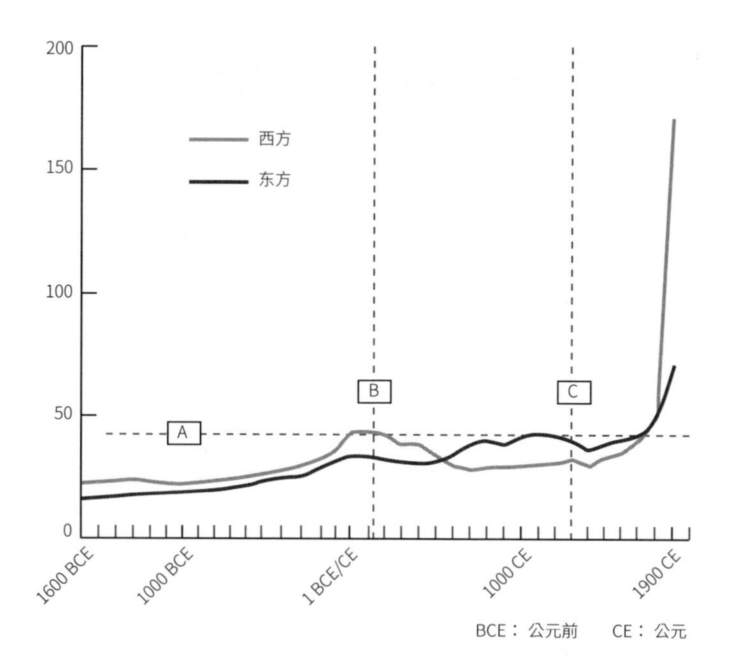

圖 3　東西方社會發展指數（公元前 1600 年–公元 1900 年）

來源：Ian Morris, *Why the west rules-for now*, 2010.

人類文明的第一次飛躍

伊恩•莫里斯的社會發展指數圖表清楚地呈現出人類文明進化軌跡的不斷上升趨勢，曲線的幅度也顯示出不同時代有不同的上升速度。社會的發展總在起伏中曲線上升，而每一個歷史階段的起伏又有不同的規律。人類社會發展歷史始終保持了上升趨勢，但在不同階段速度不同，各有特點。所以我認為要理解人類文明的演進過程，需要劃分不同的階段分別加以分析。

我把文明定義為人類利用自身與環境中的資源在生存發展中所創造出來的全部成果，意在計量人類和其最接近的動物祖先之間拉開的距離。容易和文明混淆的另一個概念是文化，文化是指生活在不同地區的人們，在漫長的時間裏形成的獨特的生活方式、生活習慣及信仰。文化用來區分不同地區、不同人羣之間的區別，而文明則是用於描述人類發展的共性，並區別人類與動物祖先。在人類歷史的長河裏，工業文明開啟了一個新的歷史階段，農業文明的到來也帶來一個新的歷史階段。在農業文明出現之前，人類的生產方式主要是採集和狩獵。根據人類生產方式的不同，我大體上把人類文明的發展階段分成三部分：採集狩獵文明或 1.0 文明，農業畜牧業文明或 2.0 文明，以及以工業革命為先導的科技文明或 3.0 文明。

在 1.0 文明時代，人類採集、使用能量的方式似乎一直沒有甚麼變化，而且似乎與其他以捕獵為生的動物沒有太大不同。但這是一個誤解。人類的 1.0 文明，其實發生在 7 萬年前，是因氣候變化引發出的一次巨大的飛躍。

要理解人類的特性，必須要理解人類生活的環境。地球有 45 億年歷史，生物大概只有 15 億年歷史，而人類只有 15 萬年歷史。自然環境對所有生物的影響都是至關重要的，其中氣候是最大的影響因素。

地球的氣候在大約 5000 多萬年以前開始發生了一次大的變化，當時大陸架的移動使得絕大部分陸地移動到了北半球，而使南半球基本上以海洋為主。另外一次變化是在 1400 萬年以前，這時形成大陸架的火山行動基本上停止，地球的溫度也隨之下降，於是南極形成終年的積雪，而北極由於沒有大陸架，雪比較容易融化，所以直到 275 萬年前才形成終年的積雪。在這樣的大背景下，米蘭科維奇循環開始對今天的地球氣候產生了週期性的影響。地球圍繞太陽公轉的軌道並不是正圓形，因為受到其他星球的引力，常常是橢圓形。另外地球的自轉過程裏通常會有傾斜，自轉軸也有進動。受這三個因素影響，地球氣候就形成一個以每 26000 年、41000 年、96000 年為週期的三大循環。這三大循環造成了地球接受太陽光熱的數量不同，形成了氣候的冰期和間冰期。

冰川紀在歷史上出現過 40 次到 50 次，最嚴重的兩次發生在 19 萬年前和 9 萬年前，這個時段在人類的起源和早期發展中起到了關鍵性的決定作用。在冰川紀最嚴重的時候，僅北冰洋的冰川就覆蓋了北部歐洲、亞洲、美洲。地球表面的水大多被吸收到冰川裏，地球變得很乾燥，海平線比現在低 300 英尺。加之冰川把陽光反射回大氣，導致氣溫更低，植物和動物減少，空氣中產生溫室效應的二氧化碳減少，氣溫又進一步降低。現代人的祖先智人（Homo sapiens）在 15 萬年前左右出現，這時期惡劣的氣候條件讓他們只能生活在非洲靠近赤道的很有限的區域之內。絕大多數基因學家和考古學家認為，當時人類的總數一度下降到 2 萬人左右，人類也沒有顯示出任何將來會征服地球的跡象。這是人類歷史上最黑暗的時代。但是到了 7 萬年前左右，人類的運氣開始好轉，這時米蘭科維奇循環朝相反方向變化，非洲的東部和南部開始變得更加溫暖濕潤，給人類提供了更好的自然條件來狩獵、採集，人口也開始隨着食物的增加迅速增長。也是在這時，人作為一種獨特的動物，開始顯示出自己真正的優勢。

人類在剛剛出現的時候，就顯出和其他動物，哪怕是「近親」類人猿很大的不同。這個區別在氣候變暖之前並沒有充分顯示出來，但一旦氣候創造了有利的條件，人類就開始顯示出巨大的優勢。人類和其他動物相比，最大的特點就是腦容量巨大，計算能力超強。雖然大腦只有人體重的 2%，卻要消耗人 20% 的能量。人類如果要等大腦完全成熟以後出生，母親將根本無法生產。為了解決這個問題，人類只能在胎兒大腦沒有完全發育成熟之前就把他們提前生產出來。這和其他哺乳動物都不一樣。無論是牛、馬、羊、獅子、老虎，這些動物出生後很快就可以獨立站立、生長、生活，甚至捕食。可是人出生的時候離成熟和獨立生活還很遠，還需要幾年時間才能夠站立、行走、說話，大腦才能完全發育成熟。所以人類新生兒的死亡率很高，但是成熟後的優勢也很明顯。當氣候變得有利於生物，人類的優勢就表現得格外突出。這個優勢充分體現在了人類文明的第一次飛躍，也就是走出非洲的飛躍。

一方面由於氣候的變化，一方面受原來生存環境的影響，人類的祖先開始出走非洲，離開原來的生活地，去往全新的生活環境。這次文明的飛躍從一開始就顯示出人這種動物獨特的進取心和智力。從公元前 6 萬年開始，人類從非洲索馬里進入到阿拉伯，到歐亞大陸，然後從北非進入到歐洲，從歐亞大陸進入到東方亞洲，從亞洲南部進入到澳洲，從歐亞大陸穿過阿拉斯加進入北美，從北美再進入到南美。

圖 4 大體顯示了當時人類遷移的路徑。在大概四五萬年的時間裏，人類的足跡基本上遍及全球。隨着氣候不斷變暖，越來越多的地方出現了更多的植物、動物，使得靠狩獵和採集的人類在世界上各個地方都有可以生存的機會。雖然大自然給各種生物創造的條件是一樣的，但是並非所有的物種都有像人類這樣強烈的進取心，克服重重困難走遍全球。這一次行走即便在今天看來都是驚人的、難以想像的旅程。試想當時的人類祖先要跨過大冰川，越過海洋，在對未來和目的地一無所知的情況下，一代一代以頑強的決心佔領了全球。從公元前 6 萬年，一直到公元前 12000 年前，人類用了幾萬年的時間，從非洲出發，一路佔據到南美最南端，以平均每年一英里的速度遍佈了整個地球。這個時候人的主要工具

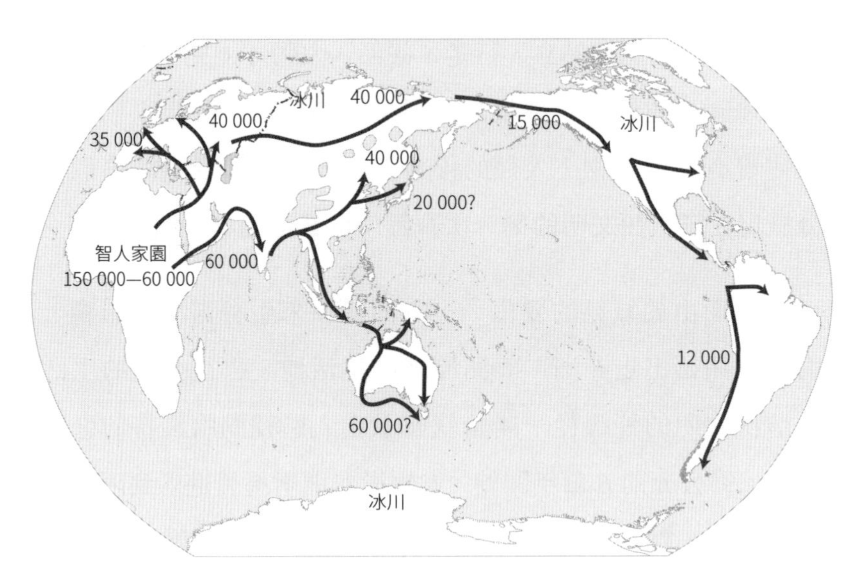

圖 4 人類走出非洲的路線，及足跡遍及世界各地的時間點

來源：Ian Morris, *Why the west Rules-for now*, 2011.

就是石器，交通工具就是雙腿。這時還沒有農業，沒有畜牧業，沒有其他的動物作為依靠，也沒有任何其他工具，就靠着一路打獵和採集，並以很小的團隊為組織一路前進。這一場人類祖先的遠征，今天想起來還會令人震撼，激動人心。

關於出走非洲的智人是否就是人類祖先一直是學術界爭論的問題，直到 90 年代才徹底被解決。1987 年，基因學家瑞貝卡•卡恩帶領她的團隊第一次得出突破性的結論。通過對只有女性攜帶且只能通過女性遺傳的線粒體（Mitochondrial）基因進行全球範圍內的研究，瑞貝卡•卡恩發現了以下幾個結論：第一，基因多樣化在非洲比在全球任何其他地方都更多；第二，其他地方的基因多樣化都是非洲這種多樣化的一個分支；第三，科學家能找到最古老的線粒體基因來自非洲。這三個發現，無一不指向同一個結論：全世界都有一個共同的婦女祖先，她生活在非洲，被稱為「非洲的夏娃」。此後的多項研究都在不同程度上證實了卡恩的發現，只不過把非洲夏娃出現的時間推遲到了公元前 15 萬年左右。到了 90 年代，其他基因學者通過檢測 DNA 中只能在男性間遺傳的 Y 染色體，得出了幾乎同樣的結論，即人類所有男性的祖先也來自非洲，被稱為「非洲的亞當。」所以截至 90 年代，關於智人是否是人類祖先的爭論有了答案。我們今天所有人的共同祖先，都是從非洲走出的智人在全球各地留下的後代。而其他所有的猿人和類人猿在人類離開非洲後的幾萬年內，幾乎都絕跡了。

人類出走非洲後，在一路上都留下了文明的痕跡，其中最著名之一是已有 18500 年歷史的阿爾塔米拉洞（Cueva de Altramira）壁畫（見圖 5）。這幅壁畫達到的藝術造詣高度驚人，極其富有創造性，以至於畢加索在參觀了這幅壁畫之後曾經慨歎道：「我們現在所有的人都無法畫出這種水平來。」他認為和這幅壁畫相比，人類之後所有的作品都是退步。

後來的考古發現，在人類走遍全球的這一路上留下的繪畫、石器、婦女的裝飾等，都體現出人的創造性和智慧。雖然人類誕生之初也只是採集和狩獵，看起來和動物祖先並沒有太多區別，但是他們表現出了強烈的進取心和創造力。即便是其他的類人猿，也沒有像人類一樣，在短短幾萬年裏步行穿過了冰川、海洋，足跡

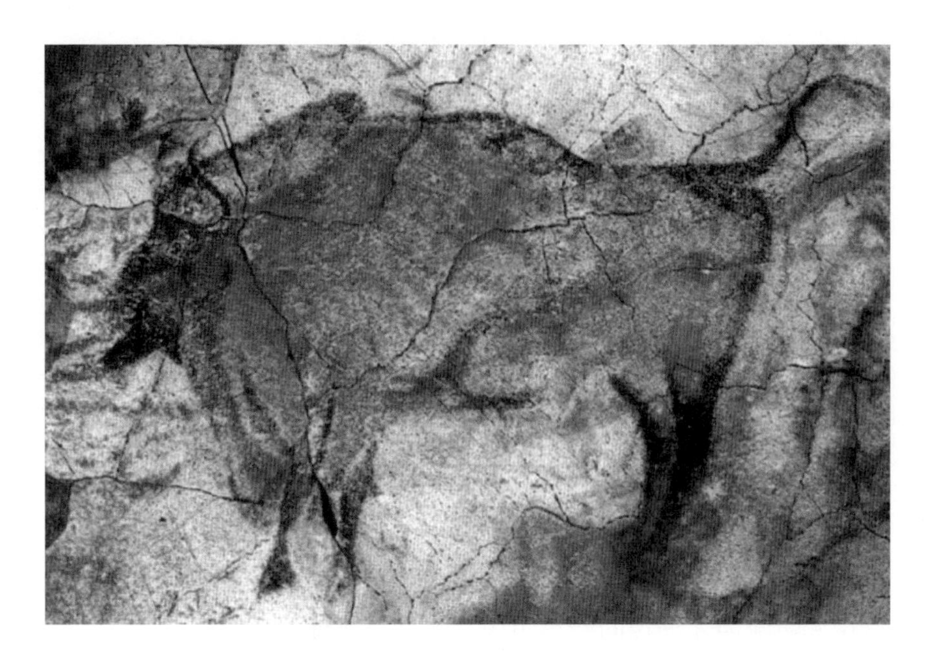

圖 5　阿爾塔米拉洞里的壁畫

遍佈全球；也沒有像人類一樣，在所有地方都留下了自己的想像力和創造力。這種決心、驅動力、對於意義的追求、藝術的表達，其他的類人猿都不具備。人強烈的進取心和高超的智力，使他 / 她從這時起就顯示出來和任何其他動物的不同。

人類這一次走出非洲對全球的覆蓋，雖然沒有在生活方式上發生巨大的變化，但是人口從最初的兩萬人左右迅速增長，更重要的是人類已經遍及全球所有的地方。當全球氣候開始變化，給生物提供新的發展機會時，人類已經為利用這些機會做好了準備。所以這一次出走非洲，讓人類開始有了第一次文明的大飛躍，瀕於滅種的可能性大大降低，基因的多樣性和適應性大大增加，並開始在全球尋找最適合人類發展的生存條件。當這種生存條件在地球的某些地區首先出現的時候，人類利用機會的能力已經徹底形成，新的飛躍的基礎也已經奠定堅實。

農業文明的誕生

地球最後一季冰川紀結束於公元前 2 萬年左右。冰川融化後進入海洋，海平面開始上升；公元前 14000 年，冰川停止融化。到了公元前 12700 年左右，地球的氣溫回升到了和現在僅有幾度之差。這個溫度特別適合動植物生存。地球上的動植物種類和數量迅速增加，對依靠採集和狩獵為生的人類先祖來說，食物的來源自然也大大增加。從公元前 18000 年到公元前 10000 年，地球上的人口總數從不到五十萬翻了十幾倍。從這時起，人類開始繼承了地球，也開始接受地球贈與人類的禮物。

氣候變暖是地球給人類的一份饋贈，但是生活在不同地理位置的人卻並沒能享受到同樣的幸運。最幸運的人生活在「幸運緯度帶」上，也就是歐亞大陸北緯 20 度到北緯 35 度，美洲大陸北緯 15 度到南緯 20 度之間的地區。從公元前 12700 年以後，歐亞大陸的東西兩邊開始出現了各種野生穀物。這些穀物碎粒很大，因此採集時花費一卡的能量，可以在食用時得到五十倍的回報。得益於食物的豐富，這時人類羣落的規模也開始擴大，逐漸形成文明中心。不久，在幸運緯度上最發達的地區側翼丘陵區，也就是位於兩河流域和約旦河流域的一個拱形丘陵地帶，率先出現了人類文明第二次的大躍升。

今天我們可以猜想，這一次文明的躍升也許緣於當時婦女的採集經驗。當她們採集果實時想到，如果把野生果實種植在肥沃的土地上，收成會不會更容易預測？考古學家們已經找到越來越多的證據，證明人類在這個時期開始種植植物，又進一步掌握了選擇優良品種雜交、施加肥料、除草等等一系列的農業行為。這樣生產出來的果實就不再是原始的野生狀態，而轉變為一種和人互相依存的關係，意味着現代農業的出現。畜牧業的出現也是類似的過程，動物也逐漸被人類馴化。人們對一些野獸首先圈養，然後配種，選擇優良品種交配，再對新出生的動物人工餵養，以至於被人類馴養的動物已經不能夠獨立在野生環境下生存，而必須要和人類相互依存。

農業和畜牧業的出現在全球的分佈非常不均衡，最主要的原因是地理環境和自然資源完全不同。地理環境在農業文明裏的決定性作用由生物學家賈雷德•戴蒙德最先發現。他指出全世界大約有 20 萬種不同的開花植物，只有差不多幾千種可以食用，而其中大概幾百種可以被人工養殖。人類今天攝入能量的一半來源於穀物，最主要的是小麥、玉米、大米、大麥和高粱，而這些穀物的野生原種在全球分佈既不廣泛更不均衡。自然界中一共有 56 種顆粒大、營養豐富、可以食用的野生植物。在西南亞，側翼丘陵區擁有 32 種，在東亞、中國附近有 6 種，中美洲有 5 種，非洲撒哈拉沙漠以南有 4 種，北美 4 種，澳大利亞和南美各有 2 種，整個西歐只有 1 種。如此看來，在側翼丘陵區最早出現農業的幾率要遠遠超過其他地方。再看畜牧業的條件：世界上超過 100 磅的哺乳動物有 148 種，到 1900 年只有 14 種被人類馴養，其中有 7 種原生野生動物在西南亞，東亞有 5 種，南美只有 1 種，北美、澳大利亞、撒哈拉沙漠以南一種都沒有。今天世界上最重要的 5 種畜養動物：綿羊、山羊、牛、豬和馬，除了馬之外，原種都在西南亞。雖然非洲的動物很多，可是絕大多數無法馴養，比如獅子、長頸鹿等等。因此從農業資源的分佈來看，側翼丘陵區是最幸運的地方，其次是中國的黃河長江流域。它雖然不如前者，但依然是世界上自然資源第二好的地方。世界上的其他地區則遠遠不如這兩個地區。

事實上整個農業文明的出現和傳播都和自然資源關係巨大。大約在公元前 9600 年，農業就開始在側翼丘陵區出現了，在中國則出現於公元前 7500 年。澳大利亞基本上沒有農業出現，美洲的農業發展也很滯後。美洲原生的植物叫大芻草（Teosinte），這是玉米的原種，要把大芻草培育成玉米，需要幾十代的基因變種才有可能。美洲也沒有原生的可以被馴養的動物，所以農業文明在美洲開始的自然條件極其匱乏。另外一個導致美洲農業文明落後的原因是地理隔絕。人類祖先最早在公元前 15000 年通過大陸橋從歐亞大陸走到美洲大陸，而到了公元前 12000 年以後，美洲和歐亞大陸就被海洋分隔開來，這以後在歐亞大陸出現的農業文明就沒有辦法傳播到美洲。所以整個美洲發展農業文明的自然條件很差，也無法和其他實現農業文明的地區交流。而同樣自然條件很差的西歐，由於到中東的交通相對通暢，所以到了公元前 4000 年左右，農業已經得以覆蓋。在亞洲，農業從公元前 7500 年開始，從中國起源，向各個方向傳播開，進入今天的東南亞，再到公元前

1500 年的朝鮮、日本，基本上涵蓋整個亞洲。

當農業人口進入到依然以採集、打獵為生產方式的地區，就會形成競爭。農業本身是人類文明的進步，發展到這個階段的社會所能攝取和使用的能量以及組織能力都遠遠超過 1.0 文明。兩種力量懸殊的文明一經相遇，先進的文明勢必要征服落後的文明。文明的傳播形式有兩種，一種是先進文明的殖民，另一種是生活在落後文明地區的當地人模仿學習新的生產方式。無論是哪種方式，最終新的文明都會傳播到世界各地，人類的生活方式在不同人種中也會逐漸同化。今天歐洲人中差不多每四五個人中就有一個人的祖先來源於農業文明出現最早的西南亞、中東。雖然在亞洲沒有類似的研究，但無論是對亞洲人種的調查，還是直觀的觀察，我相信祖先是中國人的比例也差不多。

人類的特徵雖然在大數裏都是一樣的，但是在第二次文明躍進的時候，由於自然條件不一樣，能否和新的文明交流的機會也不一樣，所以發展的速度和狀態也有所區別。地理位置一方面決定了一個地區的自然稟賦，另一方面也決定了它和最先進的文明交流的機會，由此造成了各個地區發展的差異。

今天世界上最發達的文明，都從最幸運的兩個中心發展而來，一個是西南亞和中東地區，一個是中國的黃河長江流域。東西方的概念也是在那時產生。地理位置從農業文明起變得十分重要。凡是能和其他地區交流的地方，例如側翼丘陵區、中國和歐洲，它們發展的方式、速度、軌跡都非常相像，文明傳播的速度也很接近。比如說最早從種植，到育種，到出現大的村落，對動物的畜養，對生活方式、家庭組織的重新構建，對祖先的崇拜，出現陶器，形成宗教儀式等等，這些現象出現的先後順序在不同的人羣裏都很相似。不同的地區雖然出現了不同的生活習慣和不同的文化，但是從文明本身的發展來看，只要有足夠的時間，先進的文明最終都會以殖民、被模仿、同化的方式傳播到所有可及之處。所以到了公元前 1500 年左右，基本上整個亞洲、中東、非洲北部地中海、歐洲，都已經進入 2.0 文明階段。而美洲和澳大利亞因為天生自然資源不足和地理上的隔絕沒有能夠發展起來，基本上還處在 1.0 文明階段。在非洲撒哈拉沙漠以南，雖然出現了有限的畜牧業，但受地理條件的限制無法開展種植業。

整個農業文明的起源、誕生、發展、傳播都和地理位置密切相關，無論是開始的自然條件，還是和其他文明中心交流的難易程度，都決定了當地農業文明發生的時間和發展的程度。非洲位於赤道附近的地理條件促使人類誕生於此，而全球變暖讓世界上幾乎所有地方都可以發展 1.0 文明。但是當 2.0 文明到來的時候，原來有利於 1.0 文明的地理條件並不必然都是優勢，在很多地方甚至變成了劣勢。非洲、美洲具有的 1.0 文明優勢，反而成為 2.0 文明最大的障礙。發展農業條件比較好的地方 2.0 文明的發展自然比較快，比如中東、西南亞，2000 年的領先給了他們巨大的優勢，但這並不是一個永久的優勢。無論是中國還是歐洲，都在後來慢慢趕上了領先的中東，可見人在大數裏表現出來的情況是一樣的，而地理位置決定了發展的條件不同，先後有別。

在塑造整個歷史的過程裏，人的動物本性起了非常重要的作用，莫里斯把它叫做莫里斯定律（Morris Theorem）：「歷史，就是懶惰、貪婪、又充滿恐懼的人類，在尋求讓生活更容易、安全、有效的方式時創造的，而人類對此毫無意識。」但同時人也顯示出了強大的學習能力，一旦自然條件開始提供機會，他們很快就把自然資源條件轉化成自己生存發展的巨大前進動力。

農業文明的天花板及三次衝頂

農業文明的發展促使人口出現大幅增長。從公元前 10000 年左右，人口開始長期上升，人類對土地的開墾利用不斷擴張，土地的單位產出也因為農業技術的不斷改進而提高。公元前 5000 年左右，集中的水利灌溉技術最先出現於中東的美索不達米亞平原，此後一系列深耕技術在東西方都開始被使用，比如輪種、選種、育種、休耕、農具的改革、牲畜的使用等，同時也出現了鐵製農具、水車、風車等農業工具。為了更好地利用這些新的技術，人類開始提高自身組織能力，建立了城市、國家或更龐大的帝國，城邦、國家間出現了人口流動、掠奪和戰爭。人畜接觸和人口流動導致細菌、瘟疫的傳播，引發新的戰爭。與此同時，人口流動和新的地理發現也促進了貿易和社會分工，大的帝國得以建立穩定統一的市場，先進的技術得以在大範圍內更快傳播。無論是組織能力、機構設置、還是技術創新，率先發起的地區會得到更多的優勢，挑戰已有的文明中心，變其地理優勢為劣勢，進而取代舊的文明中心，成為新的文明中心。整個 2.0 農業文明一直在前進兩步，後退一步的態勢下前進、發展。

直到工業革命到來之前，農業文明社會的發展軌跡始終遵循着「上升、衝頂、衰落」的循環規律，社會每經過一段時間的發展就會達到一個峰值，同時觸及難以逾越的天花板，之後不可避免地衰落，後退，再上升，觸頂，衰落，如此循環往復。

究其根本，農業文明的社會發展存在天花板，因為農業文明有一個天生不足的瓶頸。農作物產生於光合作用，牲畜也要消耗植物，動物產出的熱量和消耗的植物能量比例是 10：1，所以最終光合作用能夠產生的能量上限受制於土地面積和土地的單位產出，在這兩者都有上限的情況下，自然資源也就有了上限。而人類在這個時期還不能夠控制人口，人使用新能量一個重要的方式就是生育更多的子嗣，所以有限的資源和近乎無限的人口增長決定了人口增長最終只能通過非自然災難來消化和制約。自公元前約 10000 年起，這個基本的瓶頸是整個農業社會一直無法解決的問題。縱觀整個 2.0 文明的歷史，尤其是近代幾千年，做餅與分餅的矛盾不僅一直存在，而且有愈演愈烈之勢。

總體來說，人類在農業文明時代面臨的災難主要由這五個原因導致：饑荒、人口流動引起的戰爭、瘟疫、氣候變化、政權失敗。土地收成受制於天氣，氣候變化無論大小都會直接影響農作物的產出。小的變化導致收成減產，造成局部性的饑荒；長期大的變動則會讓一些地區的土地收成系統性減緩，必然會引起大規模的人口遷徙，進而引起政權爭奪和戰爭。遊牧民族因為蓄養的動物需要消耗大量植物，更受制於天氣的變化，加之本身的流動性也強，所以更傾向於掠奪和戰爭。在幾千年的時間裏，遊牧民族和農業人口對土地的爭奪一直是戰爭的主要原因，而農業人口之間的流動也是人口流動的一個主要源泉。遊牧民族的遷移給農業人口帶來的另外一個直接結果就是細菌和病毒的傳播，和因此引起的嚴重瘟疫，這是歷史上人口消減的最重要的原因。

為了應對這些挑戰，在東西方兩個文明中心的人類，都開始加強了組織能力，於是出現了城市、國家、帝國。這些社會組織的創新一方面在於創造了和平的環境，促進國土範圍之內技術的傳播和貿易的擴展，形成共同市場，促進了社會的發展。另一方面，先進政權和落後地區的差異也成為戰爭、資源掠奪和征服的一個主要原因。氣候的變化常常使一些地區的優勢顯示出來，使得文明的中心發生轉移，但是同時新的文明中心的發展又帶來了新一輪的挑戰，新一輪挑戰使文明中心再次遷移。地理的優勢和劣勢不斷轉移，整個社會以前進兩步、後退一步的態勢往前推進。

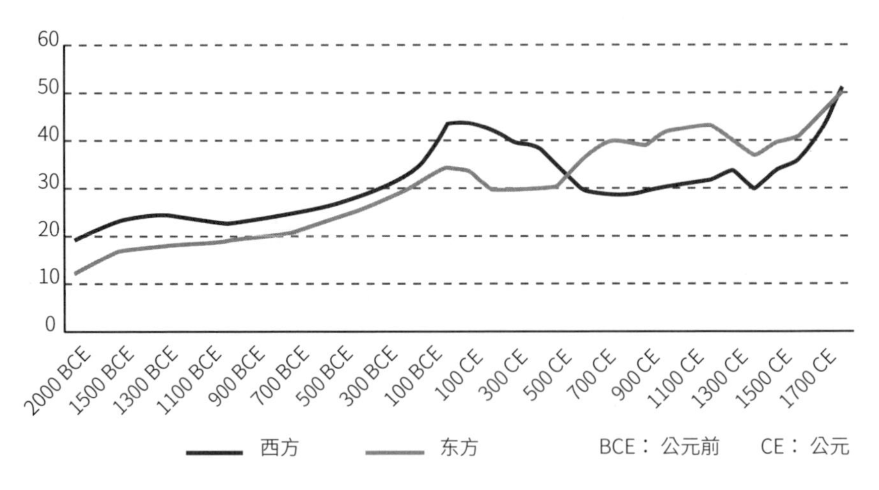

圖 6　東西方社會發展指數（公元前 2000 年－公元 1800 年）

來源：Ian Morris, *Social Development*, 2010.

從歷史的軌跡上看，公元前 1300 年左右，西方的社會發展一度達到了一個區間頂峰，社會發展指數比農業文明開始時增長了六倍左右，東方也增長了四倍左右。但是這時在西方的文明中心出現了第一次全區域性的毀滅——當五大災難中的數項同時出現的時候，毀滅幾乎是必然。

這一次的失敗讓西方的發展程度在此後的 200 年裏退回到 600 年以前的水平，而東方在這一段時間裏還在持續發展，這是東方和西方兩大文明中心第一次開始拉近了距離，並在此後的發展中表現出驚人的一致。

這一時期歐亞大陸的兩大文明中心都開始受到來自北方遊牧民族的侵略。此時的北方遊牧民族活躍在大草原高速公路——東起中國的東北、蒙古，西至匈牙利的一條長長的歐亞大陸線上，在長達幾千年的時間裏，他們一直是東西方農業文明最主要的共同敵人。農業文明國家和遊牧民族的爭奪戰爭從來沒有停止過，但歐亞大陸也因為活躍在大草原高速公路上的遊牧民族而被連接在一起。

雖然農業文明面臨挑戰，但在幾千年裏至少有三次衝頂，在應對挑戰中不斷創新。農業文明階段在制度上的創新首先包括從低級管理國家向高級管理國家進化的過程，主要在公元前 1000 年到公元前 200 年左右完成。西方從低端國家過渡到以大流士的敘利亞到色雷斯的波斯帝國為代表的高端政權，再經過希臘的城邦，開始在羅馬帝國真正成為集大成者，建立了代表西方最高水平的政權。羅馬帝國也因為地處地中海內陸，擁有一個非常方便的內海交通通道，因此在帝國範圍之內，形成了一個跨歐亞大陸的巨大的貿易帝國，資源得以最優分配，社會發展第一次達到了農業文明的頂峰。從公元前 200 年左右到公元紀年，羅馬帝國開始進入到頂峰時期。這時距離農業文明的開始，社會發展指數增加了十倍左右。與此同時，東方經過夏、商、周這些低端國家，以及春秋戰國對高端政府的過渡嘗試，以秦、漢為開啟出現了中央集權這一高端管理政權，也建立起一個跨區域的大的帝國。雖然社會發展指數此時略低於羅馬，但是當時在東方也處於領先地位。

在農業文明第一次衝頂之後，五大挑戰幾乎同時出現在東西方，尤其是遊牧民族的入侵，加上自身政權的失敗，瘟疫流行，使得東西方兩大帝國在第一次衝頂之後先後失敗，從而引發了整個文明區域的毀滅性倒退。這次倒退在西方持續了上千年，在東方持續了差不多 400 年。400 年之後，東方出現了以唐、宋為代表的黃金時代，宋朝的東方帝國第二次衝到了農業文明的頂峰，達到甚至超過了羅馬帝國所取得的成就。但是這一次衝頂之後，農業文明再次被遊牧民族（蒙古鐵騎）擊敗，遊牧民族政權加上瘟疫流行讓宋朝的衝頂又遭失敗。蒙古大軍橫掃整個歐亞大陸，征服了從中國一直到匈牙利、俄國、中東等幾乎所有文明中心的國家，也把瘟疫帶到了世界的每一個角落。這一次的征服雖然摧垮了宋朝的成就，但是它也把宋朝所代表的高度發展的東方文明傳播到了當時相對落後的西歐。當時的宋朝一度達到了文明的頂峰，那時鑄鐵產量每年大概十幾萬噸。而直到 1700 年，整個歐洲的總產量也才達到這個數字。中國當時最重要的技術發明，比如鑄鐵、火藥、指南針、紡車、風車、水車、農業技術等都傳到了歐洲。

蒙古大征服的另外一個後果則得益於它所沒有做到的事情。蒙古的鐵騎到了匈牙利以後就戛然而止，完全沒有到達西歐，所以其破壞沒有波及西歐，但是技術卻傳到了西歐，這為西歐成為下一次文明的爆發點提供了一個絕好的條件。當時處在封建征戰裏的歐洲，在羅馬帝國以後，幾次試圖統一的努力都失敗了。歐洲的政權在幾百個大大小小的封建王國之間，在基督教皇和王國之間進行了上千年無窮無盡的戰爭，所以中國的火器到來以後，迅速被發展成火槍和火炮。火槍、火炮反過頭來又傳回到了東方。幾百年以後，在火槍和火炮的幫助下，東西兩方在俄國和清朝共同努力之下，將肆虐在農業人口領地上幾千年的遊牧人口徹底制服。到了17世紀左右，大草原高速公路以1689年中俄之間的《尼布楚條約》為界，徹底被封鎖。大草原公路的絕大部分分到了俄國，相當一部分分到中國，中國的國土也從原來的黃河長江流域，擴展到了東北、蒙古、新疆、西藏，從此開拓出一個新的土地邊疆，也為中國重新開始社會發展提供了土地資源——儘管這些新開拓的土地和長江黃河流域土地的產出是不可比擬的。

與此同時在西方，從15世紀以後，被蒙古遺漏的西歐開始呈現出朝氣蓬勃的新活力，在威尼斯、佛羅倫薩出現了文藝復興。整個西歐因為中國技術的引進，開始出現了新一輪的社會發展。新的中國技術的引入，再加上馬可•波羅對中國的盛讚，引起了西方第一次真正的中國熱，導致西方開始尋求東方的財富，為下一次的大航海運動提供了根本性的動力。所以西歐從 1500 年開始，社會逐漸向上發展，到了 17、18 世紀，無論東方、西方都再次衝向農業文明所能達到的極限。但是這次，東西兩方在衝頂過程中所遇到的挑戰和獲得的機遇截然不同，從而，東西兩方在接下來幾百年的命運也截然不同，這也給人類命運指出一條完全嶄新的道路。

農業文明中的思想革命與制度創新

1798 年，馬爾薩斯出版了《人口學原理》，指出人口增長永遠會超過人類食物生產的能力。隨後到來的工業革命讓馬爾薩斯成了歷史上最失敗的預言家。但是「馬爾薩斯陷阱」卻在無意間成為了對農業文明時代最好的歷史總結。

農業文明的鐵律就是它的瓶頸。每一次文明衝頂後的衰落和毀滅期，都是對當世人的磨礪，讓他們經受苦難，感受痛苦。然而痛苦常常也能成為思想革命的源泉。

二戰之後，德國哲學家卡爾•西奧多•雅斯貝爾斯（Karl Theodor Jaspers）在思考二戰給德國和世界帶來的災難的時候，感同身受地指出，人類的每一次災難都帶來了一次思想革命。他第一次指出在公元前 5 世紀左右，出現了一次軸心思想革命，並命名為軸心時代（Axial Age）。在東方的中國，孔子開始講述他的學說，與此同時諸子百家爭鳴；在西方文明起源的中東，先知們開始把對世界、上帝的思考記錄成《舊約聖經》；在印度，釋迦牟尼放棄了王子的優裕生活，開始和乞討的人一起生活，和他們共同經歷苦難，宣講他解脫苦難的方法；在希臘，從蘇格拉底到柏拉圖、亞里士多德，偉大的思想家都在全面地檢測個人、社會、國家的意義。

這一次思想革命為人類之後幾千年的發展奠定了不朽的思想基礎，一直到今天還在影響後人。而這些思想家幾乎出現在同一個時期，來自世界上歐亞大陸所有的文明中心，而且思想的指向驚人的一致。他們共同的特點是都處在自己時代文明的邊緣，思考的問題都是文明毀滅之後普通人的痛苦、邊緣人的掙扎、底層人的呻吟。無論是魯國的孔子、迦毗羅衛國（Kapilavastu）的釋迦牟尼，還是雅典的蘇格拉底、流離失所的以色列先知，共同的出發點、核心關懷的對象都是弱勢羣體、普羅大眾。他們共同反對的是腐敗、野蠻、欺瞞百姓的統治者和壞政府。因此他們的思想帶有很強的革命性，但是他們本身都不是革命者。他們的使命主要是探討人、社會、國家的終極問題：甚麼是人的意義？甚麼是政府存在的原因？甚麼是好的政權，好的社會？他們也追求人生的意義，追求人在自身生活和利益之外的昇華。孔子講到的仁，釋迦牟尼講到的涅槃，《舊約》講到的上帝，蘇格拉底、希臘哲學家講的冥想，追求的都是人在這個世界上的昇華和意義。這些思想者同時都指出了人和人關係的黃金定律，比如孔子的「己所不欲，勿施於人」，《聖經》講「己所欲，施於人」，釋迦牟尼講對於世間萬物彼此抱有同情。基於這一核心觀點，他們所描述的良性社會都建立在這樣的人際關係之上。治理有方的政權也必須以人為本，正如孔子、孟子所說「人為重，社稷為輕，君為次」。這些思想家在他們生活的時代都未獲成功，也沒有被廣泛接受。蘇格拉底在民主的雅典被判了死刑，孔子流離失所、終其一生主張都不被接受，猶太人失去自己的家園、在世界各地流離失所數千年，釋迦牟尼在世時也沒有形成真正的影響力。但是他們思想裏的豐富內涵和堅韌力量，卻超越了他們的生命本身，直到今天依然滋養着人們的心靈。

第一次軸心時代的思想在人類農業文明第一次衝頂的嘗試中都有所體現。東西方幾乎同時遭遇衝頂失敗，緊接着就進入幾百、上千年的黑暗時代，這個時代感受的痛苦，就造成了軸心時代思想的第二波。在中國，佛教被簡化之後廣泛傳播，幾乎成為國教；在西方，基督教成為羅馬帝國的國教，迅速地在整個西方傳播開來；在阿拉伯半島的沙漠遊牧民族中，伊斯蘭教出現。

伊斯蘭教是一個非常獨特的現象，這是唯一一個遊牧民族自己創造的宗教，是整個遊牧民族自己創造的文化躍升。伊斯蘭教的創始人穆罕默德不識字，年輕時一直沒有任何突出成就，也沒有任何跡象顯示出非凡的未來。但是到了四十多歲的時候，他開始在夢裏定期見到天使加百利（Gabriel）給他傳話。起初，穆罕默德根本無法理解自己的夢，在太太的鼓勵下，他才開始相信自己已被神選為傳聲筒，成為先知，所以開始去和別人講述天使在夢中傳給他的話。他傳講的話極富詩意和說服力，迅速吸引了一個巨大的信徒羣。在此後僅僅二三十年的餘生中，他把一個在沙漠邊緣求生的、規模很小的遊牧民族組織起來，征服了整個中東、埃及、地中海。他和他的後代創造了世界第三大宗教，建立了穆斯林帝國。因為遊牧民族文化開始發展較晚，所以在穆罕默德及其後繼者統治下，伊斯蘭對所有擁有成熟文化的民族都表示出了足夠的尊重、容忍和謙虛的學習態度。西方的文化、希臘的文明、羅馬的文明得以在穆斯林時代得到保留，而且通過大草原高速公路傳到東方。印度的香料、中國的瓷器、絲綢，也通過穆斯林控制的草原高速公路形成的所謂絲綢之路成為東西方之間的貿易品。

第二波軸心時代重點是對靈魂的安慰，呈現方式幾乎都是宗教。無論是佛教、基督教還是伊斯蘭教，強調的都是來世的解脫，對於現世痛苦的安慰，對靈魂的慰藉。兩波軸心時代出現在人類從低端政權進入高端政權的過程中，為後來建立高端政權奠定了思想基礎。高端政權在西方以羅馬帝國為最初的代表，在中國以漢朝為開端。

軸心時代思想最重要的遺產是高端政府政治制度的建設。中國的軸心時代思想直接導致了中國歷史上最偉大的政治制度創新——科舉制的誕生。科舉制是整個 2.0 農業文明時代最偉大的制度創新，在整個人類歷史上我認為稱得上第二偉大的制度創新。

任何帝國要應對農業文明面臨的挑戰，都需要和平和發展，需要貿易，只有貿易分工才能讓農業和手工業在不同的地區最優地分配資源。特別是在農業文明的天然瓶頸和有限資源的制約下，最佳的資源分配顯得更為重要。因此國家越大，人口越多，地域越多樣化，應對挑戰的能力就越強，人類政權從低端政權向高端政權轉移也是必然。但是所有高端政權在建立起來後都需要解決如何有效管理政權的問題。傳統上的政權方式是以血緣為基礎，誰打下了江山，誰的血緣關係就變成了權力分配的最根本依據。但是血緣並不確保能力，尤其不能夠保證幾代以後掌握政權者的能力，所以這樣的政權都不能夠持續。管理好政權需要精英政權、任用賢能，可是任用賢能的問題在於沒有辦法保障忠誠和政權穩定。特別是能力強的軍人如果又掌握着權力，自然會威脅到政權本身的和平。人類要應對農業文明五大挑戰又必須要建立一個偉大的帝國，而有效管理龐大帝國的辦法一直是一個難題，直到中國在軸心時代思想基礎上發明出一種創新制度——科舉制。

科舉制以人的學習能力、知識水平、行政能力作為考核的根本，用公平、透明、公開的方式提供給所有人機會，而不受出身背景或血緣關係的限制，從社會各階層的人才中選拔出優秀能幹的人，並憑考核結果分享政治權力，另外通過政府考試的方式統一官方意識形態，以保障所錄取的人才對政權的忠誠。這樣的選拔和考核制度，可以保證選出的人才既有全面能力，能服務百姓，又能效忠政權。由文官管理武官，保障政權不受挑戰。從思想意識形態上，士大夫既效忠皇權政統，又追隨儒家道統。既為百姓，又為皇權，兼為個人實現理想抱負，養家蔭子。這幾乎是一個完美的制度嘗試。科舉制起源於兩漢時的薦賢嘗試，經過幾百年的實踐後，到隋朝正式確立成為制度，為此後一兩千年裏管理中國這個龐大的帝國提供了最堅實的保障。這也為中國從漢後的 400 年戰亂中重新崛起提供了基礎，也讓東西方在漢朝和羅馬帝國衰落後的命運截然不同。從公元 500 年到公元 1770 年左右，中國領先西方大概 1200 年，科舉制這一創新正是助跑中國領先的重要原因之一。

這一制度的確立使得中國在大體上解決了作為龐大帝國的行政問題，保障了長期的和平環境，形成了大規模的貿易市場，促進了技術交換和廣泛應用，發展了文化，也擁有了應對飢餓、瘟疫、外族侵略的能力，讓中國在之後1000多年裏領先於世界上幾乎任何其他國家。甚至到工業文明時代，大英帝國開始建立的時候，也借鑒了中國的文官制度，建立了自己的文官系統。今天無論是美國的軍隊，還是其他採用文官系統的政府或是非政府組織都多少受到了中國科舉制度的影響。

科舉制度雖然在極大程度上解決了帝國的政權問題，但它的核心缺點是皇帝這個最高領袖的選擇。文官系統的發明，根本目的是為了延續帝國統治。但是皇帝必須以血緣傳承。如果皇帝能力優秀，整個帝國的力量就可以充分發揮出來，這一點無論是在文景兩帝，還是漢武帝、唐太宗、宋太祖這些時代，都被一再證明。但是血緣無法保障能力，無法避免皇位傳給無能子嗣，因此就無法避免弱君、昏君的出現。在他們掌權時，政權也不可避免地走向內鬥、腐敗。不穩定的皇權傳承影響着朝代的興衰。但是無論一個朝代如何在管理細節上創新，都保持了科舉制這一基本的政治制度。這一制度從漢、唐起影響中國政治，直到今天。

軸心革命時代的另外一個重大的遺產是思想的多樣性，在中國有百家爭鳴的不同理念，希臘亞里士多德所關心的問題從科學、玄學、法律、政權到邏輯，演說內容廣泛多樣。思想多樣性的出現，尤其是其中理性一支的出現發展出思想的另外一條重要軌跡。

思想不僅僅是建立公平社會和政權、安慰靈魂的手段，從希臘的「為知識而知識」開始，思想本身成為人追求的目的。人類在思想上的進步逐漸發展出近代的科學，從此開始真正主宰世界。這一支理性的思想為人類發展指出了另一個偉大的方向。

美洲大陸的發現及其劃時代影響

農業文明時代，地理位置一直是西歐的軟肋。當時西方的中心雖然已經從中東轉移到地中海、南歐，但是西北歐依然很落後。不僅如此，它離富足的中國和印度也非常遙遠。15 世紀的歐洲人對馬可•波羅筆下天堂一般的中國充滿嚮往，希望能打開與印度和中國貿易的通道。當時西方和東方的貿易通道主要是在陸地上經由中東，而此時中東已經被穆斯林佔領，又因為基督教與伊斯蘭教的戰爭很難通過。唯一能通商的是一些零散的歐洲商人，比如威尼斯商人，通商的貨物主要是印度的香料。為了找到前往印度、中國的海路，西方開始了大航海時代。葡萄牙的達迦馬最初繞過非洲好望角建立了一條通道，接着是哥倫布出海，他抱着繞過大西洋直接尋找亞洲的希望，意外發現了一塊全新的大陸。他誤以為自己到達了印度，稱當地人為印第安人。這次發現不僅改變了歐洲的歷史，而且徹底改變了整個人類的歷史軌跡。

人類第一次進入美洲是公元前 15000 年，當時出走非洲的人類祖先通過西伯利亞的大陸架直接步行進入到美洲，但是在公元前 12000 年以後，由於冰川紀的結束，全球變暖，海平面升起，這座大陸橋不復存在。所以在此之後的一萬多年裏，整個美洲由於被太平洋和大西洋所孤立，完全和其他的文明脱離了關係。雖然它自身的氣候條件很好，但幾乎沒有適合農業、畜牧業的野生植物和動物，農業和畜牧業的資源非常貧乏。適合農業的植物只有四種，適合畜牧業的動物一種都沒有，本地產量最高的玉米又不易育種，須經過十幾代才可以改良。所以它發展農業文明的先天條件極其惡劣，起步比別的地方落後，種植業發展速度也極其緩慢，畜牧業根本就沒有發展起來，因此社會組織的發展程度也很低。

當歐洲人到來的時候，美洲大陸只有墨西哥和南美有兩個較大的政權，且都是比較初級的政權，歐洲移民的相對優勢顯而易見。這時的歐洲因為連年的戰爭已經具備了豐富的戰鬥經驗和強大的戰爭組織能力，在技術上有鑄鐵和火槍火炮，所以當地土著人的抵抗必然以失敗告終。但是歐洲人帶入美洲大陸最厲害的武器還不是鑄鐵和槍炮，也不是戰鬥能力，而是他們身上攜帶的病菌，和他們帶來的牲畜身上的病菌。人類在過去幾千年和病菌的戰鬥中逐漸開始佔據上風，但是代價慘烈，黑死病一次性讓歐洲損失了三分之一的人口，其他的疾病，比如天花，在中世紀時也造成將近百分之十的歐洲人口死亡。雖然活下來的人身上已經有了抗體，但是這些病毒和細菌並沒有消失，一直和人畜並存着。這些病菌對於身經考驗並攜帶抗體的歐洲人已經沒有甚麼威力了，但從來沒有經歷過它們的北美人對這些病菌則完全沒有抵抗力。哥倫布到達美洲之後，只用了幾代人的時間，就讓百分之七十五的美洲當地人喪生於細菌。

原本就人口稀少、政權形式低端的美洲大陸，在歐洲人到來後政權被徹底摧毀，原住民幾乎被細菌全部消滅。歐洲人在 16 世紀初期發現自己繼承了一個嶄新的大陸，而且令他們驚喜的是，這個新大陸的自然條件非常好，適合種植農作物，發展畜牧業。且新大陸的面積是西歐的將近九倍，擁有豐富的自然資源，比如大量的白銀及其他礦產資源。這個新大陸徹底改變了歐洲的經濟狀況，從 16 世紀到 18 世紀，僅西班牙就從南美運回了 50 噸白銀。美洲的發現還一舉解決了西歐的土地瓶頸，為人口流動提供了新的可能，尤其對那些在本國受到迫害，家裏沒有繼承權的邊緣失意人來說，美洲很快變成了他們更好的出路。加之美洲土地肥沃，適宜種植任何農作物，歐洲人就用少數奢侈品到非洲去換來奴隸，讓奴隸在美洲種植蔗糖、棉花、樹木，再把農產品運回到歐洲，把新的工業品運回到美洲。這個過程形成了一個巨大的、環大西洋的貿易圈，迅速讓歐洲經濟在 16 世紀後活躍起來，為歐洲經濟突破農業經濟瓶頸創造了條件。

不同的歐洲殖民國家對美洲移民的態度也有所不同。早期的殖民國家西班牙、葡萄牙並不重商，集權的王權只是把本國的商人當成提款機，所以新大陸也就成為皇室掠奪和獲取白銀的渠道。西班牙皇族規定，如果有人征服了美洲任何一個地方，只需把所獲的百分之二十上繳給皇室即可。皇室收來的白銀則主要用於供給持續了幾百年的歐洲內部戰爭。但是與此同時，西北歐的一些國家卻開始以一種不同的方式對待新的大西洋經濟，其中最典型的就是荷蘭和英國。

英國從 1215 年《大憲章》開始一直在削弱君權，此後的議會不斷從皇權中分權，15 世紀以後，任何有一定數量財產的公民都可以通過選舉成為國會的下議院成員，所以下議院逐漸成為成功商人的代言。到了 17 世紀，經過一系列下議院和國王的內戰，今天的議會制得以初步建立；1688－1689 年，經過一場不流血的政變，一位荷蘭王子坐上了名義上的皇位，並簽署了《權利法案》，標誌着人類歷史上第一個君主立憲有限政府的成立，第一個重商的憲政國家的出現。這個政府的權力主要是在下議院，代表商人利益，有產階級可以選擇自己的人員加入，這使得英國在 17 世紀成為一個重商的社會。這時的英國在北美的經營就表現出和西班牙、葡萄牙在南美的經營完全不同的模式，英國建立起來的移民國家以代表商人利益、保護私人財產為根本目標，新大陸的移民也主要以追求財富和宗教自由為終極目標。在英國和其新建立的移民國家的參與影響下，環繞大西洋的經濟成為一種特殊的、史無前例的經濟形態。這時，在有限政府的支持、保護下形成了一個跨大西洋的、全球性的自由市場經濟，它完全由自由的商人和資本家來掌控。

美洲大陸及大西洋經濟的形成給整個歐洲大陸的知識分子提出了一系列新的問題。因為航海時代的到來和新大陸的發現，這個時代的人們開始面臨一些最根本的技術問題，無論是對地理學、地質學、生物學、航海技術、天文學，還是對政府的本源、經濟的本質等等，都提出了一系列新的問題。此時歐洲的知識分子們試圖去找到這些問題的本源，希望以一種機械式的觀點來理解這個世界。如果說一兩百年以前的文藝復興還是人們希望在過去的聖人典籍中得到答案的話，此時的啟蒙運動中，人們已經不滿足於現有的知識，強烈需要提出一種新的知識體系和世界觀，解釋新大陸所帶來的新問題，需要以觀察、實驗為基礎，能夠反覆被驗證，也能用來預測的更牢靠的知識。就是在這樣強烈的社會需求下，1687 年牛頓出版的《自然哲學的數學原理》開始了一場現代科學革命，帶給歐洲人一種全新的世界觀，並開啟了一個全新的時代。它把世界理解成一個像鐘錶一樣機械的、可預測的，由原理、定律來控制的世界。在這種世界觀之下，人們開始對於經濟、政治、人文、宗教、文化、社會等幾乎所有人類文明領域使用同樣的理性、科學的方法來進行批判性的思考，試圖尋找它們隱含的定律。由此開啟了一場持續一百多年的啟蒙運動。

環大西洋的新型的自由市場經濟和科學革命一起，為現代化的誕生提供了根本的條件。

現代化的誕生

歷史的長河裏常常有一年格外特殊，一系列重要的歷史事件集中發生，讓這一年成為時代的分水嶺。1776 年恰恰就是這麼一年。這一年，看起來毫不相干的三件事發生了，亞當•斯密（Adam Smith）在英國出版了《國富論》，美國的國父們發表了《獨立宣言》，瓦特在伯明翰宣佈製造了世界上第一台蒸汽機。這三件事合在一起，使這一年成為人類文明的分水嶺，從此之後整個人類文明再次躍升到了一個新的階段。

亞當•斯密的《國富論》討論的核心問題是大西洋經濟的本質。在大西洋經濟存在一百多年後，亞當•斯密希望知道，這樣一個完全不受政府管制的經濟能不能夠持續成功。這種經濟形態史無前例，如果沒有美洲大陸原來完全無政府的狀態，如果沒有英國獨特的歷史，如果英國商人沒有因為大西洋經濟而迅速地成為有力量的社會成員，英國的國會也不會在 17 世紀有如此強大的力量去主導政治。這個新經濟實質就是在英國、荷蘭和大西洋另一端的北美洲，形成了一個環大西洋的，以有限政府、完全資本主導的自由貿易的經濟。亞當•斯密本身是一位道德哲學家，思考問題總是從道德，特別是社會的公益出發。所以他從社會福祉角度思考了自由市場這隻「看不見的手」。他試圖證明，個人完全出自個人私利的動機，不需要高尚的動機，通過自由競爭，就可以讓產品更加豐富，成本更低，社會資源分配更加有效率，從而使整個社會的財富增加。這個過程就好像有一隻看不見的手在引導整個社會走向更加合理的方向。這隻看不見的手，對應的是政府這隻看得見的手。事實證明政府不需要在自由經濟的活動中干預，就可以讓社會的經濟達到最佳的效果。所以他的結論就是政府在經濟活動中合適的角色就是不干預、不作為，政府的主要功能是保護私人財產，保證自由競爭存在，反對壟斷，保證自由市場的秩序，在國際間推動自由貿易。

亞當•斯密的後繼者李嘉圖（David Ricardo）基於對社會分工的分析進一步闡述了自由貿易的優勢。在自由貿易和社會分工中，即使交換雙方有一方在各方面都更具優勢，分工和交換還是對雙方都會有好處。這是一個很深刻的洞見，解釋了為甚麼貿易會帶來繁榮和財富，並且市場越大，貿易帶來的財富增量也越大。

亞當•斯密的理論發表時，大西洋經濟已經存在了一百多年，但是各國就政府應該如何對待這樣一種經濟，尤其是這種經濟體制未來的方向，尚未達成共識。在歐洲大陸，最有影響力的學派還是商本主義，基於貿易零和分析，主張高關稅貿易壁壘。但是亞當•斯密的理論對英美形成了長期持續性的影響。英美兩國的政府功能，尤其是對殖民地的態度，和其他殖民地的強權表現出了很大的不同。英美兩國開始在全球推動自由貿易、自由市場，這一政策為 3.0 文明在世界的傳播和發展，甚至今天全球性市場的形成都產生了深遠的影響。

同時代的其他一些政治經濟學家從勞動力來解釋價值的創造，其中最有影響的是馬克思。他認為人的勞動最終創造了一切價值，但是勞動的果實不公平地被資本家剝削，預測這種剝削最終會導致資本主義的經濟危機，讓世界進入到一種新的形態，即共產主義。然而就在馬克思寫完《資本論》，筆墨未乾的時候，身處英國、歐洲其他國家、美國等——幾乎全球資本主義——環大西洋經濟的勞動者的工資出現了一兩百年的長期的上漲。資本主義就像亞當•斯密預測的那樣，最終造福了幾乎所有的人：資本家、勞工、生產資源所有者、消費者。

1776 年美國的獨立讓人類擁有一次機會，可以在啟蒙時代對於社會、自然、人、經濟本源的科學理解基礎之上，建立一個全新的政權。美國國父都深受啟蒙運動影響，所以這個新政權的經濟準則深受亞當•斯密的影響，政治上的準則受約翰•洛克（John Locke）的影響。1776 年，美國建立起的是一個實行憲政的有限政府，政府的根本目的在保護財產，政府的合法性來源於民眾的授權，主權在民，而政府非常小，目標、手段、授權都非常有限，完全為了維護自由市場的秩序和擴大自由市場、保護商人的利益、保護私人財產及公民個人自由而存在。比如華盛頓領導的第一屆美國聯邦政府開始只有幾十人，下屬四個部。每個部長其實就是總統在這一部門的大秘書。所以美式英語中，「部長」與「秘書」是同一個詞。一個擁有這樣原則的政府，在如此大的國土面積上進行實踐，這就保證了新的大西洋經濟有可能成為未來人類文明發展的基礎。

《國富論》和美國獨立都在一定程度上改變了人類歷史，但第三個事件給人類歷史帶來的變化更為巨大，那就是蒸汽機的發明。這一發明第一次讓熱能和動能可以在幾乎無損耗的條件下完全地轉化。牛頓已經證明能量可以在所有形態中，在理想狀況下，以守恆的方式來轉換。但是在瓦特蒸汽機被發明之前，能量的轉換效率從來沒有超過 1%，瓦特的蒸汽機一下子把這一功率大幅度提高。當時石化燃料已被發現，這個地球為人類儲存了幾億年的禮物比自然界可食用的農作物和可馴養的動物更加威力強悍，所蘊含的能量幾乎無窮無盡。蒸汽機把這些能量豐富的石化資源以最高的效率，在幾乎無耗損的情況下直接變成動能。人可以掌控的動能，從原來肌肉的幾倍，迅速變為幾百倍、幾千倍、甚至無窮。石化能源到動力能源的轉換讓人對機械的掌握達到了一個空前的狀態，工業革命從這一次的動力革命正式開始，科學和技術形成了良性循環，互相影響，互相推動，讓人對自然的掌握在短時間內達到了一個空前水平。科學技術和現代的大西洋自由市場經濟結合，又釋放出更加驚人的力量，迅速變成財富，迅速轉化成新的生產力，迅速轉化為產品，迅速把以前只有皇室享有的產品用最便宜的手段生產出來，供給每個人，在很短的時間裏形成了消費者社會。

現代科技和現代自由市場經濟的結合就形成了人類歷史上最偉大的制度創新，這一次制度創新讓所有的人都有可能實現自己的才華，得到自己應得的物質財富。科舉制雖然實現了靠智力和管理水平分配政治權力，但是通常人對於經濟財富的追求更甚於政治權力，因此政治精英又會把政治權力轉化為經濟結果。雖然科舉制下的政治治理權力是相對公平的，但是當政治權力被轉化成經濟財富分配的時候，一般人就會認為它不公平，是腐敗。而自由市場經濟給每個人提供了真正的平等機會，人人能夠獲得自己應得的經濟果實，徹底解決了人類最大的需求。人類就本性而言情感上追求結果平等，理性上追求機會平等。人對於結果的平等，永遠抱有既不能實現，也不能放棄的夢想，但是人真正能夠接受的卻是機會的平等。所以凡是能夠創造機會平等的制度，都是最偉大的制度創新。

人類就本性而言情感上追求結果平等，理性上追求機會平等。對結果平等的追求使得人類文明的任何進步都會最終傳播到地球的每一個角落；建立了提供機會平等制度的社會都會繁榮進步、長治久安。

到目前為止，人類第二偉大的制度創新，是以學問、學識、能力為基礎來分配政治權力的科舉考試制。而最偉大的制度創新，就是在現代科技基礎之上的自由市場經濟。這一制度創新讓人類最終邁入了一個全新的文明階段。

現代化有沒有可能在中國誕生

回顧中國幾百年的歷史，人們常常會扼腕痛惜：為甚麼現代化沒有在中國誕生？！這不僅讓中國人惋惜，也讓了解中國歷史的許多外國人困惑不解。英國劍橋中國科技史專家李約瑟（Joseph Terence Montgomery Needham）終其一生研究中國的科技文明史，熟知中國歷史上的科技進步，也因此提出了著名的李約瑟之問：為甚麼現代科學技術沒有最先在中國誕生？

西方近代的發展史從文藝復興開始，多才多藝的人被稱為文藝復興人（Renaissance Man），中國歷史上也有這麼一個文藝復興人。他在物理學、數學、地理、地質、天文、醫學、化學、農學、氣象學等諸多領域的成就在當時都是領先世界的。他最重要的科學成就是發現地球偏磁角，發明了歷史上最先進的指南針，為後來的大航海時代提供了最精確的指南。他不僅是那個時代最偉大的科學家之一，同時也是一位工程師、發明家、實踐家。他的發明如水渠的樞紐，現在還在被使用。他把一百多平方公里的沼澤地變成肥沃的糧田。他繪製了全國的地圖，最早使用「流水侵蝕」的概念，正確解釋了雁蕩山峰的成因。他還發現了石油，並預言石油在未來經濟中的重要作用。同時他擔任過國家天文台台長，重新修訂過曆算，參與過全國性的經濟改革並擔任過財政部長，還是一個優秀的外交家。此人即使和文藝復興人達•芬奇，或者美國的富蘭克林相比也毫不遜色。他生活在意大利文藝復興之前 500 年的中國，他就是宋朝的沈括。他所生活的時代恰恰是中國的文藝復興時代。

在沈括生活的宋朝，士大夫開始擯棄佛教帶來的消極遁世情結，認為人生的意義在於今世的作為，而真正的士大夫應該先天下之憂而憂，後天下之樂而樂。這個時期出現了一系列了不起的文學家、科學家、社會活動家、改革家。科學技術在這個時代得到了突飛猛進的發展，中國四大發明中有三項出現在宋代：印刷術、火藥、指南針。這時候鑄鐵的產量之高，一直到 700 年之後的 1700 年，才被整個歐洲的鑄鐵總量趕上。這時風能和水能被應用於紡織機，人們也已了解機械活塞運動，以至於李約瑟一直很奇怪，為甚麼在此基礎上中國沒有出現蒸汽機。可以想像，在當時現代科學已經有可能，也最可能在中國發生。然而正當西方的文藝復興後大航海轟轟烈烈展開之時，宋朝初期的新儒學卻在一兩百年之後轉向新儒學的另一支——宋明理學，讓中國轉而進入一個保守的思想禁錮的時代。婦女開始裹腳，科舉考試的內容不再像王安石時代包括天文、歷史、地理、經濟，而是僅僅集中於考察古典，凡讀中國史者至此無不扼腕。

在思想開始受到禁錮的同時，宋朝的社會發展還一直在持續進行。人口第一次達到了億級，首都達到一百萬人口，已經超過了當年羅馬的輝煌。這一盛況在明朝得以延續，朱元璋為了對付自己最主要的政敵，組建了一支全世界最大的海軍。鄭和七下西洋，率領 240 多艘海船、27400 名船員出海，哥倫布四次出航總共只有

30 艘船，1940 人，而且鄭和要比哥倫布早 70 年。如果說在沈括時代，技術還不足以讓船隊跨越數千英里的大西洋，那麼到了鄭和時代，技術已經足夠讓船隊航行到世界上任何一個地方。那麼為甚麼鄭和沒有發現美洲？或者至少他可以在南洋、太平洋、印度洋西岸形成一個像大西洋經濟圈一樣的環太平洋經濟圈。然而歷史的事實卻是，在 1492 年哥倫布發現了新大陸的同時，明朝宣佈了禁海鎖國，鄭和的航海記錄被毀。

明朝的中國再次失去了進入現代化的機會，那麼清朝是否可以把握希望？傳教士已經在明朝末期開始慢慢把西方科技傳播到中國，康熙本人也花了很多年向傳教士學習最先進的數學，甚至建立起了效仿法國皇家科學院的蒙學館。可惜康熙最終得出的結論是：雖然西方的數學在某些方面比我們還強，但是數學的原理畢竟源於《道德經》，所以他們掌握的知識也只是我們所掌握的一部分。《古今圖書集成》總結了八十幾萬本書，建立了世界上最大的百科全書，康熙對中國學問的信心可見一斑。

到了乾隆年間，新大陸已經被發現，大西洋經濟已經形成，中國有沒有可能參與到當時的大西洋經濟，學習最先進的科學技術呢？歷史確實給中國提供過一次這樣的機會。1793 年，抱着對東方這個古老帝國馬可•波羅式的幻想，英國喬治三世的表兄馬嘎爾尼勛爵帶領一個代表團，從廣州進入中國，通過一年的旅行到達北京，覲見乾隆。他帶了 19 種不同類型的 590 件禮物，其中也包括世界上最先進的天文地理儀器、槍炮、車船模型和玻璃火鏡。這一次的見面本可以讓中國最終參與到波瀾壯闊、生機勃勃的大西洋經濟中，然而乾隆卻用回信再次將這一機會拒之門外：「天朝扶有四方，惟勵精圖治，辦理政務，珍奇異寶，並不貴重。爾國王此次賚進各物，念其誠心遠獻，特諭該管衙門收納。其實天朝德威遠被，萬國來王，種種貴重之物，梯航必集，無所不有。爾之正使等所親見。然從不貴奇巧，並更無需爾國置辦物件。是爾國王所請派人留京一事，與天朝體制既屬不合，而於爾國亦殊覺無益。特此詳晰開示，遣令該使等安程回國。爾國王惟當善體朕意，益勵款誠，永矢恭順，以保乂爾友邦，共享太平之福。除正副使臣以下各官及通事兵役人等正賞加賞各物件另單賞給外，茲因爾國使臣歸國，特頒敕諭，並賜賚爾國王文綺珍物，俱如常儀。加賜彩緞羅綺，文玩器具諸珍，另有清單，王其祗受，悉朕眷懷。特此敕諭。」至於同上的機會，與天朝制度不合，斷不可行。馬嘎爾尼在此行之後也得出了自己對清朝的結論：「這個政府正如目前的存在一樣，嚴格來說是一小撮韃靼人對億萬漢人的統治，自從北方或者滿族征服以來至少一百年沒有改善、前進，或者更準確地說反而倒退了，當全世界科學領域正在前進時，他們實際上正在成為半野蠻人。」

讀中國近現代史，中國人常常不由自主地思考為甚麼現代化沒有在中國最先誕生，試圖尋找一個可以說服自己的解釋。但在我看來，這些問題都是偽命題。事實就是，現代化的 3.0 科技文明不可能在中國誕生。如前文所述，3.0 科技文明誕生的最根本原因是大西洋經濟的形成，其最大的特點就是在幾乎無政府的狀態下發展起來的自由市場經濟。這種經濟體制和以往任何文明、國家所誕生的經濟體制都截然不同，因為私人資本在其中所起的核心作用，及有限政府的保障作用：保障私人財富、私人資本以及自由市場經濟運行的基本規則。這樣的經濟體之所以能在 17 世紀以後，在環大西洋周邊形成，完全是歷史的安排。在大西洋一側的美洲，土著人被消滅光，新移民為商業而離開故土，被新家園提供的巨大商業空間所吸引，所以必然會迅速地投入到商業活動中。在大西洋另一側的歐洲，則是英國這個傳統君權最弱的政體和由此發展出的一個由商人代表的商人政府，這一點在中國完全無法想像。自從漢代的帝國建立以後，隨着隋朝的制度創新，士大夫科舉制的形成，中國的王權政權已經是全世界最發達、最穩固的政權體制，2000 多年沒有變化，甚至直到今天，讓政府沒有自己的政治意圖、不參與經濟活動也是不可能的。

相比之下，美洲政權既無內憂，也無外患。大西洋和太平洋基本上阻擋了任何外來敵人，本土的原住民基本上被細菌消滅。這就讓政府不需要擔當除了保護私人財產之外的任何責任。而中國政權一直要對付外來遊牧民族的侵略，每到財政出現問題的時候，商業階層就成為政府的提款機，商業活動總是為國家政權的存在和目標而服務，而不是與此正相反的大西洋經濟模式。

沒有發現新大陸，就沒有大西洋經濟；沒有搞清機械世界的動力原理，就不會出現啟蒙運動的思潮批判舊的思想，擁抱全新的思想；沒有這種思潮，就很難出現對科學的需求；沒有發展起市場經濟，也很難出現職業的科學家、技術發明家來滿足經濟發展的需求；沒有現代科學的出現，很難想像工業革命的發生；沒有工業革命的出現和傳播，也很難想像大西洋經濟能夠迅速地形成統治全球的力量。

自由市場經濟和現代科技，是當時的中國都不具備的條件，其中最關鍵的是不具備自由市場經濟條件，政府無法不扮演主導作用。西方能夠意外發現美洲，初衷其實是為了找到中國，而中國作為當時最發達的文明中心，沒有任何探索西方的動力。加之太平洋的直線距離有大西洋的兩倍之多，再加上太平洋的流向使得它的航行距離又是直線距離的近兩倍，更增加了航行的困難。中國既沒動力，也沒有所需的技術在全世界尋找一個比它更富足的地方。所以從地理位置上來看，西歐最有可能率先發現美洲，率先發現美洲，就更有可能形成大西洋經濟；有了大西洋經濟，才有了對現代科技的需求；有了這樣的需求，才有可能出現現代的科學和技術；現代科學技術和大西洋經濟的結合，才可能鑄造出現代文明。英國、美國能誕生現代文明，是得益於歷史原因，它們的政府是有限政府，為商人服務，而中國從漢朝以後，就不可能存在這樣的政府了。

所有地理、歷史的原因都讓西歐最有可能成為 3.0 文明的誕生地，而現代 3.0 文明在中國誕生的可能性非常之小。這就像 2.0 文明的誕生，兩河流域的自然界裏存在更多的可以適合發展農業的植物和動物，所以 2.0 文明最有可能在兩河流域誕生。因此，儘管中國與現代化失之交臂的這個問題在近代中國人情感上無數次掀起波瀾，但這實際上是一個偽命題。

現代化的傳播與現代化的道路之爭

綜觀19世紀的世界歷史，始終有一條脈絡貫穿着所有國家的命運，這條脈絡正是這個世紀的主題——不是主動進入現代化，就是被動捲入現代化。在文明的中心，以英國為主導的現代化過程開始進入一個高速發展期。瓦特發明蒸汽機後不到一百年的時間裏，一台蒸汽機的力量已經能夠超過4000萬人的肌肉力量的總和，而且似乎遠未達到上限。蒸汽機和煤炭結合的強大力量促使其他領域接連爆發革命：開始於紡織業，接着進入到鋼鐵、輪船、鐵路，接着轉入無線傳輸、電報、電話。在19世紀末、20世紀初，德國和美國又開始領導第二次工業革命，開始了內燃機和石油的結合，隨之而來的是汽車、飛機的問世。自此以後，石化資源成為主要動力。汽車、飛機、輪船，鐵路、電話、電報、無線電通信、收音機，讓整個世界瞬間縮小。人、貨物、信息在全世界範圍內流動，市場也隨着商品進入到全球，整個世界成為一個大的市場。以英國為領導，在整個19世紀，受到亞當•斯密和李嘉圖影響，很多國家的政府在對外政策上都採取了鼓勵自由貿易的態度，在全世界範圍內開拓新市場，打破國家地區的貿易壁壘，在全球範圍內整合資源，首次建立了一個以英國為主體的全球市場體系。以黃金為後盾的英鎊開始成為了全球的基本貨幣，其他國家也把貨幣和黃金和英鎊捆綁，以此形成一個全球的金融體系。對於位於科技文明中心的英國、美國、西歐，19 世紀實在是一個黃金時代。

對於處在現代化文明邊緣地區的國家和人民而言，19 世紀則是一個完全不同的故事。就像農業文明的傳播一樣，科技文明傳播的方式也是先進地區對落後地區的殖民，落後地區對先進地區的模仿，或者兩者共存。這個過程給居住在落後地區的人帶來的不僅是進步，也是災難。北美、澳大利亞的原住民幾乎被歐洲人帶來的細菌全部消滅，非洲、印度、南美淪為完全的殖民地，中國變成半殖民地。東方原有的文明中心中，只有日本選擇了主動現代化，率先在 19 世紀後工業化，逃脫了被殖民的命運。對於那些沒有被工業化納入到現代化文明中心的邊緣國家而言，被現代化的過程帶來的生活改善遠不如痛苦巨大，它們最終沒有選擇地成為全球經濟一部分。比如 1876 年、1896 年到 1902 年，印度季風突然減弱，原本只是壞天氣造成的莊稼歉收惡化成災難性的後果，導致印度、中國、非洲大概有 5000 萬人死於飢餓和瘟疫。

現代化文明的傳播有兩個顯著的特點：第一是原來社會發展水平、文明程度高的農業中心，工業化的速度也快；第二是那些被完全殖民的地區，比沒有被殖民或者半殖民的地區發展的速度要慢。比如日本，原來社會發展水平高，且沒有被殖民，所以最先實現了工業化。中國原來的發展水平很高，被部分殖民，所以發展速度次之。而印度、撒哈拉沙漠以南的非洲工業化速度非常慢，直到今天才剛剛開始。

地理位置決定了 3.0 文明不能最先在東方誕生，但並不意味着它不能在亞洲傳播和被複製。在這些歷史關鍵時期，不同國家的境遇，不同的最高領袖所做的不同選擇，在不同的國家導致了迥然不同的結果。日本和中國的鮮明對比正是這方面最好的例子。

日本在明治維新以後開始進入一場全面西化的運動，從文化、經濟、技術、科學、政治一系列領域全方位地學習西方，一方面保持着和西方穩定和平的關係，一方面動員全部社會的資本，進行了一場全面工業化的運動。在日本歷史上，這是第二次如此全面地學習先進國家的經驗，第一次是發生在中國唐朝時期的全面中國化。

中國在鴉片戰爭後不久被捲入太平天國將近二十年，死亡人數近 2000 萬，幾乎耗盡了國庫。此後的自強運動、洋務運動不斷被內外因素干擾、中斷，比如義和團運動、八國聯軍入侵、中法戰爭，尤其是中日甲午戰爭，徹底摧毀了剛剛建起的中國海軍。1868 年之後，經過三十多年的明治維新，日本初步完成了工業化，1889 年完成了憲政改革，1895 年在工業化不到三十年後擊敗了清軍，又在 1905 年擊敗了西方強權之一 —— 俄國。日本用不到四十年的時間完成了整個工業化過程，而與此同時的中國，在 1861 年到 1908 年這段現代化最關鍵的時期，都處在慈禧比較昏庸的統治之下。1840 年雖然英國的鋼鐵戰艦「強敵號」打開了中國的國門，逼迫中國睜開雙眼面對 3.0 文明的到來，但是在中國被現代化的過程中，真正的「強敵」卻是日本。工業化以後的日本，認為自己已經有能力統一整個原來的東方文明中心，並以此為基地與西方抗衡，因此發動了全面的殖民戰爭，一直到 1945 年的二戰失敗。從 1895 年到 1945 年，中國一直處在日本的威脅之中。1861 年到 1945 年的中國，先後被庸政、外患和日本侵略耽誤了將近一個世紀，一直到 1949 年才有了主導自己命運的機會。

如果說 19 世紀是現代化和被現代化的世紀，那麼 20 世紀也可以被認為是現代化道路之爭的世紀。這一次的爭論是從原來現代化中心的失敗開始的。20 年代末，因為一場股市大崩潰和其後一系列美國政府財政金融政策的失敗，處於中心地位的美國經歷了一場延續數年的經濟大蕭條，失業人口高達四分之一。這次大蕭條因為全球化的貿易、金融和經濟波及到了世界每一個角落。自從亞當•斯密發表《國富論》，大西洋經濟全面傳播之後，看不見的手好像第一次失靈了。新當選的美國總統羅斯福出台了一系列新政，試圖彌補失靈的自由市場。英國的經濟學家凱恩斯（John Maynard Keynes）又從理論上全面闡述了看得見的手，即政府政策在自由市場經濟中的作用。此時挑戰大西洋經濟的另一種聲音出現在了 3.0 文明中心地帶的一些國家。德國、日本都開始認為看得見的手比看不見的手更能直接地解決目前的危機。馬克思的後繼者甚至進一步認為，看不見的手之所以看不見是因為它根本不存在。所以無論是蘇聯的計劃經濟，還是德國和日本的國家資本主義經濟，都試圖開闢出市場經濟之外的另一條道路。這兩種模式之爭，最終導致了人類歷史上最為龐大、最為慘烈的世界大戰，無論在 3.0 文明中心還是邊緣的國家都被捲入戰事，無一倖免。

二戰以及其後冷戰的勝利，最終讓英美經濟模式取得了徹底的勝利。蘇聯解體之後，前蘇聯、東歐國家加入全球市場，中國也從 70 年代末開始從逐步到全面擁抱市場經濟。自大西洋經濟出現以來，自由市場經濟模式第一次在全球暢通無阻。二戰和冷戰的另外一個後果是讓英美的政治模式 —— 憲政民主也開始在西歐、東亞、東歐、南美，甚至印度被廣泛地接受和模仿。

中國在 1840 年以後一直處於戰爭和昏政雙重影響之下，一直到 70 年代末開始，才進入到市場經濟和科技發展並行的時代，並在此後的四十年時間裏，GDP 飛速增長了 100 多倍，以前所未有的速度工業化、現代化。如今雖然與先進國家仍有一段距離，但是已經顯示出全面追趕的趨勢。

現代化的本質和鐵律

英國政治經濟學家李嘉圖發現，當進行社會分工和交換的時候，最終創造出來的價值反而更高。他用兩個人的交換來比較：兩個人做兩件不同的事，即使第一個人兩件事都比第二個人更有能力，可是當他集中精力做他更有能力的第一件事，讓第二個人做他相對更有能力的第二件事，他們創造出來的價值，互相交換後合起來反而更多。他的定律說明社會分工、社會交換會創造出利益，從根本上解釋了為甚麼貿易從古至今都是財富創造的一個重要源泉。如果進一步推論 1+1>2，那麼同一市場中增加的、交換的人數越多，市場越大，創造出來的增量就越多。所以自由市場本身就是個規模經濟。

在現代 3.0 文明時代，由分工交換產生的增量又進一步被放大，這是因為人的知識是可以積累的。單純的商品、服務的積累不太容易，但人的知識積累比較容易。知識思想交換時出現的情況是 1+1>4。不同的思想進行交換的時候，交換雙方不僅保留了自己的思想，獲得了對方的思想，而且在交流中還碰撞出火花，創造出全新的思想。3.0 文明的最大特點就是科技知識與產品的無縫對接，知識本身的積累性質，使得現代科學技術和自由市場結合時，無論是效率的增加、財富增量，還是規模效應都成倍放大。

知識增長的程度幾乎無限，且一直處在一個爆發的狀態。在過去一百多年裏，人類知識量大約每10年就會翻倍。由於知識近乎無限的爆炸性增長，最新科技能夠提供的產品幾乎是無限的，能夠降低的成本幾乎也是無限的，這就和人需求的無限完美地結合在一起，形成了一個不斷累進增長的現代化經濟。

通過自由市場機制，現代科技使產品種類無限增多，成本無限下降，與人的無限需求相結合，這樣就產生了現代3.0科技文明。經濟開始以累進的方式增長，似乎毫無上限，這是在整個人類歷史上從來沒有過的現象。整個經濟進入到了一個可持續的累進增長的狀態，這種狀態就是3.0科技文明的狀態，也就是通常人們講的現代化。社會鼓勵現代科技的學習、傳播和創新。經濟系統可以無障礙地與現代科技結合，以科技為主導的經濟因此可以持續地累進增長，這就是現代化的本質，我們把這樣的社會、國家叫做現代化的社會與國家。

現代化就是當現代科技與市場經濟相結合時所產生的經濟無限累進增長的現象。

斯密與李嘉圖的理論解釋了為甚麼分工與交換不僅適合國家內部，也適合國家之間的市場交換，從中不難推論出為甚麼市場本身具有很強的規模效應：當參與的人越多，交換的人越多，它創造出來的價值增量也越來越多，越大的市場資源分配越合理，越有效率，越富有、越成功，也就越能夠產生和支持更高端的科技。一個自由競爭的市場就是一個不斷自我進化、自我進步、自我完善的機制，現代科技的介入使得這一過程異常迅猛。這樣在相互競爭的不同市場之間，最大的市場最終會成為唯一的市場，任何人、企業、社會、國家，離開這個最大的市場之後就會不斷落後，並最終被迫加入。一個國家增加實力最好的方法是放棄自己的關稅壁壘，加入到這個全球最大的國際自由市場體系裏去；反之，閉關鎖國就會導致相對落後。這就是 3.0 文明的鐵律。

20 世紀所謂的道路之爭恰是對 3.0 文明鐵律的反證。蘇聯華約組織市場一度也很大，但不是自由市場機制，效率遠不如當時美國和戰後歐洲建立起來的共同市場，短短三十年後，整個蘇聯體系相比全球主流市場越來越落後，最後在冷戰中失敗，被迫加入到一個大的全球市場中去。再比如毛澤東時代中國的自力更生、閉關鎖國。另外，受到國際經濟制裁，被迫退出國際共同市場的國家比如伊朗、緬甸、古巴等等，其後的經濟表現也是很好的反例。抑或是假設德國在二戰的時候勝利了，建立起另外一個以國家資本主義為主導的歐洲經濟體系，它的結果可能也未必更好。因為它的市場雖然也很大，但不是自由市場，這樣科技和市場不能完全無縫對接，它不會像美英市場這樣不斷自我提高。隨着時間的推移，最後的結果可能和蘇聯華約差不多。

最早的自由市場一旦在英國、環大西洋、美國之間形成，就表現出很強的不斷自我改進、自我進化的態勢，效率不斷提高，規模也越來越大。一旦它成了最大的自由市場，此後所有其他的國家實際上只能選擇加入它。凡是其他單獨成立的市場體系，最後都不如這個最大的市場更加有效率，時間一長就會變得落後，所以最後大家都主動或被動地選擇了加入這個最大的市場。這個過程發展到 90 年代初，冷戰結束，蘇聯東歐解體，加入國際自由經濟，中國也徹底加入到國際市場以後，全世界就形成了一個唯一的、統一的國際自由經濟市場，我們今天叫它全球化。這是一個可以預測的結局，是 3.0 文明鐵律的必然結果。全球化以後，商品、服務、科技、金融市場，在全世界範圍內進一步整合、拓展、加深，讓離開這個市場的代價越來越大。

一個有趣的問題是，市場交換所引起的規模效應在 2.0 農業文明也同樣存在，為甚麼在那個時代沒有產生這樣極端的全球化結果？主要原因就是在 2.0 時代，還沒有現代科技，產品十分有限，成本下降空間也非常有限，當貿易，尤其是不受政府管制的民間貿易產生的時候，財富也會增加，分工也會增加，但是這種增量不是無限的。當土地、貨幣等生產資料集中到一定程度，社會分工需要進一步加深的時候，社會就會出現一些動盪和不穩定的狀況，政府通常就會以安定社會和民意的名義出面干預。比如中國通常以國有專營的各種方式與民與商爭利，以均貧富穩定社會，這樣既充實國庫，又讓實際執行的官吏中飽私囊，一舉三得，這樣的措施在中國歷史上屢見不鮮。2.0 農業文明由於光合作用的能量轉換本身存在發展的天花板，不能夠突破五大挑戰，應對五大挑戰的有效辦法仍然是建立起一個高端政府，因此高端政府對於民間經濟的管制幾乎就成為一種必然。比如在中國，在過去幾千年裏，由於政府的管制，民間經濟常常處在自由、繁榮、管制、重新開放的循環之中。商人的利益和財富也會隨着這隻看得見的手跌宕起伏，以至於對運氣的信任成為中國商人的集體強制記憶，甚至滲透入了中國文化。即便到了今天，在全世界所有的賭場裏都還可以看見中國人在實踐自己對運氣的信念。同樣的道理，從官方角度看，中國政府對經濟的干預也成為傳統實踐的一部分，到今天，中國政府對經濟活動的直接管理也是中國幾千年歷史造成的條件反射式的選擇。

那麼究竟中國今天處在一個甚麼樣的狀況？我們說當不斷進步的科技與自由市場結合使整個經濟進入了一個可持續的累進增長的狀態時，這樣的社會就進入到了 3.0 文明現代化時代。中國今天的市場經濟已經初具雛形，但是還不完全自由，看得見和看不見的兩隻手還在調節之中，常常還會左右互搏。現代科技已經得到了廣泛的學習和傳播，但是創新力還不足。科技和經濟的無縫對接現在還沒有完全實現，經濟增長已經持續了四十年，但是還沒有進入到一種自動的可持續增長的狀況。中國現在顯然還未處在現代化的狀態，但是已經具備了現代化的雛形，所以說今天的中國應該是在 2.5 以上的文明狀況，正在向 3.0 的文明狀態演進。

對中國未來幾十年的預測

——經濟可能的演進

中國源遠流長，歷史上非常成功。在過去四十年裏，通過改革開放國策，在執政黨謹慎、實用、靈活又強有力的領導下，實現了經濟起飛，創造了奇跡。如果這種情況持續下去，在今後的幾十年裏，在向科技文明演進的過程中，最需要發生的事情，最應該發生的事情，通常就是最可能發生的事情。從這個邏輯出發，我想在接下來幾章裏談談對中國未來這三個方面的預測：經濟、文化與社會。必須說明的是，這些預測是對未來幾十年，甚至是上百年後的超長期預測。在實踐中，在短期內，有時甚至中短期內，現實的發展也可能和超長期的發展軌道不盡相同。

過去四十年中，中國在經濟上實現了幾乎史無前例的、大規模的、長期的、高速的增長。在此期間，經濟增長的兩個主要動力分別是外貿和投資。改革之初，一方面中國有大量很有紀律的廉價勞動力，另一方面有一個具有超強執行能力、聚集了一批優秀人才的執政黨。曾經的劣勢在改革開放以後就成為它很大的後發優勢。政府利用超強的執行力設置了從外匯、資金到土地、勞工等一系列有利的政策條件，把中國勞工納入到整個世界經濟市場，最終讓中國成為世界工廠，因此外貿成為最大的經濟動力之一。即便知識產權、設計、市場兩頭都在其他國家，中國仍然在中間加工這一環節具有獨特的優勢。這期間中國經濟的主要模式是政府主導、市場跟進，或者説是在看得見的手主導下的市場經濟。在外貿、投資兩大引擎中，這種現象都很明顯。比如，中國式的新型城鎮化通常是在地方政府領導下進行的，地方政府通常扮演核心地產商的角色。

為甚麼這樣一種混合經濟制度能夠獲得巨大成功呢？一方面，外貿實際上是在國際大的自由市場中的一小部分，整體的國際自由市場是一個以看不見的手為主導力量的自由市場經濟。在這個大循環裏面中國只參與了其中的一部分，在這一小部分裏使用了看得見的手來主導，這是可以做到的，畢竟設計、銷售 iPhone 與製造 iPhone 是不同的。另一方面，經濟從落後狀態追趕時，情況也有所不同。因為前人走過的路已經鋪好，方向、目標也都明確，只需照着走原路或是抄近路追趕，這時政府這隻看得見的手能推動經濟跑得更快。但是這種經濟發展模式是有極限的，沒有人能確切地知道極限到底在哪。當中國超過美國成為世界第一大出口國之後，顯然它的外貿就不可能再以遠高於全球貿易的速度持續增長。同樣，當投資接近 GDP 的一半，「鬼城」在各地出現時，以投資拉動的 GDP 增長也遇到了瓶頸。從長期看，像中國這樣大體量的經濟，要實現真正長期可持續的增長只能靠內需。在內需市場裏，不再有國際自由市場做依託，政府與市場，看得見的手與看不見的手之間，需要做根本性的調整。

自由市場在現代化的3.0科技文明中扮演的主要角色就是以創造性的破壞來最有效地配置資源，而這與政府的基本職能相悖。政府是一個龐大的官僚體系，需要以共識和上下協調的關係來往前推動。政府需要可預測的目標，通過預算、計劃，從事有建設性的事情。當政府從後向前追趕的時候，如果面前已有清楚的目標，有已經鋪平的道路，並且知道要做些甚麼，還可以動員強大的社會力量，這時候政府便會發揮很大的作用。比如說，建設基礎設施、高速公路、高速鐵路、機場、港口，或是協助建設煤炭、石油、化工等等傳統工業。現代經濟繞不開基礎設施及傳統製造工業，每一個成功的現代國家都是這樣走過來的。當一個落後的國家開始追趕時，政府就有能力去領導這些建設，從而加快追趕速度，這是政府的基本職能。

然而一旦趕上以後，政府就不得不預測未來的狀況。此時面臨的市場競爭瞬息萬變，需要選擇贏家、輸者，相比政府，市場的優勢就明顯了。在自由競爭的市場裏，在沒有外力干預下，無數個體受資本利益驅使，甘願冒風險試錯，最終成功者必然是市場最需要的，也必然是對未來社會資源最有效的分配。但如果由政府來做，就好比「巧婦難為無米之炊」，這跟政府的基本職能和特徵是相悖的。比如說，柯達公司（Eastman Kodak）曾經是歷史上最偉大的公司之一，發明了攝影和攝像技術，一度是美國價值最高的公司之一，如今卻不復存在了。再比如說施樂公司（Xerox）發明了複印技術，在很多方面都有很多專利（其中一些是讓蘋果電腦取得成功的關鍵），然而今天風光不再，成為一家勉強維持的小公司。

又比如美國電話電報公司 (AT&T) 是人類歷史上最重要的發明之一——電話的發明者，其下屬的貝爾實驗室曾經是全世界通訊科技的搖籃，也是諾貝爾獎獲得者最集中的地方。然而貝爾實驗室卻最終消失，其儀器部分的業務也不復存在。AT&T 也被其他公司收購，僅僅保留了最初的名字。像這樣創造性的摧毀，與政府的根本職能有着根深蒂固的矛盾。很難想像，如果由政府來做抉擇，它會把 AT&T 徹底毀掉，而選擇一家幾乎破產的電腦公司 (蘋果) 成為全世界市值最大的贏家？在中國，這就好比政府讓中國移動、中國電信同時倒閉，而讓四通電腦成為中國最大的電信公司。由政府來選擇未來經濟走向，最有可能的結果要麼是墨守成規，要麼選擇錯誤，要麼是兩者都有。這就是為甚麼長期背離了自由市場經濟的其他經濟模式後來都失敗了。

中國未來幾十年在經濟上最核心的變化將是從政府主導的市場經濟轉變為以政府為輔助的全面自由市場經濟。內需、服務將佔 GDP 主要部分。經濟資源將對全民開放，金融、能源、土地等將不再對外貿、國有企業傾斜，而是通過市場機制向全民放開，以公平價格在全國範圍流通。國有企業經營特權將被逐步打破，逐漸形成與民間企業的自由競爭。國企的所有權與經營權也將逐步分離，引入民間資本，管理徹底市場化，國有股份逐步進入社會保險體系。而隨着社會保險體系的逐步完善，民間儲蓄也將通過逐漸規範化了的股市、銀行等金融媒介有效地進入到實體經濟，從而形成資本、企業、消費的有機良性循環。城鄉二元結構將被打破，所有公民逐漸享受同民同權，城鎮化仍會高速繼續，政府將從早期的中心角色中逐漸淡出。從中長期看，政府將從經濟一線主力隊員任上逐步退役，專注成為遊戲規則制定者及公平的裁判員。政府經濟管理方式逐步從正面清單過渡到負面清單。

中國在完成從政府主導的市場經濟轉變為以政府為輔助的全面自由市場經濟過程中，仍然有可能以高於全球經濟發展速度的水平長期持續增長，直至大體趕上發達國家水平。

對中國未來幾十年的預測

—— 文化可能的演進

一、以理性思維和科學方法重整傳統文化

中國文化的未來最可能是對傳統文化的復興及其現代化的演進。

首先，在中國，恢復傳統文化的正統地位其實別無選擇。任何一種文化都是歷史和地理造成的：因為地理位置的不同，不同地區的人有了不同的歷史，不同的歷史又造成不同的信仰體系、生活方式、生活習慣，並使自己在這種環境中感覺自在。這就是文化。文化是深入骨髓的，是一種信仰。人類在地理大發現之前，在現代交通工具出現之前，一直處在一個分割居住的狀態，持續了數萬年。在這麼長時間裏形成的文化，基本的信仰、生活習慣和生活方式，是很難改變的。

中國人對自己文化的拋棄，對西方非主流文化的全面擁抱完全是中國近代歷史特殊時代的產物。在今天的和平狀態下，中國人對於自己的傳統文化，就好像中國胃相對中國菜一樣，實際上是毋庸置疑的選擇。所以中國人必然會回歸對自己文化的認同，這

是文化復興的第一個要素。中國現代文字的改革，使得國人對傳統文化出現了學習斷層。伴隨着經濟水平的提高，人們的精神需求不斷提高，很可能會出現中國式的文藝復興，讓國人重新發現中國文化中最精華的部分以及自己淵遠的文化遺產，重新理解為甚麼中國文化在過去兩三千年的時間裏為中國一代又一代的精英們提供了完備的精神食糧。從個人而言，中國文化的精華也正在於對士大夫「修齊治平」的人格塑造。從社會的角度看，中國的文化復興就是要還給中國人和中國社會一個共遵共守的道德倫理，以及人們可以安身立命的共同信仰，沒有這樣的基礎，任何社會都很難長期保持繁榮進步、長治久安。

其次，傳統文化自身也需要經歷一個現代化的演進以適應科技文明的需要。西方的現代化過程也在文化上經歷了文藝復興、宗教改革、啟蒙運動，使得其今天的文化最終成為 3.0 科技文明中的有機成份。中國傳統文化中的許多觀念，比如勤勞，對教育、家庭的重視，不僅適合 2.0 農業文明，在科技文明時代也同樣可以大放異彩。隨着東亞儒教文化圈中各個國家經濟上的成功，這些傳統價值觀念也再次得到人們的重視。但是，3.0 科技文明也給傳統文化提出了一些新的問題、新的挑戰，需要重新檢視，並進一步發展。文化復興與演進是一個長期的、艱難的過程，唯有通過理性思維、科學方法，經過長期、持續的積累才有可能。

理性思維、科學方法，尤其是對人文、社會問題的理性思維是科技文明社會的一大特色。科技創新需要自由思想，而擺脫了思想桎梏必然會導致人們運用理性思維對傳統社會的一切既有定論作批判性的思考、檢驗，以事實、邏輯代替權威、教條。在西方，這一過程是從 17 、 18 世紀的啟蒙運動開始的。其核心的動力一方面來自牛頓等自然科學家所開啟的現代科學革命給人們帶來的對理性思考、科學方法的空前信心；另一方面，當時的歐洲確實面臨着大西洋經濟、殖民運動等一系列劃時代的大變動，由軸心時代形成的傳統思想資源遠遠不足以回應這些嶄新的挑戰。歐洲的啟蒙運動就是用理性思維重新檢驗、重新思考有關人生、社會、政治、宗教、哲學、藝術、人文的一切問題。這場頭腦風暴在名義上持續了一百年，但是從某種意義上說，它從來就沒有停止過。因為從那時起，理性思維、科學方法、思想的自由市場已成為科技文明的常態，而自然科學本身的不斷進步讓理性思維、科學方法對人文與社會的影響越來越深入。由此，知識得以在共同事實、邏輯下形成積累，社會共識不斷加深。西方社會在現代化過程的兩三百年裏，在文化上的努力始終沒有間斷，這樣才使得其社會有堅實的精神力量作為依託，來消化社會經濟巨變對人心造成的撕裂。

中國自元代以後，科舉定於理學一說，朱子的《四書章句集注》成為官方的意識形態和科舉考試的唯一內容，清代在格式上又固定為八股文，這樣極大地限制了思想空間，在某種程度上固化了中國讀書人的思維。雖然明清兩代儒學仍在發展，但已經少了唐宋時期的活潑、創新、恢弘的氣象，更無先秦時代自由奔放、百花齊放、百家爭鳴的繁榮。1840 年以後，中國也曾經出現過短暫的啟蒙運動，但是在內憂外患、亡國滅種的壓力下，「啟蒙」很快成為「救亡」的手段，文化啟蒙也僅限於對傳統的批判，沒有時間對文化的重建提出更多的建樹。事實上直到今天的中國，情況仍然沒有根本改善，理性、科學思維仍然不是討論社會問題的主流。今天的學者在自己的專業領域裏還是可以做到客觀、專業，但是一到社會、人文等公共領域就沒有那麼理性了。因為沒有共同承認的事實與邏輯，沒有共識基礎，觀點爭論就像平行的軌道一樣互不交接，種種新奇觀點讓社會像浮萍一樣隨風搖擺、人心跌宕。這種情況帶來很多問題，其中對社會最大的損害是知識無法有效地積累，而在人文社會領域內沒有長期的積累，沒有思想市場的自由選擇機制，不太可能產生真正讓社會人心可以依靠的真知灼見，並在此基礎上建立社會共識，使人共遵共守，安身立命。

在現代化過程中，中國社會也同樣需要像西方一樣經過長期的努力、積累、扎實工作，重建社會的精神基礎。中國的啟蒙絕不僅僅是對西方著作的翻譯與介紹，更不是對中國傳統的簡單否定。啟蒙首先是對中國今天現狀的客觀、理性認知，從承認沒有答案開始，以理性的態度重整國故，經過長期的積累，在中國的傳統中發現今天仍然閃光的價值。也只有站在自己傳統的堅實基礎上，才有可能批判性地接納外來文化，逐步、緩慢地構建社會共識。理性思維、科學方法仍然是社會、人文領域內逐漸積累可靠共識的唯一有效方法。

二、應對科技文明對文化觀念的挑戰與要求

從實踐上看，文化演進的最大動力還是來源於科技文明中商業社會對文化提出的現實要求。比如說在商業社會中，最常發生的關係是陌生人間的關係，但是如何規範這種關係在傳統文化中卻不太明確。中國傳統文化中的人際關係有五倫，君臣、父子、夫妻、朋友、長幼。五倫的文化中，各有自己的道德準則，父子有親，君臣有義，夫婦有別，長幼有序，朋友有信。五倫基本講的是熟人之間的關係，所以中國的文化是人情文化。中國文化對熟人之間的關係有一整套規則，人人都遵守，但在陌生人之間卻沒有。在傳統社會，一個人與陌生人交流的機會不多，因此也不需要制定規則。五倫在農業社會中就足夠了，但在 3.0 科技文明的時代，在自由市場經濟的時代，人與人之間的關係很多都是陌生人之間的關係，這樣就給現代社會帶來了大量的問題。人情社會裏，人情高於法律，這就讓社會秩序受到極大挑戰。同時，過度陷入人際關係也是對社會資源的浪費。更嚴重的是，缺乏陌生人之間的道德準則，是導致商業誠信缺失的重要原因之一，而誠信恰是自由市場經濟的潤滑劑。如果對陌生人的欺騙可以毫無罪惡感，那麼滿足五倫準則的好人也可能成為商業社會的罪人。誠信淪喪不僅對商業秩序，也會對整個科技發展造成破壞。科學技術的發展是一個不斷積累、循序漸進的過程，需要廣泛、長期的合作。沒有誠實作為基礎，很難建立起這樣一個信用合作體系。今天中國在科技研究、人文科學領域，相對於世界先進水平遠遠落後，成為中國現代

化進程的一大負擔，這也是重要原因之一。誠信缺乏對於今天中國社會、人際關係造成的危害更是有目共睹。

文化復興的一個重要的層面就是要在傳統文化裏面重新塑造適合現代文明的基本價值體系。為此，中國文化需要提出第六倫的概念來定義陌生人之間的關係，以第六倫的倫理道德理念重塑誠信社會的基礎，並與前五倫的關係有機地結合在一起。

那麼一個有義、有信、有愛、有敬的人，他對待陌生人應該是甚麼樣的態度？一個最可能的答案是誠實。誠實不等於要講全部的真話，但是誠實一定意味着不講假話，不有意地誤導對方，更不會有意地欺騙對方。誠實的對立面是欺騙。陌生人之間以誠實作為基本的道德根基是可以做到的，同時還會帶來很多的好處。在誠實的條件下，陌生人之間更易逐漸建立互信，在互信的基礎上更容易進行交換，進而產生附加價值。由誠生信，有了信，就接近了朋友的關係，進入到五倫關係，變成了人情的一部分，這樣關係網絡一下子有了一個躍升，出現了一個加碼。如果是商業交換，就出現了兩次附加值加碼。陌生人之間做到誠實，並不是難事，而且一旦做到，便會產生疊加效應。我們今天看到的以臉書、微信為代表的社交經濟就是這個疊加效應的正面案例。反過來，當誠實被社會接受成為陌生人之間的道德準則後，不誠實帶來的損失也會因疊加效應放大。比如，如果沒有誠實原則，當 A 和 C 還是陌生人的時候，兩人相互欺騙，後經共同的朋友 B 介紹之後，A 和 C 也可以成為朋友。當兩人談到之前的欺騙時，還是可以一笑泯恩仇，以當時還是陌生人為理由原諒對方。但是一旦誠實被社會接受成為陌生人之間的道德準則，A 和 C 再見面就會很尷尬，儘管有共同的朋友 B 做介紹，A 和 C 不僅彼此因失信不能成為朋友，更嚴重的是彼此都有可能被對方整個人情網絡排斥在外，造成疊加損失。在今天的社會裏，對假冒產品、不法商人的追剿、聲討就是負面疊加效應的實例。

由於第六倫誠實原則有獎懲倍加效應，在社會、政府強力推動下，六倫理念有可能在未來成為中國文化的核心理念之一，使中國社會更快地進入 3.0 科技文明時代，並更好地與國際社會共同的商業準則接軌。在西方社會裏，基督教規範了陌生人之間的道德原則，但是沒有人情網絡的倍加效應。可以想見在中國社會中，一旦建立陌生人之間的第六倫誠實原則，與前五倫的人情網絡交織，對科技經濟應能起到更大的推動作用。

科技文明對文化演進要求的另一個方面是關於個人的地位。傳統社會以家庭為單位，個人修養更多強調犧牲、奉獻。科舉制也讓大部分知識分子的興趣集中在狹小的考試範圍內。科技文明時代，創新能力成為成功的第一要素。創新是個性的延伸。所以，未來文化中將更重視個性主義（individualism），更加尊重個人之間的不同，鼓勵個性的發展，以此加速創新。

另外，因為 3.0 科技文明是在全球共同市場的基礎上展開，中國文化的現代化還需要在語言上進一步與英語接軌。在 3.0 文明時代，知識、信息在全球的傳播，世界各國之間人們的交流，都需要一個共同的語言。所以，就像自由市場一樣，語言也具有規模效應，最先被大家使用的語言也成了人人都用的語言。目前英語就是這樣一個共同開放系統，就像微軟操作系統或是安卓一樣，所有人都在同一系統上寫應用（Apps）。今天，幾乎所有重要的創新知識、技術、自然科學、社會科學、商業、文化、藝術等領域內的最新思想都最先在英語中出現。英語早已不再是美國、英國的專屬，而成為全世界商業和從事創造性職業人士的共用語言。中文及其他所有語言恐怕都沒有了這個機會。所以，文化的現代化還包括對英語的擁抱，讓最新的知識與中文即時無縫對接，並逐漸從使用者過渡到創新知識的貢獻者。

三、深植於傳統中的文化傳承和現代化演進

現代科技、市場經濟和商業社會在交互作用，高速發展，日新月異，也因此對文化發展提出迫切需求。但是文化演進從來都是一個相對緩慢的過程。比較可靠、可持續的演進通常都需要建立在已經形成的文化傳統上。

中國文化源遠流長，分支流派眾多，所側重的方面在不同時代也有很大的不同，這就給創新性地發揚傳統提供了豐富的土壤。這其中既有和科技文明相合的成份，又有需要改進的方面，還有需要重新發現的部分。比如道家主張的政府無為而治，與民讓利生息，正與市場經濟的要求暗合。儒家對家庭、教育的重視，勤儉的

道德觀，對於積極進取人生的鼓勵，都是現代商業社會的基石。而儒家的家國情懷又是奠定有為政府、統一大市場的思想源泉。當然它對於個人在集體中地位的觀點卻可以與時俱進。作為先秦諸子百家中重要一支的墨家，因其對個人意義的尊崇，對和平、兼愛、正義的堅持，對邏輯思維、樸素科學精神的探索，極有可能在科技文明時代成為和儒家思想同樣重要的社會政治思想源泉。

歷史上佛教由印度傳入，與中原原生文化交互激蕩、相互影響，成為中國文化中重要的有機成份。在中國向科技文明的演進過程中，中國文化同樣有可能在吸收外來文化和提升本國文化中找到有機平衡，再次發揚光大。

綜上所述，中國文化復興與演進，就是在科技文明的大背景下，通過理性思維、科學方法，對傳統文化「整理國故」並演進、發展，經過長期、持續積累，逐步建立社會共識，還給中國人和中國社會一個共遵共守的道德倫理，以及人們可以安身立命的共同信仰。在此基礎上，緊跟全球科技文明社會中的創新前沿，並逐步做出作為世界五分之一人口的大國所相當的貢獻。

對中國未來幾十年的預測

——社會政治可能的演進

一、科技文明時代對現代政治的要求

人類社會從農業文明向科技文明演進時，社會政治也會發生很大變化。

從軸心時代開始，政治、道德及所關心的核心問題從未改變過：甚麼是美好的人生、美好的社會以及如何實現？但是針對個人的美好人生與針對集體的美好社會，它們之間孰輕孰重、孰前孰後，與人類所處的經濟時代高度相關，在歷史的不同階段不盡相同。從農業文明到科技文明的進化讓它們發生了根本性的變化。

農業文明是短缺經濟，存在馬爾薩斯陷阱，社會中有一定比例的人口總會週期性地非自然死亡。個人的命運在很大意義上取決於他從屬於哪一團體，那個團體在生存競爭中的成敗如何，所以美好社會是美好人生的必要前提，美好人生必須要在美好社會中實現。儒家倫理中以家庭為單位向外延伸的親疏關係有其經濟上的原因。在同一時期，西方社會在傳統的國家、民族區別之上，又進一步分裂出不同的一元教——天主教、猶太教、東正教、伊斯

蘭教和新教(近代)。在整個農業文明時期,以團體定義的內/外、我們/他們是生存的需要,各個文化中的政治也以建設自我定義的封閉美好社會為中心訴求。

科技文明的本質是富足文明,經濟的複利增長最終能夠解決所有人的生存問題。不僅如此,科技文明的基礎是以知識交換為基礎的 1+1>4。創新需要個人的能動性,個人是科技文明的重要參與元素、動力源及最終目標。因此在科技文明時代,美好人生取代美好社會成為政治目標中最重要的考量。在科技文明時代,從農業文明向科技文明的演化過程中,從集體中心向個體中心轉化正是 3.0 文明時代對政治演進的核心要求。在現代社會中,任何可持續的政治體制可能都需要把個人放在和集體同等重要、甚至是更重要的位置上。

二、西方的實踐——憲政民主制

在西方,政治現代化過程中誕生的一個偉大制度創新就是憲政民主制。憲政民主制從思想上源於啟蒙時代的君權民授論,就是政府的權力源於公民的認同和授權。這是在軸心時代民重君輕思想上的發展與延伸。憲政指的是有限政府,即政府權力受到憲法制約。一國之中沒有任何人的權力高於憲法。同時,個人權利與自由得到憲法保障,政府不得隨意干預。憲政下的民主則指公民參與選舉政府及政治權力分配的制度。從實際政治發展、演化歷史上看，憲政民主制反映的是伴隨着 3.0 文明的出現，商業人士在社會中的地位上升，個人對經濟的重要性變大。代表新型自由市場經濟的力量開始進入政府，使政府的功能逐漸發生變化，在經濟活動中從管理、干預過渡到輔助作用，充分保護公民的財產權，提供、保護科技創新所需要的思想、言論自由空間。

憲政民主是一個漸進的過程，歷史上成功的憲政民主國家通常是憲政先於民主，財產權、經濟自由早於選舉權、政治自由。以最早也最成功的憲政民主國家英國為例，1830 年，英國已進入 3.0 文明時代，憲政已經實行了一百多年，公民也有了充分自由，但是此時英國公民仍只能投票選舉下議院議員，且有投票權的人佔總人口不到百分之二。儘管接受君權民授，授權也是一個漸進的過程。政治權力的分配，最早從皇權到了諸侯，再後來到了有產階級選舉權。選舉權在有產階級中，又從大產開始，逐漸擴大到中產、小產，後來到了男性白人、女性、有色人種，最後演變成任何成年人都可以投票。就英美實踐來看，公民政治參與程度與經濟發展水平直接相關，並隨着經濟的發展而逐步擴大。選舉權的平等是從資格平等開始逐步開放的，到了最後，當西方社會發展到了一定高度，幾乎人人都成為中產階級、都受到基本教育後，才變成了成年人一人一票，都有選舉權和被選舉權。這一結果直到二戰結束的 40 年代末才真正實現。

社會政治權力的分配以選舉結果來決定，人人都有可能，公開、透明、機會平等，所以這套制度有其合法性，也比較公平，有持續的生命力。

英美憲政民主制最大的貢獻就是幫助英美社會相對平緩地步入 3.0 文明，政府基本上不干預市場活動並在國際間推行自由貿易，公民有充分的自由、財產保障，公民參與政治的民主權利隨着經濟收入增加，逐步、緩慢開放。英美自由市場經濟與憲政民主制共同造就了經濟、政治上的機會平等，塑造了 3.0 文明的西方典範，並構造了在當時最有效、最大的自由市場體系。由於 3.0 文明鐵律的規模效應，這一市場最終成為今天全球化的國際大市場。

相較於英美，歐洲大陸的政治演進要複雜曲折得多。在幾百年的時間裏，對內與對外戰爭幾乎沒有停止過。歐洲大陸國家和英美更是主導了影響了全球的殖民侵略、兩次世界大戰及隨後的冷戰。雖然最終主要的西方國家今天都建立了較為穩定的憲政民主體制，對於西方之外的觀察者來說，西方尤其是歐洲大陸國家政治現代化的歷史留給後人的教訓可能更大於經驗。

今天，即使在較為發達的憲政民主制國家，這一制度也不是沒有弊端。在充分民主的情況下，民意政治更能代表局部、短期利益，而常常與整個社會的整體、長期利益相矛盾。金錢在選舉過程中的腐化作用更是雪上加霜。矛盾不可調和時會讓保障社會整體利益的長期政策近於癱瘓（比如今天的美國國會）。邱吉爾的名言「除了我們已經嘗試了的其他政治體制外，民主是最壞的了」，並非僅僅是幽默。

三、中國傳統政治思想、政治實踐及其演化

西方政治現代化的成就主要是在小國政治下取得的。即使如美國，在殖民時代立國時也是一個只有幾百萬人的小國。當然，在250年後，美國已經擁有三億多人口，這個制度仍具有旺盛的生命力，這是個了不起的成就。和美國相比，中國的人口是其四倍多，這對政治複雜程度的要求也是幾何級數增長的。

歷史上中國幾乎一直有着世界上最多的人口，它的政治成就，以其人口之多，政治之穩定，和平時間之長，個人之公平，在農業文明時代都可謂登峰造極。但是當世界進入到3.0科技文明時代，中國傳統政治如何演進卻是一個持續了一兩百年，至今仍在探索的難題。

從思想源泉上看，中國傳統政治大體是儒、道、法三家混雜，儒家重道德倫理和社會秩序，法家重賞罰執行，道家調整政府與社會、官家與民間的利益均衡。中國有記載的幾千年歷史就是一個政治實踐是非成敗的實驗室，這些經驗教訓對於後人、中外都很有意義。

儒、道、法三者混合的程度歷來都是政治成敗的關鍵因素。在中華帝國開創之初，秦始皇重法廢儒，在戰時異常成功，但在帝國和平初創時期賞輕罰重，在改天換地的巨大社會變革中又沒有道家的節奏調整，以至於把社會推到極致，一代而亡。在連年戰爭、重新統一中國後，文景兩帝以道家為底色治國，休養生息，使

國家百姓恢復元氣，終成「文景之治」。至武帝又以嚴法極盡擴張，社會再遭重創，需宣帝再次以道家之法恢復。三種政治文化傳統的結合、度量的把握正是中國政治的最高境界。

科技文明以個人為主體，個人創新、標新立異成為社會經濟進步的主要動力，這與農業文明中對個人的文化期許大相徑庭。中國的傳統思想文化源遠流長，紛繁多樣，傳統中既有適應現代性的成份，也有需要進一步演進的部分，還有需要進一步挖掘的部分。比如，道家提倡的政府無為而治恰恰暗合市場經濟的邏輯。法家的賞罰規則需要在新時代做出調整，因為來自政府的賞已不再是個人成就的最重要甚至是唯一的來源。在商業社會中，政府與商業已成為個人進升的兩條並行通道，這與科舉時代相比已大相徑庭。賞輕，則罰也需要輕。同樣，儒家的道德倫理、社會秩序也必須對個人與集體關係重新作出調整。而作為先秦諸子百家中重要一支的墨家，因其對個人價值的尊崇，對和平、兼愛、正義的堅持，對邏輯思維、樸素科學精神的探索，極有可能在科技文明時代成為和儒家思想同樣重要的社會政治思想源泉。總的來說，與科技文明相適應的現代政治需要多一些道家底色，與民休養讓利，輕罰輕放，並兼顧個人與集體的利益。

魏晉南北朝時期，佛教大規模入漢，在此後幾百年中與儒、道交互激蕩，互為影響，形成儒、釋、道三者的對立統一，又在此後激發出儒學中宋明理學的發展。1840 年後，西學東漸，又再次對華夏文明產生更強大的衝擊。清末民初的許多知識分子正是抱着同樣的熱情投入到重整國故的學術研究中，希望通過中國版「文藝復興」運動為中國的政治現代化提供來自傳統的新的源泉與動力。

中國自洋務運動之後便開始政治現代化的各種實驗。現代政黨體制最初也是由西方引入。現代政黨制度從體制上解決了最高皇權依靠單一家庭血緣繼承的問題，使最高領導可以在較大的人羣中擇賢而選。在組織集體力量方面，現代政黨對成員的控制力比傳統的儒、法結合對士大夫官吏的控制更進一步。在鄧小平時代，「白貓黑貓」的實用主義與摸着石頭過河的謹慎開放態度使得這一時期的政治更具道家為政的色彩，為個人、社會提供了更大的空間，這與科技文明的需求相合，促使經濟開始了長達四十年史無前例的高歌猛進。

在富足經濟時代，個人既是政治的起點也是重要的終點，和集體利益同等重要。所以任何可持續的政治都需要充分尊重人性。尊重人性當然也必須尊重人性中所有的自私、懦弱、不完美，市場經濟和科技創新恰恰給了所有不完美的個人無窮的空間和意義。對利潤的追求、自私甚至貪婪同時也是市場經濟蓬勃向上的動力，懦弱和懶惰為科技探索及普及提供了豐富的土壤，攀比、炫耀甚至也是消費增長的一部分。

四、東西方各自獨特的道路

就權力的目的、來源和分配方式而言，西方在農業文明時代實行的主要是血統制及部分的軍功賢能制。在科技文明的現代社會，西方從人權概念出發，以個人「自然權利」的來源界定「公民權利」的目的和分配。中國歷史上實行的是以權力分配機會平等為基礎的政治賢能制。

從制度安排角度看，傳統科舉制本質上是政治權力開放性、普遍性及權力分配的資格制，人人都可以通過公開、透明、公平的考試、考核競爭機制獲取分配政治權力的資格。通過對學習能力和治理能力的考核來選拔最優秀的人，政府選賢任能，把最有能力的優秀人才放在最重要的位置上。社會上人人都有平等機會進入政府，從平民中選拔出的大量政治精英又讓政府具有對現實問題的洞察力、遠見與執行力。這一偉大的制度創新讓中國在過去的一千多年中領先西方、領先世界，至今仍有強大的生命力。今天，包括中國在內的世界各國成功的文官系統、職業軍隊都多少受科舉制某些方面的影響。儘管有種種弱點，科舉制仍不失為 2.0 文明時代最偉大的制度創新，中國之所以能夠在長久的歷史中維繫一個人口眾多、土地廣闊、社會相對穩定的國家，科舉制是最根本的原因之一。今天的中國政治仍然受科舉制影響，政治權力的資格觀念依然深入人心，從這一觀念出發有可能逐步演化出現代性的制度安排。

從資格觀念出發，與西方相比，未來公民參與政治的方式可能更符合中國文化傳統，選舉權和被選舉權都成為需要贏得的資格。比如，一種可能的方式是職位越高，資格要求也越高，選舉人及被選舉人越少，層層遞進。村子或街道裏，成年人可以自行選擇，一人一票，自治、自理。國家公務員則需要通過嚴格的考試，高職位則對學歷、政績、品德、民意有更高要求，資格與職位相當，到了國家領導人，則在極少數擁有最高資歷的人中平級選出。這是一種資格選舉制，就是通過考試、考核、有限選舉的結合方式選賢任能。從歷史經驗上看，公民政治參與的熱情與經濟發展程度直接相關。經濟處於低等發達時，經濟發展是第一要求；中等發達水平時，對環境保護、生命安全要求更高；到了高度發達水平，對政治參與的要求達到最高。

執政黨作為現代政黨，為了更好地吸收最優秀的人才並為全體公民提供平等機會，也會逐步對全社會開放，通過考試、考核，公平競爭，讓人人都有機會憑能力參與政黨內部權力的分配。另外，一些發達國家尤其東亞發達國家對公務員實施的「高薪養廉」政策也值得參考。在適當的時機，將政府高級主管的工資水平與社會、商業同等高管工資水平掛鈎，建立指數對應關係，以高薪養廉。同時，大力削減政府權力，尤其是削減在經濟領域裏的權力，管理方式從正面清單逐步過渡到負面清單。在此基礎上，實施對腐敗的零容忍。以嚴厲的法律、嚴格的黨內紀律、媒體監督、民意舉報等多種方式、多種渠道將腐敗控制在最狹小的範圍內。

這種以資格為基礎的政治開放可以逐步擴大公民的政治參與，達成政治權力的合理分配。這與西方以個人「自然權利」觀念為出發點的公民參政方式有所不同，但是最終都達到同一目標，過程則更平緩，更有可能避免社會的激烈動盪。

當然，這種方式僅僅是未來發展的一種可能（但不是唯一）方式，只是它比較切合中國的文化傳統。

就公共政治權力的執行、邊界、監督而言，西方社會建立起來的司法獨立與憲政確實是一個偉大創新。它幫助解決了科技文明時代商業社會最重要的一些問題：複雜商業活動中必然會產生的糾紛，政府與民間商業的利益界定，對公民私有財產的保護，政府公權的限制，對官僚腐敗的公平懲處等等。

西方的獨立司法和憲政部分來源於早期羅馬共和國和羅馬帝國的實踐及中世紀英國的普通法，可謂源遠流長。中國法家在先秦的實踐，尤其是商鞅在秦孝公時代的實踐也為今天的獨立司法留下有益經驗。但是這一傳統在秦漢大一統政體建立之後就不復存在了，權與法孰大因人因事而異。也因此，法制建設不太會與西方的道路相同。在這方面的探索可能還要經過一個相當長的時期。可期待的是，執政黨在法制建設方面已經下了巨大的決心，而社會對此的期待和要求也在增強。

從實踐上，日本、韓國儘管深受美國影響，仍表現出強烈的東亞文化痕跡，而李光耀在新加坡卓有成效的實踐更有可能為中國政治現代化提供一個可參考的樣本。作為自建國以來唯一的執政黨，人民行動黨在歷史上多次自我進化，逐漸發展出一套成熟的政治體制、獨立的司法制度，解決了腐敗問題，同時給予公民足夠的空間發展，並保護其權利及財產。有為政府與道家底色相得益彰，互為支撐。

當然，中國政治面臨的問題從來都是大數問題，人口到了一定量級，所有在小國中的成功實踐都未必適用，無論是西方還是東方的成功經驗對中國而言僅僅只能作為參考。中國的政治現代化只能在自己的實踐中學習並逐步前進。

完成這一系列改革後，在中國社會中將出現經濟、政治兩個對全民開放、機會均等的上升通道，大量社會人才進入市場經濟領域，公平競爭、優勝劣汰；同時也有大量有公益精神的人才流入政府，通過資格選舉制，選賢任能，在憲法限定下，精英治國。

人類就本性而言情感上追求結果平等，理性上追求機會平等。凡提供機會平等的社會都可以持續發展，長治久安。

自 1840 年鴉片戰爭之後，中國絕大部分時間處於戰爭與政治運動之中。20 世紀 70 年代末，由於國際、國內條件的變化，中國第一次有了專注於現代化建設的國內外環境，在隨後的四十年裏取得了史無前例的卓越成就。在中國從 2.5 文明向 3.0 文明的邁進過程中，自然會遇到上述各項挑戰。但是，1840 年至今的 170 多年來，中國今天面臨的優越環境和條件仍然是最好的。作為全世界人口最多的國家，中國有希望面對挑戰，解決問題，最終向 3.0 文明演進，徹底實現全面的現代化。

從文明史角度看當今中美關係及科技文明時代的東西方關係

一、極簡人類文明史

智人作為地球上最後一個大的物種，大約在幾十萬年前出現在赤道附近的非洲大草原上。智人既是社會動物，又是頭腦異常發達的個體動物，這種個體性和社會性都高度發達的特性，在地球所有物種中可謂絕無僅有。人類依靠這種特性，在其短短的歷史中，創造了前所未有的文明高峰，與靈長類動物祖先們拉開了鴻溝。我在此把文明界定為人類與動物祖先之間的距離。人類的文明史既是汲取使用能量的經濟史，又是組織社會單元的政治史，經濟與政治交互作用，造成了人類區別於其他動物的複雜的文明。

在本書中，我把人類的文明史分成三大躍升階段，即 1.0 狩獵採集文明、2.0 農業文明和 3.0 科技文明。本章將重點講述人類從農業文明向科技文明躍升過程中社會政治組織方式的演進，並以此來解讀中美關係、東西方關係。

在農業文明時代，農業和畜牧業幾乎完全受制於自然條件，因此農業文明幾乎都萌生於歐亞大陸板塊上。歐亞大陸板塊被世界屋脊喜馬拉雅山脈和漫無邊際的冰凍大草原分隔成兩塊，在農業文明歷史中，兩邊幾乎沒有發生直接的關係，各自獨立發展（除了 13 世紀蒙古帝國造成了短暫的連接）。因此我們傳統上把兩邊各稱為東方文明和西方文明。

公元紀年前後，東西方差不多同時出現了兩個強大的帝國：羅馬帝國和漢帝國。兩個帝國都擁有龐大的人口、巨大的疆域，便利發達的交通可以到達帝國的每一處角落，文明程度都非常高，各自發展出了農業文明時代的一個巔峰。

羅馬帝國和漢帝國建國大約 400 年後，相繼隕落，進入了動亂時期。在中華大地上，經過 300 年動亂之後，帝國統治幾乎被完整恢復，經過隋、唐至宋代發展出一個新的巔峰，將中華帝國體制持續了 2000 年，成為農業時代的一個奇景。另一邊，羅馬帝國結束之後，西方基本上再也沒有出現一個統一的大帝國。儘管後來穆斯林崛起，建立了比較大的疆域，但是無論從文明發展程度，還是人口、技術、社會組織各個方面來看，都再沒能取得像羅馬帝國這樣輝煌的成就。這是東西方文明發展軌跡的第一次大分流。

但是 1000 多年後的中世紀，在羅馬帝國時期北方蠻族所生活的歐洲，卻出現了一些非常活躍的民族國家，藉由大航海時代對美洲大陸的發現，迸發出異常的活力。通過地理大發現、文藝復興、啟蒙運動、宗教改革、科學革命、工業革命、殖民戰爭等等一系列變化，這些國家成為世界舞台上最活躍的中心，並率先進入到人類文明的一個新階段，我將其定義為 3.0 科技文明。這是東西方文明發展的第二次大分流。科技文明的出現，也將東西方人口中心第一次拉在了一起，此時東西方不再獨立發展，而是被強力結合在一起，共同推進，形成新的世界秩序，在今天深刻地影響着全人類。

二、中國在農業文明時代的制度創新

東西方文明發展軌跡的兩次大分流，背後都有着經濟現實與社會政治組織方式交互作用的深刻背景。2.0 農業文明時代的基本特點是，人們攝取能量的主要方式是通過光合作用機制，所以非常需要土地。土地的爭奪是 2.0 農業文明時代的核心問題。因此，2.0 文明本身也一直存在不可逾越的瓶頸：土地多的時候人口就會增多，而人口多到一定程度，土地就無法再支撐，社會發展掉入馬爾薩斯陷阱，最後以各種「天災人禍」的方式急劇減少人口。2.0 文明時代是經濟短缺性的時代，對土地的爭奪是最核心的問題。而土地爭奪的勝負既受限於地理條件，又取決於由政治組織方式產生的社會動員力。

中華文明的地理環境西面是喜馬拉雅山脈，北面是一望無垠的冰冷大草原，東面和南面臨海。在這塊土地上，兩條從西向東的大河 —— 長江和黃河之間形成一塊廣袤、肥沃、適合農業的沖積平原。這兩個大的河道再加上一些支流，導致平原上各個地區之間的交通相對比較便利（水路交通較便宜）。所以在這片土地上，只要某一個地方能聚集起足夠大的力量，這個強盛的國家就可以通過便宜的交通方式，將其權力範圍擴展到神州大地。而強國崛起則主要依靠內部組織方式的創新。

在中國5000年的歷史中，前3000年對於政治制度創新實踐尤為重要，為後2000年的穩定奠定了堅實基礎。這其中最大的突破就是發生於秦孝公時代的商鞅變法。商鞅變法的核心就是用個人能力取代血緣關係來決定政治權力的分配。人從動物進化而來，最初都是以血緣為核心來向外延伸人和人的關係。雖然戰場上需要個人能力，個人可以通過能力獲得功績，但成功以後，分配的方式還是依靠血緣。換句話說，功績是可以通過血緣傳給下一代的，和財富一樣。戰場上的功臣會得到土地，氏族首領、君王也要把土地分封給和自己有血緣關係的人，這就是封建時代權力、經濟分配的基本形式，古今中外皆如此。但是商鞅變法前所未有地、顛覆性地把這個體系打亂，規定在任何時候，政治權力的分配都以個人能力和一代以內的功績為根據，政治權力除了皇權以外都不能傳給下一代。財產可以傳代，而政治權力不可以傳代。這次對傳統封建組織方式翻天覆地式的革命，導致了秦國從一個相對偏遠的地區崛起，把社會全體成員的積極性都調動起來，最後擊敗了所有戰國諸侯，並把這套方式推廣到了秦帝國的全部疆域。到了漢代，這種組織方式又因為舉孝廉制的產生進一步得到鞏固。舉孝廉制是科舉制的雛形，完善的科舉制產生於隋代以後。科舉制通過對個人能力的篩選（不僅僅是政務，還有對知識的掌握等），讓整個社會在政治權力分配上為所有成員提供了一個比較公平的上升通道。商鞅變法基本上奠定了中國後來2000年相對穩定的政治制度，儘管朝代更迭，但基本制度不變，讓中華帝國登上了農業文明時代的最高峰，歷史似乎就此終結。

而在西方，適合農業的沖積平原面積相對較小且位置分散，但交通方面，有一個類似於內湖的地中海。地中海被兩邊入洋口封緊，所以風平浪靜，便於交通，沿着地中海很容易形成一個大的帝國。沿途中規模較大的農業平原一個在埃及，另一個在西班牙、葡萄牙所在的伊比利亞半島上（主要在埃及），但它們和中國的規模都沒法比。此時歐洲本土上的森林還未被砍伐，處於蠻荒時代。早期的羅馬共和國從現在的意大利中部地區開始崛起，這個地方的農業平原規模並不大，所以擴張主要依靠對外征戰。羅馬的政治體制一直是軍事上的賢能制和政治上士族（從最早幾十家發展到一兩百家的參議院）血緣分封制的混合體制。帝國範圍內最大的糧倉在埃及，但埃及和中國長江、黃河流域的沖積平原的規模無法相提並論。所以羅馬在經濟上的分配就更加不平衡，一直實行奴隸制，上流社會相對富足的生活必須要以大量奴隸為基礎，政治體制上就很難產生大的突破。這是它的經濟現實所造成的必然結果。羅馬帝國大約三分之一左右的人口是奴隸，政治上又是採用封建分封和軍事賢能制的混合體制，所以一直不能真正讓整個社會「同心同德」。與秦漢之後的中國社會相比，羅馬帝國有幾個先天性的難題：貴族和平民的矛盾，自由民和奴隸的矛盾，同時經濟基礎不是特別穩定，要依靠奴隸制和不斷對外征戰戰來維持。一旦征服的邊界到達瓶頸，文明就只能走下坡路。

羅馬帝國與漢帝國同受北方蠻族入侵威脅，但是雙方北部的地理條件不同。中華帝國北部的蒙古大草原氣候完全不適合農業，只能發展畜牧業。而羅馬帝國北部的歐洲雖然也處於高緯度地帶，但是受到墨西哥灣流的北大西洋暖流的影響，氣候較為溫暖，適合農業，只因被濃密的森林所覆蓋，農業發展才晚了上千年。當北方的歐洲諸蠻族慢慢學會農耕和砍伐森林，農業文明開始逐步上升時，羅馬帝國本身與日耳曼諸蠻族的矛盾就開始凸顯出來。公元 5 世紀時，羅馬帝國被北方蠻族入侵了。毀滅之後，因為羅馬帝國政治體制本身的問題，它的這套制度也就沒能在歐洲流行起來，因為它的制度並不是 2.0 文明時代最完美的政治制度。

羅馬帝國毀滅之後，原來帝國境內的小國，加上其北部歐洲新興的諸侯國，又進行了長達 1000 多年的爭戰，卻都沒能於西方再次形成統一的大帝國。這段中世紀的歷史，與中國春秋戰國時期的歷史很相像，但是和秦漢之後中華帝國 2000 年的歷史放在一起，卻是一次東西方文明的大分流。這一次，中國因為在政治組織上的創新，站在了農業文明時代的巔峰。

三、科技文明的出現：東西方文明發展第二次大分流

公元 1500 年之後，東西方出現了另外一個大分流。這個大分流導致了歐洲後來的歷史和中國春秋戰國之後的歷史發生了截然不同的變化。這個大分流的開始就是地理大發現。航海技術的發展讓歐洲人發現了美洲大陸這片新世界，大西洋變成了羅馬帝國時代的地中海。通過一種比較便宜的交通方式 —— 航海，歐洲迅速接管了地球上最大的一塊農業平原：北美洲和南美洲。美洲大

陸因自然原因，原生農業條件很差，且和歐亞大陸隔絕，導致農業不發達、人口稀少，幾乎沒有畜牧業，所以也沒有歐洲人的免疫基因。美洲大陸上的原住民缺乏對歐洲人帶去的細菌的抵抗力，絕大部分原住民都死於瘟疫。所以這塊廣大的、適合農作物生長的平原，立刻被歐洲人收入囊中。歐洲這些小的諸侯國，因為和巨大的美洲殖民地的結合，其土地不再局限於歐洲，一下子收穫了比中國中原腹地還大的殷實糧倉，這讓它的經濟出現了一次突發的、巨大的、持續性的增長。

在正常情況下，農業文明經濟增長到了一定時候，會遇到馬爾薩斯陷阱。但是在西方碰到天花板之前，另一件劃時代的事情發生了，這就是科學技術革命。地理大發現不僅為歐洲各民族帶來了巨大的物質提升，也產生了對科學、技術的強烈需求，從而引發了思想上、精神上的革命。歐洲的思想出現了一次爆炸式的劇變，從文藝復興、宗教改革到啟蒙運動，科學技術革命就是在這樣的背景下爆發的。

科學技術革命、跨大西洋的自由貿易、美洲大陸的自治，再加上這個時代歐洲封建割據下的各國競爭，這一系列因素共同促成了一次人類文明的躍升。科學技術革命和自由市場經濟同時出現，互相作用，使經濟出現了幾百年的持續的、累進式的增長。增長的結果是經濟突破了農業文明的瓶頸，土地也不再是經濟本身的限制因素。這一時期百倍以上的經濟規模增長可以支撐任何程度的人口增長，而且目前為止我們還看不到這種增長的上限。人類從此進入了 3.0 科技文明時代，也就是在現代科技和市場經濟的雙重作用下，經濟開始持續、複合、無限地增長。

人們在自由市場裏自願交換產品和服務，必定會給雙方都帶來更多的好處，即 1+1>2。而當知識被交換的時候，交換的雙方既沒有丟失自己的知識，也得到了對方的知識，還額外獲得了因交流而產生的火花，出現了一個加速，即 1+1>4。這樣科技知識融入到產品與服務中，再到自由市場中去被交換的時候，就出現了一個互相強化的長期正向循環。人的需求和慾望無限擴大，而人們為了滿足這些慾望，提供產品和服務的能力也隨之無限增長，這種互相強化的正向循環可以不斷進行下去，而市場就是那個讓 1+1>4 的放大器。市場越大，參與的人越多，中間產生的乘數就越大。市場越大的時候，效率就越高；效率越高，就越能夠滿足市場的需求；越能滿足市場的需求，就越能刺激出新的需求。這樣就形成了一個持續增長的正向循環。這樣的正向循環就是我們說的經濟上的複利增長。所以在大家都有自由市場經濟和科學技術的情況下，競爭的核心就是看雙方市場的大小。相對而言，大的市場會產生更高的效率，更高的效率會產生更大的能力，更大的能力會產生更大的經濟體，這些更大的經濟體就會產生更大的軍事力量，那麼在互相競爭的時候就容易勝出。從爭奪土地到爭奪市場，體現了從農業文明向科技文明轉化過程中爭奪重心的轉移，這正是我們看到的過去 500 年間的變遷。

開始時，歐洲還處在 2.0 農業文明時代，諸侯國之間的爭戰也和封建時代一樣，以土地和邊界為核心訴求。但是逐漸地，每一個交戰國家開始在經濟上突破了封建時代對土地的限制，慢慢地在經濟上形成了新的動力。參加的人員也不再僅限於貴族和平民，很多商人、資本家、新興的產業主等等也開始加入進來。隨着經濟從 2.0 農業文明時代向 3.0 科技文明時代演進，爭戰中的政治組織方式、訴求也開始發生了變化。

歐洲國家之間最早的互相競爭，很快變成了對殖民地的爭奪。殖民地給宗主國帶來最重要的利益就是市場的規模，包括原材料的供給、產品的銷售和勞動力的供給。作為第一個真正的全球帝國，大英帝國建立的最重要的秩序是一個以英殖民帝國和英鎊為基礎的全球自由市場體系，這個市場體系讓它在大國競爭中最早取得了決定性的優勢。所以從 2.0 農業文明向 3.0 科技文明演進初期，殖民侵略戰爭、歐洲強國之間的戰爭交錯進行，土地和市場同時成為爭奪的核心。

隨着經濟從 2.0 農業文明向 3.0 科技文明的加速演進，爭戰中的歐洲諸強國開始探索最適合 3.0 文明的政治組織方式，出現了一系列的制度創新，到 20 世紀已經形成三大陣營：以德、日、意為首的法西斯主義，以蘇聯為首的共產主義和以美、英為首的自由主義。經過近百年的競爭與戰爭，法西斯主義在二戰中失敗，蘇聯共產主義在冷戰後破產，到了 20 世紀 90 年代初，自由主義取得了決定性的勝利，美國成為了世界秩序當之無愧的主導者，開啟了今天世界的所謂「美國秩序」時代。歷史似乎再一次終結。

四、美國秩序下的全球市場體系

二戰勝利後不久，美國就從歐洲、日本等佔領地撤軍，美國是人類歷史上第一個在以土地爭奪為目的的戰爭中勝利後卻主動放棄佔領土地的國家。這和之前的羅馬帝國、中華帝國及大英帝國都截然不同。由此開啟的美國秩序具有非常鮮明的 3.0 文明特點。如果說 2.0 農業文明時代的核心訴求是土地，在我看來， 3.0 科技文明的核心訴求就是市場的大小。決定一個經濟體能否真正長期成功，就看該經濟體市場的大小。市場經濟是以個人和小組織（公司）為單位的分散組織方式，其能量的釋放依賴於市場的大小，不受國家土地疆界的制約。這與以土地、國界為核心的 2.0 農業文明截然不同。作為戰勝國和世界秩序的主導者，放棄佔領土地並不等於美國放棄勝利果實。二戰勝利後，美國通過建立一系列世界性組織，如聯合國、世界銀行、國際貨幣基金組織、布雷頓森林體系等構建了一個全球市場的嚴密體系，並始終牢牢把握着這個全球市場的規則制定權、市場准入權和制裁清除權。美國通過馬歇爾計劃讓戰後的歐洲盟國迅速成為這一市場的主要組成部分，對戰敗國德國、日本同樣通過修改憲法將它們納入這一體系，並通過一系列軍事盟約，例如北大西洋公約組織、美日和美韓軍事聯盟等，在全球建起一整套軍事基地網絡，用以保護美國主導下的全球市場的運輸和原材料供給安全。作為這一秩序的締造者，美國一直擁有對全球市場的規則制定權、市場准入權和制裁清除權，並承擔保護這一全球市場的主要軍事和經濟成本。這是美國秩序的核心。

除此之外，美國還建立並推廣了一系列的意識形態，也就是它的軟實力。正如 2.0 文明時代的中華帝國，在建立以法家為主體的帝國體制之外，又奉孔孟之道、儒家學說為正統，在精神上、文化上讓帝國的民眾心悅誠服。美國的意識形態包括提倡自由、民主、人權、憲政、法治，自由市場、自由競爭、自由貿易，私人財產神聖不可侵犯等理念。這套意識形態有足夠的力量，能被今天世界上絕大多數人接受。正是在這些軟硬實力交互作用下，美國制度取得了巨大的成功，從二戰勝利開始，避免了世界規模的「熱戰」，維護了世界大體上的和平。在此基礎上，美國還締造了人類歷史上最大的全球市場，尤其是在冷戰之後，全球幾乎每一個人都可以加入這個市場，由此創造了大量的財富，讓人類達到了歷史上最高的富足水平。同時，科學技術發展突飛猛進，即時通訊和互聯網幾乎把全球所有人都連在一起。人類在教育、婦女及少數族裔平等、脫離貧困、人權等多方面取得了前所未有的成就。全球人均壽命大大延長。殖民時代結束，幾乎所有國家都成為獨立自主的國家，因戰爭引起的死亡和暴力大大減少。二戰之後的 70 年來，尤其是冷戰之後的近 30 年，基本上無論哪個方面，都可以說是人類歷史上最好的時代。而美國所尊崇的意識形態、「美國故事」也在全球範圍內廣泛傳播，深入人心。美國文化、美國品牌日益成為全球文化和品牌。

但是，意識形態和權力實質是不同的。比如在中國，素來有「道統」和「政統」之爭，道統就是儒家學說，政統就是帝王權術，區別是一直存在的。美國也一樣，存在着意識形態和權力實質的差距。在意識形態上，美國強調世界上人人平等，都享有普世人權。但是美國對內對外的政策區別很大，對不同的國家及其公民也區別對待，其國際關係政策與國內政策有時可以大相徑庭，對於那些因為各種原因而站到美國對立面的國家尤其如此。例如，美國可以把古巴、朝鮮完全排斥在國際市場之外。古巴的例子尤為突出，它和除美國之外的很多大國都有外交關係，但因為受到美國制裁，未能進入到國際市場，本質上還是一個貧窮國家。美國也可以把原來的盟友、現在的敵人，例如伊朗，從國際市場的核心開除出去。蘇聯解體後，東歐因為在政治上進行民主化，被拉入到國際市場的核心，而俄羅斯在普京上台後則一直被排斥在邊緣地帶。中國實際上是一個特例，它和美國實行完全不同的政治制度，但又幾乎完全融入了美國秩序下的全球市場。但是現在，美國幾乎所有派別在對華政策上都認為現有的世貿組織（WTO）已經完全和中國現實不相容了。

美國在經濟上的硬實力之一就是建立了以美元為中心的國際貿易、金融、投資結算體系，因此美國在理論上可以監控全球的每一筆跨境交易，無論是貿易、服務還是投資。全球所有銀行的國際業務在某種意義上都在美國的控制之下，所以美國的制裁確實是很有效的。特朗普 2019 年單方面宣佈退出伊朗核協議之後的情況就是一個證明。中興、華為正在成為制裁政策的犧牲品。美國的硬實力還包括分佈在全球的軍事基地和美國經濟本身的體量、內部廣大的市場、開放的投資環境、充滿競爭力的科學技術、世界一流的大學等等。所以每當全球金融危機來臨時，美元及美元資產仍是全球投資人的避風港。這種情況甚至在 2008 年金融危機之後也並未改變。

在使用硬實力方面，美國在必要時，無論在軍事上還是經濟上都沒有猶豫過。兩次伊拉克戰爭，還有 2008 年危機後大規模地增發美元、用國際資本解救國內危機都是典型的例子。今天的全球市場實際上也被美國以親疏關係分成三個層次：核心市場成員(大體以 WTO 成員國為劃分)、外圍市場參加國及完全的受制裁國，所以今天的全球市場仍然是美國秩序下的全球市場。正如我在前文中所說，3.0 科技文明的鐵律是最大的市場最終會成為唯一市場。美國給予的市場准入權其實決定了世界上任何其他國家繁榮或貧窮的程度。因為除了美國主導的這個唯一的高效率市場，其他獨立運行的市場相較之下都效率低下，競爭力不足。

據李慎之回憶，在鄧小平復出後訪美的途中，他曾對李慎之講過為甚麼他最重視中美關係。鄧說，據他的觀察，二戰後凡是和美國好的國家都富了，凡是與蘇聯好的國家都貧窮。這個觀察對今天國際秩序依然適用，是一個準確的描述。

當然，美國在歷史上自身比較強大的時候主要靠軟實力來維持秩序，雖然軟實力的包裝下永遠有其硬實力的堅核。但是當它變得不太自信時，就會拋開面子，赤裸裸地訴諸硬實力。凡是遭受過美國硬實力教訓的人可能會相信，美國雖然對內民主，但對外其實是霸權。對其他國家市場准入及市場資格清除，選擇性地制裁、懲罰，正是美國作為美國秩序締造者的特權，是它硬實力的一部分。

特朗普上台以後的很多行為實際上是拋開了傳統的美國意識形態，回歸到權力實質。但他所行使的權力是美國一直都有的權力。就好比中國某個朝代的皇帝，不再講儒家之道、仁義道德，在歷史上可能遭人唾棄，被稱為「暴君」，但在當時卻沒有人可以阻擋。同樣，儘管美國所有的貿易夥伴都大聲抗議特朗普的不合理貿易要求，但是很快，除中國之外，幾乎所有國家都簽署了對美國更有利的新貿易協議。所以特朗普上台倒是讓大家更清楚地看到了美國秩序下的權力本質。

五、美國秩序下的中美關係

中國進入國際市場始於近代。1840 年以前，中國基本上與國際貿易不發生關係。鴉片戰爭之後，中國以半殖民地的身份被迫參與到當時歐洲列強主導的國際貿易體系中。1949 年中華人民共和國建國之後，經濟上實行的是計劃經濟，對外關係上，同時和美、蘇對抗，也因此隔離於美、蘇主導的兩大世界市場之外，基本上處在閉關鎖國的隔絕狀態。到了改革開放時代，中國在經濟上實行了市場經濟改革，政治上在保證社會穩定的前提下，大大放鬆了對個人和社會的管制，給了個人、社會、私營企業越來越大的空間。在對外關係上，與美國交好，並通過與美國的談判加入 WTO，最終全面融入了由美國主導的世界市場中，正式成為美國秩序下的國際市場的成員國，同時也自覺遵守美國秩序，韜光養晦，實現了經濟起飛。

但這種情況在近些年發生了變化。隨着國力的日益增強，中國與美國不兼容的方面越來越突出，在國際關係上開始對美國的競爭主導地位產生一定衝擊，在美國之外建立了以自己為中心的國際經濟組織。美國以全球百分之二十五的 GDP 份額承擔了維護國際市場的主要軍事成本。而中國 GDP 佔到全球的百分之十五，在美國看來，卻幾乎不承擔維護國際市場的成本，甚至因為中國在國際事務中和美國的一些摩擦，還增加了美國維持秩序的成本。

美國在對華關係的態度方面，大概分成以下四個派別。一直到前幾年，比較主流的派別是接觸派（Engagement），他們認為中國進行市場經濟改革對美國和整個國際社會都是好事，且經濟的自由化必然會逐漸引入政治的自由化，中國會慢慢地變得更像美國，也即美國的「軟實力」會對中國發生潛移默化的影響。主張這一派別的人基本上具有美國一貫的新教理想主義色彩。與接觸派對應的是對華鷹派，他們認為在共產黨的領導下，中國和美國的意識形態永遠無法兼容，而且隨着經濟實力的日益強大，中國對美國從競爭對手變成了潛在的敵人。第三個派別是務實派，大部分是商人，他們認為中國的崛起為美國的公司創造了很多商業機會。因為中美兩國都是核武器大國，應該讓中國進入到國際經濟大循環中，從而避免核戰爭。同時在一些全球問題上主張獲取中國的合作和支持，例如應對全球金融危機、核武器擴散、氣候變化和伊斯蘭極端恐怖組織等。最後一個派別就是支持特朗普上台的民粹派，主要由美國的中下層階級組成，在全球化和中國崛起的過程中，他們非但沒有享受到好處，還成為了犧牲品，例如失業、產業空心化等等。這四個派別的不同看法一直都存在，但在最近幾年，隨着中國的一些變化，四派的觀點慢慢有統一的趨勢。基本上大家都越來越認為讓中國加入 WTO 是一個錯誤，中國經濟實力的提升成了美國秩序面對的最大挑戰。接觸派已經放棄了中國經濟崛起可以引發政治變革的幻想，而慢慢靠攏於鷹派的觀點，認為中國經濟崛起會讓其從美國的對手變為美國的敵人。民粹派則把美國社會因全球化和技術進步帶來的貧富迅速分化、中產階級的停滯完全歸罪於中國。原本最支持中國進入全球貿易體系的務實派因為近些年中國在他們看來對於外企、民企的限制政策，也開始產生對華的敵意。美國一直缺少真正的「知華派」，很少人能從「同情的理解」出發，真正全面客觀地，從長期、動態的角度來了解中國。相對而言，中國對美國的了解則更深刻一些。但無論如何，中美關係的現狀就是美國對華的認識越來越靠近美國對俄羅斯的認識。俄羅斯在冷戰之後，雖然和美國有過短暫的蜜月期，但是在普京上台以後，又開始成為西方的對手和潛在敵人。俄羅斯雖然加入了國際貿易體系，但由於西方對其各種制裁政策，尤其是近年因為吞併克里米亞受到的制裁，一直處在體系外圍，沒有進入世界市場的最核心圈。俄羅斯的經濟一直以能源和自然資源為支撐，在除了軍事之外的所有領域發展都相對落後，人口也一直在減少。可以想像二十年之後，俄羅斯很可能將不再是一個大國。但是中國的情況不一樣，在美國看來，中國頗有能取代過去蘇聯位置的潛力。特朗普的貿易戰獲得了美國社會各界的支持，政治精英、商業精英、平民、商人、政客等在這點上的看法基本一致。鷹派甚至主張把中國從 WTO 排除出去，或者建立一個新的沒有中國的 WTO，再和中國單獨設立不同的貿易條件。這就是今天美國秩序下的中美關係的大背景。

目前中國已經進入到世界經濟貿易體系的核心，這個過程已經持續了二三十年，且中國的經濟體量已經達到全球 GDP 的百分之十五。如果美國真的實行鷹派所主導的脱鈎政策（Decoupling），也將面臨很大阻力，而且在這個過程中將造成巨大的商業損失，甚至會把美國和全球都拉入到經濟衰退的境地中。鷹派需要中國的「配合」，進一步激化中美矛盾才有可能長期推行脱鈎政策。這在很大程度上解釋了最近美國對華為的圍獵，這是深思熟慮以後選擇的精準目標。華為是中國高科技發展的頂峰，是中國最受人尊重的企業之一。但華為提供的產品和技術又處於安全性最為敏感的一個行業。這可以説是中國目前在高科技方面唯一超越了美國和全球的一個領域，而這種領先容易激起各國的安全焦慮，美國很容易強化這種焦慮，挑起矛盾，逼迫中國採取激烈反應，使矛盾迅速走向極端。因為只有把中美關係推向敵對或准戰爭狀態，中國退出國際市場造成的巨大損失和經濟裂痕才會被民眾所忽略。其他如台灣、香港、西藏、南海等問題都可以成為中美對抗的導火索。

今天這種形勢，對中國的應對智慧是一個很大的考驗。中國可以選擇的空間有多大？今後發展的方向在哪裏？在我看來，如果實現現代化、進入 3.0 科技文明仍然是中國的主要目標，那麼實際上選擇的空間並不大。

首先中國要避免犯一些重大的錯誤。第一個可能的錯誤是和美國鷹派針鋒相對地鬥爭，造成無意間的合作，像俄羅斯一樣成為現有美國秩序下的挑戰者。這樣做的結果基本可以預見，會讓鷹派迅速把美國主流社會團結起來，美國將從與中國經濟脱鈎開始，推及英國、澳大利亞等説英語的五眼國家（Five Eyes），再加上歐洲、日本等，慢慢擴展到全球，把中國經濟從世界貿易的核心推到外圍，基本上就和俄羅斯今天的處境一樣。這個過程雖然對於世界經濟會造成巨大的短期損失，但並非不可能完成，而且長久來看，可能對美國長期利益還有好處。以華為為例，如果華為真的被徹底排除在世界主要市場之外，那麼世界主要市場可能在 5G 方面的技術會短暫落後於中國和那些與中國合作的小國，但是被排除在世界主流市場之外的華為也只能在一個相對較小的市場中繼續創新、流動。相反，那些暫時落後的西方通訊公司會在一個更大的市場中通過自由市場的交流逐漸上升，可以想像大概五年、十年、二十年之後，在這個更大的市場中一定會誕生出更先進的科技，在那個時候，華為的領先地位多半難以維持。同樣的道理，如果中國主動或被迫地退回到閉關鎖國的狀態，可能在相當一段時間內還能自給自足，但是時間一長，小的市場最終會被大的市場超越和壓制，相對於大的市場的積極向上循環，中國經濟會持續萎縮下去。

第二個可能的錯誤是在經濟政策上走向民粹主義，政府對外資實施更多干預和排斥，技術上不論好壞都以民族企業為首選，進行封閉式的自力更生。雖然沒有離開國際市場，但在原來的政策基礎上進一步向民族主義傾斜。可以預見，這種選擇儘管拖延了時間，但最終還是會讓中國模式走上和西方自由資本主義模式對決的道路，或兩敗俱傷，或同歸於盡。

人類在 2.0 農業文明時代生活了幾千年，卻只經歷了 200 多年的 3.0 科技文明，在美國秩序下的 3.0 文明更只有短短幾十年，因此我們下意識都還在用 2.0 文明的方式思考，仍然把 2.0 文明時代的目標當成 3.0 文明時代的目標。比如在 2.0 文明時代，土地是十分重要的。歷代青史留名者大多是由於保家衛國、開疆拓土。但是，過去幾百年的歷史已經很清楚地表明，市場已經變得比土地更重要，3.0 文明「青史」和 2.0 文明「青史」的評判標準可能已經不一樣了。這就是為甚麼我要特意把兩種文明以 2.0、3.0 加以區別，提醒大家看到思考這些問題時通常的盲點。

今天有一種觀點認為，中國經濟體量已經太大，藏也藏不住，再韜光養晦已經不可能了。美國已經不能容忍中國經濟繼續增長。而中國的政治制度不可能改變，與美國的矛盾不可避免，可能將來必有一戰，所以應該利用目前的國際形勢努力建立以中國為中心的國際經貿體系，以便將來和美國秩序下的國際市場抗衡，甚至取而代之。這種觀點既錯讀了美國秩序，也錯估了中國的國內和國際實力。

美國秩序下的國際市場仍是自由競爭的市場，為 WTO 的每一個成員國都提供了平等競爭和發展的機會。德國、日本二戰後從美國的敵人發展到今天分別佔有世界 GDP 的 5% 和 6% 左右，而中國自改革開放以來，在全球 GDP 中的佔比從 1.75% 上升到今天的 15%，都是在美國秩序下才完成的。相反，美國在全球 GDP 中的佔比從二戰後的 50% 左右下降到了目前的 25%，卻仍在負擔國際市場安全運行的主要成本，應該說美國秩序總體上是比較厚道、公平、合理的。在 WTO 內部還沒有哪個主要經濟體真正願意離開。只要遵守規則，中國上升的空間仍然很大，美國的經濟也仍然是世界上最有活力的經濟，美國還沒有對自身競爭力失去信心。

要想成為世界秩序的競爭者，不但內部要強大，還要有一套讓國際社會大部分人接受的意識形態，以「中國故事」目前在全球主流文化的接受程度來看，中國暫時還不具備這種軟實力。

在政治上，今天的美國秩序下，每個國家依舊有很大的發展空間。美國秩序主要針對的是國際市場的規則和准入、退出，對於各國的政治其實沒有硬性的統治力。聯合國承接的是主權國家的平等關係。所以事實上，不同的政治制度是可以在美國秩序下各自發展的，當然前提是不能直接挑戰美國的地位。中國從很小的基數上升到全球 GDP 15% 的速度，本身就證明了這一點。持續增長的空間其實仍然很大。

不同的政治制度和 3.0 科技文明時代的經濟並沒有必然的綁定關係。因為在 3.0 文明時代，經濟發展的過程中，政治也在不斷變化。經濟起飛時，幾乎所有的國家都是相對集權的體制，即使是民主也是極少數人的共和式民主。比如英國工業革命早期是君主立憲制，在建立全球市場的過程中依靠的是殖民統治，可以說是一個很血腥的政治。美國在早期經濟起飛的時候，可以投票的人不到 10%，雖然不是殖民大國，卻是當時最大的實行奴隸制的國家。更不用說日本、德國等國家，還曾走過法西斯和對外侵略的道路。但隨着經濟發展，生活的不斷富足，西方主要國家慢慢走上了憲政、民主、人權、自由的道路。這種政治演進是 3.0 文明時代經濟發展的結果而非原因。正因如此，美國秩序對發展中國家的政治從來沒有統一的硬性約束，基本尊重每個國家自己的選擇，每個國家都有自己的主權，在聯合國都是平等的，政治上也沒有天然的對中國的歧視。如果中國能夠把握好這樣的機會，在不挑戰且尊重現有國際市場準則的前提下，經濟上進一步起飛的空間仍然非常大，並不一定要走向「修昔底德陷阱」。

在新型的大國關係中，要脫離「修昔底德陷阱」，需避免正面挑戰美國，尊重美國作為 3.0 文明時代國際秩序的主導者，遵守目前的國際規則。另外在國內經濟方面，要更加開放，讓經濟更加市場化、國際化，逐漸改革國企，從「管資產」到「管資本」，讓國企真正市場化，迅速擴大內需，讓中國市場為全球經濟帶來更多利益。同時在國際關係上，中國應該承擔更多維護國際市場的成本，與其佔全球 GDP 15% 的地位相稱，並盡量通過支持美國主導的國際組織，分擔應承受的成本。中國在 2008−2009 金融危機時期的表現堪稱這方面的典範。面對危機，中國在國內通過「四萬億」及一系列相關刺激政策，在當時貢獻了全球一半以上的經濟增長。同時在國際上，配合美聯儲貨幣政策，購買了數千億美元的美國國債，並和美國共同組建了 G20，通過全球主要國家間相互協調的貨幣財政政策，有效地抑制了金融危機的蔓延，避免了 30 年代大危機的再現。中國在這一過程中，表現出了經濟大國應有的國際擔當，廣受讚譽。

美國秩序本身也在一個演進的過程中。經濟上的秩序相對比較強，軍事上通過選擇性的軍事聯盟也形成比較強的秩序，如北大西洋公約組織，美日、美韓等軍事聯盟，在各地所建的軍事基地等。但在政治上主要依靠軟實力，聯合國尊重主權民族國家的平等關係，每一個國家都有自己的主權、自由、平等，即使在經濟上受制裁，但在政治上是獨立的、平等的。美國和它的盟國之間有點類似早期的鬆散邦聯體制，這些盟國包括歐洲、五眼國家、日本、韓國等。而歐洲內部的歐盟逐漸形成了一個比較成熟的邦聯體制。長遠來看，3.0 文明的鐵律是最大的市場最終會成為唯一的市場。即使是那些被排除在全球化的市場核心之外的國家或組織，例如伊朗、朝鮮、ISIS 等，雖然它們可以反對美國的價值觀，但還是不得不承認和接受美元的價值。在全球市場絕對統一的趨勢下，所有國家最終會在政治上越走越近，可以想像幾十年或幾百年後，不同國家在政治上的連接會越來越緊密。而現在人類面對的各種全球性挑戰，也會使這種趨勢越發有可能產生。

今天的全球性挑戰其實已經不只是關係到某些國家了，比如全球氣候變化，這個挑戰需要所有國家作出貢獻，尤其是那些經濟快速發展中的國家。中國在這些領域中，完全可以成為富有責任感的世界領袖，讓所有其他國家都心服口服。日益發展的高科技對於現有經濟秩序的挑戰，例如人工智能對就業的衝擊，基因編輯、生物技術和信息技術革命對人類的一系列挑戰等，在這些方面中國也可以提供有益的幫助。另外還有核武器威脅，大國競爭可能導致的核恐怖，這些是沒有人能承擔得起的風險。這幾個方面都給中國提供了在現有體系下可以發展的很多空間。

中國目前本身也存在一些問題，除了國際上的「修昔底德陷阱」，還有國內經濟的「中產階級陷阱」。解決國內的問題必須要靠經濟的持續發展。這些問題解決好了，就都是發展中的問題。如果解決得不好，問題的性質就會發生變化，讓中國在發展的陷阱裏打轉。中國要想發展，絕對離不開美國秩序下的全球國際市場。

今天我們生活在一個廣義上的美國秩序時代。這個時代目前還處在演進的過程中，尚未達到最終的形態。就中國和全球其他國家的現狀來說，社會政治組織的安排大多還處於 2.5 的階段（2.0 向 3.0 過渡的階段），經濟也是如此，處在一個逐漸演化的過程。從這個意義上來說，歷史並沒有終結。因為市場的高度統一，在這個市場中的國家、人民都應該形成某種社會政治組織上的互相協調，最終會以鬆散的邦聯、緊密的邦聯、還是聯邦的形式進行組織，我們很難預測。這些社會政治組織形態都是 2.0 文明時代的產物，它們在 3.0 文明時代是否還適用，我們不得而知。在這個目標下，每個國家的政治制度安排可以有很多彈性。

中國創造了農業文明時代政治權力安排最好的制度，在政治權力的分配上實現了最早的公平。所以在進入 3.0 文明時代的過程中，中國不應該丟掉這個政治傳統。而美國創造了 3.0 文明時代國際秩序上的高峰。中國應該能夠在自身經驗之上，汲取美國的有益經驗，同時在此基礎上，還要完成上文提到的三個主要目標：避免修昔底德陷阱，解決國內經濟中產階級陷阱和分擔更多維護國際市場成本，最終實現全面的現代化。

六、科技文明時代的東西方關係

東西方關係中，當然中美關係是基石，但並不是唯一。中國與其他發達國家的關係同樣重要，這在中美出現衝突的情況下尤為重要。

首先，3.0 文明時代東西方關係也如中美關係一樣，受到一些根本的剛性限制，任何一個政府、國家、領導人都不可能脫離開這些限制。

第一個限制是 3.0 文明鐵律，一旦形成了一個強大的國際市場之後，任何一個國家都無法離開。無論哪個國家，只要離開了全球的唯一市場就會落後，離開的時間越長，落後的速度就越快，到最後還是不得已會返回這個市場。

第二個限制是在核武器時代，各個大國都具備把其他大國徹底消滅很多次，甚至把地球上所有生物都消滅的核打擊能力，所以在這個時代，大國之間的關係就是共同毀滅原則（Mutually

Assured Destruction），亦稱 M.A.D 機制。在這種機制下，理性的大國之間不可能展開全面無底線的戰爭。

第三個限制是 3.0 文明時代，全人類面對的一些特殊挑戰只能依靠國際合作，尤其是大國之間的合作才能應對。比如因二氧化碳的溫室效應所引發的全球氣候變異，直接威脅到全體人類的生存狀態，沒有所有國家的共同應對，尤其是中國、美國的積極參與，基本不可能有效解決。對付那些有自殺傾向的極端恐怖分子，尤其是使用大規模殺傷性武器（核武、生化武器）的組織及個人，也是如此。另外，今天全球化的經濟需要全球化的協同管理，尤其是遇到像 2008－2009 年全球金融危機時，國際合作，尤其是經濟大國之間的合作，必不可少。從更長期看，解放 3.0 文明對石化燃料的完全依賴，為農業保留只有石化燃料才能提供的化肥，是人類長期生存的根本要求，也需要全體國家的共同努力。

由於這些剛性限制，大國之間不太可能發生全面、持久的戰爭；沒有國家願意離開國際市場，大國出於自身利益會努力保護現有國際市場體系；大國之間會在彼此及全體國家共同利益上深入合作。

然而，和平、合作並不等於沒有競爭。客觀來說，今天東西方關係仍然充滿了不確定性。不僅美國，整個西方對於中國的崛起仍抱有深深的不安，東西方仍抱有相互的不信任。在一定的條件下，這種不安、懷疑也有可能惡化為全面敵意、衝突、對抗。

中國由於在近百年的歷史中受制於西方，這種歷史造成的對西方的不信任是完全可以理解的。對西方人來說，讓東西方關係充滿了不確定性的原因有很多。表面上看，文化、心理都是其中的原因。中國與西方屬不同人種，有不同的文化歷史與風俗習慣。中國人口數倍於西方。這樣當中國經濟、國際地位影響相對上升，美國、西方地位相對下降時，西方產生的心理不安、拒絕是完全可以預料的。當中國經濟總量超過美國成為全球第一時，這種心理反應會更加強烈。在更深層次，西方的不安更多源於東西方政治制度、經濟制度、價值觀念上的不同。今天，中國政府在經濟上還發揮着相當大的作用，在某些領域，看得見的手還處在主導地位。在這種情況下，西方很容易從最壞的情況出發，把今天的中國和二戰之前的德國和日本自然地聯想到一起。兩種原因交織在一起加深了東西方的不信任。

從心理上，西方的這種恐懼是可以理解的。儘管如此，這種最壞的情況基本上不可能發生。因為人不可能兩次走入同一條河流，歷史是在變化的。今天我們已經知道德國和日本的結果，我們也已經知道 3.0 文明的鐵律，中國不可能離開全球國際市場。即使當年德國、日本戰勝了，也會和蘇聯一樣最終在經濟上失敗。況且，中國自己也走過閉關鎖國的道路，很明白這條路走不通，以中國人的聰明，斷不會走這條回頭路。更為重要的是，目前中國的經濟、政治制度是轉型期的制度。中國有可能在今後的幾十年上移中，實現全面的自由市場經濟，並發展出具有中國特色的、結合科舉制與憲政民主制的政治制度。當中國從經濟上、政治上、文化上完成這個現代化的過程以後，中國的很多實踐也會給西方社會提供很多非常有益的建議。

在這樣的背景下，不安、懷疑、誤解甚至敵意、衝突從歷史的長程看都是暫時的，如果東西方的領導能夠在中國向現代化的轉型過渡中，用理性、智慧處理東西方矛盾，用合作、共贏維繫東西方關係，今後幾十年改革成功後的東西方關係自然會更加接近，互信合作更加緊密。

從中國的角度看，今後幾十年，中國正處於全面實現現代化的最佳機遇期，爭取中國實現現代化的最佳國際環境，應該是中國當前及今後幾十年最大的國家利益。如果是這樣，中國的國際政策應致力於維護國際自由市場經濟秩序，維護世界和平，盡量避免與他國，尤其是經濟大國的直接衝突，積極參與應對人類共同挑戰的國際合作。在國際衝突中，無論有何收穫，相較於獲得實現現代化的最佳國際環境，都顯得微不足道。

實現中國的最大國家利益，中美關係最為重要。中美之間，不僅有共同的利益，面臨共同的挑戰，同時在經濟等多個領域有很強的互補性。在相當長的時間裏，因為科技是 3.0 經濟的第一推動力，美國在全球經濟中的領導地位不會發生變化。儘管中國可能在經濟總量上成為世界第一，但是在人均 GDP 和高科技的發展上，美國仍然領先。而中國的製造能力、市場縱深，都與美國互補。中美合作是維繫區域和平、推動全球經濟持續發展的基石。

儘管如此，中美關係完全有可能在短期甚至相當長的時間裏走向衝突、對抗，局部戰爭的危險也不是沒有。在這種情況下，中國維持好和其他主要發達國家的關係尤為重要。如果中國能夠繼續保持市場經濟、對外開放，履行國際義務，積極分擔諸如應對氣候變化、節能減排等國際責任，歐洲與日本就不太會在中美之間徹底選邊，這樣中國就不會在最新的科技發展前沿掉隊太多。即使在中美全面貿易封鎖的情況下，中美也會通過第三方國家繼續事實上的貿易。只要不發生徹底的閉關鎖國，或者像蘇聯一樣另行建立一個封閉的、沒有西方發達國家參與的小型國際市場，所有的爭端、衝突、對抗最終都可以和解。

在面對國際挑戰時，中國最重要的對策是堅持改革開放，堅持市場經濟，堅持不離開國際共同市場。

因為共同的利益，因為 3.0 文明的鐵律，因為人類面臨的共同挑戰，因為歷史提供的經驗教訓，使得東西方之間的不同、衝突、誤解更可能是局部性的、短暫的、可控的，不會是長期的。而東西方之間的信任、合作、共同利益、發展，會成為本世紀下面幾十年最大的主流。

人類未來的共同命運

無窮發展的科技和無窮增長的人的需求有機結合，是 3.0 文明最根本的動力。但是以今天的發展速度，再過幾百年，這些科技的發展又可能會把人類帶向一些始料未及的方向。

比如我們考慮人對於外貌的追求，對時尚的追求，這些追求已經讓整容手術發達到人們對外表有了越來越大的選擇權，將來科技的進一步發展，會讓人和人之間的區別變成一種個人喜好和選擇。比如説皮膚的顏色，有人喜歡白色皮膚，有人喜歡棕色皮膚，有人喜歡黑色皮膚，完全可以變成個人的選擇。外貌長相，甚至男女性別都可以自由選擇。由於科技的發展和市場的結合，只要有人的需求，這些都會發生。

人的其他文化方面的不同也會發生變化。文化是人在出走非洲之後，在過去六萬年裏分佈在全世界各個不同的地區，為適應當地的氣候條件，發展出來的獨特的信仰體系、生活方式的總和，文化區別了不同地區之間的人。但是這些區別會在今後成為個人的選擇、喜好。

語言未來也可以即時翻譯，讓世界各地的人可以用自己的語言，通過同聲翻譯技術彼此交流。不過從語言的開發角度來講，語言本身也有規模效應，英語已經成為全球最大的開放系統，就像當年微軟的視窗系統、今天的安卓，在英語共同平台上的應用是最多的，最有創造性的人都在使用。所以共同創造性的工作恐怕還是會使用同一種語言，但是學習會變得越來越容易，翻譯成其他語言也會越來越容易。食物也是一樣，生活習慣也會改變。比如很多亞洲人現在還是乳糖不耐受，但是這些很快就會被科技改變，任何人都可以去品嘗不同風味的食物。

舉這些具體例子就是為了說明，在過去幾萬年裏分割人的最根本的區別，將來都可能會變成個人的選擇，不再是歷史的傳承。這樣，基於民族、文化、宗教信仰的傳統國家基礎也會發生變化，很多原來存在的基礎就逐漸消失了。對於宗教來說，凡是特別具體的預測慢慢都會被科學證否，但是它的基本意義仍然存在。宗教最終要解決的主要是基本的世界觀問題：人從哪兒來，人的本性，人生存的意義，人死後的去向等。對這些，科學都會提供越來越好的解釋，甚至將來會替代宗教的解釋。但是宗教另一個功用是慰藉人的靈魂，安撫人的痛苦，給生活帶來意義，使人對未來充滿信心和希望。這一點無論是宗教，還是傳統藝術、哲學，都會慢慢越來越趨同：人類共同的體驗，對藝術、對信仰、對哲學、對愛與同情的體驗共性會越來越強。所有能存活下來的宗教的共性，就是人和人之間的同情，尤其是共情（Compassion）。以此為基礎就會形成普世性的宗教。而藝術也越來越會成為人類共同的精神源泉。

與此同時，3.0 文明的社會因為其鐵律，形成了全球唯一的共同市場，因此也需要面對管理全球共同經濟市場的挑戰。這樣在原來 2.0 時代發展出來的國家體系就變得不夠用了，原來的國家基礎也發生變化，所以在原有民族國家的基礎上，新的全球性政府管理體制不僅可能，而且很可能會成為一種必然。全球政府管理全球共同經濟市場，共同協調金融政策、財政政策。全球政府也更有能力應對全體人類共同面臨的挑戰，無論是核武、生化恐怖活動、全球氣候變異，還是石化資源的最終衰竭。氣候的變化越來越極端，人為影響的二氧化碳造成的溫室效應越來越明顯，這確實是對所有人類、全部國家、任何地區都造成的一個巨大的變化。在今後更長的時間裏，米蘭科維奇循環還存在，甚至因為人為的活動變得更劇烈。人類現在已經得到了過去 70 萬年的氣候記錄，也了解了氣候在很長的時間範圍內，變化可以異常巨大，只有全球政府才能應對。

另外一個長期性的挑戰是資源上的，工業革命從煤炭和蒸汽機的結合開始，後又出現了內燃機和石油的結合，接着又產生了石化燃料和電力的結合，在電力的基礎上發展出了今天整個文明的基礎。可以說我們整個的 3.0 文明是建立在石化燃料的利用上，3.0 科技之所以強大，也是因為石化資源比光合作用轉化的能源要高得多。石化資源最早也是通過光合作用形成的，但是它是作為有機物殘骸儲藏在地下，通過化學反應，經過幾百萬、甚至上億年的積累濃縮而成，所以石化燃料才有如此強大的單位能量密度。它是地球積攢了幾億年後留給人類的寶貴遺產。但是，這份遺產儘管豐厚仍是有限的。以我們現在如此浪費的使用方式一定有一天會用完。這個時間可能是幾百年，也可能是上千年，但一定是會用盡的。那麼未來的能源是甚麼？而且人類農業離不開以石化資源為基礎的化肥，那時人類如何解決食物問題？這是人類共同面臨的一個巨大的挑戰。

科技會讓人共同的認同感更加加深，讓人和人的區別，傳統民族國家之間的區別逐漸減少以至消失。而 3.0 文明的全球共同市場，會讓人的共同利益也加深，面對人類共同的挑戰也需要共同面對。這樣全球政府成為一種合理選擇。事實上，人類在歷史上已經在這方面有了很多有益的嘗試。比如中國在早期，經過對一百多個民族的征服、殖民、同化，最終形成了中華民族。比如說美國，作為一個多個民族、多種文化的大熔爐，在過去 200 年裏有了成功的實踐。又比如說歐盟，在經過幾百年的相互戰爭之後最終從共同市場向共同政府過渡。這些都是很成功的實踐。人類在二戰之後幾十年中發展出來的國際組織，無論是聯合國、世界銀行、國際貨幣基金組織、WTO、還是 G20，都是國家之間成功合作的典範。所以在未來的幾百年裏，全球政府也是一個可以預期的趨向。

從更長遠看，人類將面對的另外一個大挑戰是地球對人的承受極限。自從 50 年前發明了以硅材料為基礎的機器計算芯片之後，我們在硅芯片上實現的計算速度，每過 18 個月以雙倍的速度在增長。按照這個速度再過幾十年，硅材料的智能計算能力，就可以和人腦的計算能力相當，甚至趕超大腦。這樣人腦就可以和機械的大腦第一次兼容，或者人們可以把大腦裏面所有的存量、記憶、DNA 輸入到機器上，用這種形式延長大腦的壽命。當然，大腦不僅是一個以碳材料為基礎的有機超級計算機，還是一個有機信號傳輸中心，對此我們今天還所知甚少。但是我們今天在人的其他器官上已經做到了這點，而且將來還會越來越完善。比如仿生學可以通過血液承載的信號，讓義肢和自然肢體產生同樣的運動。科學研究出來的機器力量讓肌肉力量可以延伸出無窮大的倍數。如果機器腦和大腦的運算速度相當甚至於更快，如果我們對大腦的有機化學部分了解得更多，機器腦有可能成為大腦的延伸，修補、取代就變得非常可能，而且不會丟掉原來大腦的個性。也就是說機器腦可以替代以碳為基礎的大腦。硅和碳，無機物和有機物，最基本的不同就在於壽命，有機大腦壽命有限，無機硅大腦壽命要長得多。所以人的壽命也會發生一些變化，被賦予一些新的含義。如果人和機器合二為一，或者是人對其他器官的修補能力使人的壽命 —— 至少是某種意義上的生命幾乎可以無限期地延長，那麼人口總有一天會超過地球承受的能力。人類人口從十幾萬年前的 2 萬人，到現在的 70 億人，已經是一個巨大的變化。可以想像，在未來幾百年、幾千年裏，如果人的壽命可以無限增加，地球的承受能力一定會在某一時間達到飽和狀態，那時人就需要走出地球，在其他星球上尋求新的生存空間，就像 6 萬年前走出非洲一樣。

在過去 6 萬、7 萬年中，自走出非洲後，人類曾面對過無數的挑戰，也經歷過無數的變遷，不變的是人類應對挑戰的過程中所表現出的巨大創造力和進取心，這種強大的力量一直是支撐人類文明發展的最重要動力。不錯，人類身上當然有動物性，歷史確如莫里斯所言是由懶惰、貪婪、恐懼的人類，在尋找更安全、容易、有效的方法做事時創造的。所有的動物都是如此，但是我們所使用的工具非同凡響，和其他任何動物都不同。人類大腦裏所釋放出來的強大的創造力和進取心，由藝術所表達出來的非凡的精神力量，讓我們從最早的非洲祖先開始走出了一條漫長的道路，在十幾萬年時間裏徹底征服了地球，而且在不遠的將來，可能還會再次走出地球，走向茫茫的宇宙，重新尋找新的家園。未來仍然值得期待。

下篇

價值投資與理性思考

價值投資與中國

價值投資在中國的展望*

首先感謝光華管理學院，感謝姜國華教授和我們共同開設這樣一門以講授價值投資理念為主的課程。價值投資課在這個時候開我認為非常有意義。這樣的課程在國內據我所知是第一門也是唯一一門。這個課程在全球也不多，據我所知只有哥倫比亞大學有這樣一門課，大概在八九十年前由巴菲特的老師本傑明•格雷厄姆最早開設。喜馬拉雅資本很榮幸支持這一課程。

我今天在這裏主要想跟各位同學探討四個問題：

首先，選這門課的同學們估計將來很多人都會進入金融服務和資產管理行業，所以我想先談談這個行業的基本特點，以及這個行業對從業人員的道德底線要求；

第二，作為資產管理行業，我們需要知道，從長期來看，哪些金融資產可以讓財富持續、有效、安全、可靠地增長？

第三，有沒有辦法可以有效地、通過努力讓你成為優秀的投資人，真正地為客戶提供實在的服務，保護客戶的財產，讓他們的財富能夠持續地增加？甚麼是投資的大道、正道？

---

* 2015 年 10 月在北京大學光華管理學院的演講

第四，那些在成熟的發達國家裏已經被證明行之有效的金融資產投資方法對中國適不適合？中國是不是特殊？是不是另類？價值投資在中國是否適用？

這些都是我思考了幾十年的問題，今天在此跟大家交流討論。

一、資產管理行業的獨特性及其對從業人員的底線要求？

資產管理是一個服務性行業，它和其他服務業相比有甚麼特點？有哪些地方和其他的服務行業不一樣？我認為有兩點不一樣。

第一點，這個行業裏的用戶在絕大多數時間裏，不知道、無法判斷產品的好壞。這和其他幾乎所有的行業都不太一樣。比如一輛車，用戶就可以告訴你，這輛車是好，還是不好；去吃飯，吃完飯就會知道這個餐館的飯怎麼樣，服務如何；你去住一個酒店、買一件衣服……幾乎所有的行業，判定產品好壞很大程度上是通過客戶的使用體驗。但是絕大多數時候，資產管理行業的絕大部分消費者其實沒有辦法判斷某個產品到底好還是不好，也沒有辦法判斷得到的服務是優秀的還是劣質的。

不光是消費者、投資人，即使從業人員自己——包括今天在座有很多業界的頂級大佬——去判斷資產管理業另外一個產品、另外一個服務的質量水平也很難，這是金融行業尤其是資產管理行業，與其他幾乎所有服務性行業完全不同的地方。你給我一份業績，如果只有一年兩年的業績，我完全沒有辦法判斷這個基金經理到底是不是優秀。（即便給我）五年、十年的業績也沒法判斷。必須要看他投資的東西是甚麼，而且在相當長的時間以後才能做出判斷。正是因為沒有辦法判斷（產品和服務的優劣），所以絕大部分理論都和屁股決定腦袋有關。

另外一個最主要的特點是，這個行業總體來說報酬高於其他幾乎所有行業，也常常脫離對客戶財富增長的貢獻，實際上真正為客戶提供的服務非常有限，產品很多時候只是為從業人員自己提供了很高的回報。其定價結構基本上反映了這個行業從業人員的利益，幾乎很少反映客戶的利益。一般的行業總是希望能夠把自己的服務質量提高到很高的水平，讓消費者看得很清楚，並在這個基礎上不斷溢價。但是資產管理這個行業無論好還是不好，大家的收費方法都是一樣的，定價基本上是以淨資產的比例計算。不管你是不是真正為客戶賺到了錢，結果無論怎樣你都會收一筆錢。特別是私募，收費的比例更高，高到離譜。你賺錢時收錢，虧錢的時候也要收錢。雖然客戶可以去買被動型的指數基金，但即便你（基金經理）的業績比指數基金差很多，你一樣可以收很多的錢，這其實就很不合理。

大家想進入到這樣一個行業，我想一方面是對知識的挑戰，另一方面是因為這個行業的報酬。這個行業的報酬確實很高，但是這些從業人員是不是值那麼高的報酬是個很大的問題。

這兩個特點加在一起就造成了這個行業一些很明顯的弊病。例如，這個行業的從業人員參差不齊、魚目混珠、濫竽充數，行業標準混亂不清，到處充斥着似是而非的説法和誤導用戶的謬論。有些哪怕是從業人員自己也弄不清楚。

這些特點，對所有從事這個行業的人提出了一些最根本性的職業道德要求。

我今天先談這個問題，是因為很多在座的同學將來會成為這個行業的從業者，而這門課程的終極目標也是希望為中國的資產管理行業培養未來的領袖人才。因此，希望你們進入這個行業時首先謹記兩條牢不可破的道德底線：

第一，把對真知、智慧的追求當作是自己的道德責任，要有意識地杜絕一切屁股決定腦袋的理論。一旦進入職場你就會發現幾乎所有的理論都跟屁股和腦袋的關係緊密相連，如果你思考得不深，你很快就把自己的利益當作客戶的利益。這是人的本性，誰也阻擋不了。因為這個行業很複雜，這個行業裏似是而非的觀點很多，這個行業也不是一個精確的科學，而是包含好多判斷。所以我希望所有致力於進入這個行業的年輕人都能夠培養起這樣一個道德底線，就是把不斷地追求知識、追求真理、追求智慧作為自己的道德責任。作為一個行業的明白人，不會有意地去散佈那些對自己有利、而對客戶不利的理論，也不會被其他那些似是而非的理論所蠱惑。這點非常非常重要。

第二，要真正建立起受託人責任 (Fiduciary Duty) 的意識。甚麼是受託人責任？客戶給你的每一分錢，你都把它看作是自己的父母辛勤勞動、勤儉節省、積攢了一輩子、交到你手上去打理的錢。錢雖然不多，但是匯聚了這一家人一生的辛苦節儉所得。如果把客戶的每一分錢都當作自己的父母節儉一生省下來讓你打理的錢，你就開始能夠理解甚麼叫受託人責任。

受託人責任這個概念，我認為多多少少有些先天的基因在裏面。我所了解的人裏或者有這個基因，或者沒有這個基因。在座各位無論是從事這個行業還是將來要把自己的錢託付給這個行業，一定要看自己有沒有這種基因或者去尋找有這種基因的人來管你的錢。沒有這種基因的人，以後無論用甚麼方式，基本上都沒有辦法讓他有。如果你的錢交到這些人手裏，那真是巨大的悲劇。所以如果你想進入這個行業，最基本的，先考驗一下自己，到底有沒有這個基因？有沒有這種責任感？如果沒有的話，我勸大家一定不要進入這個行業。因為你進入這個行業一定會成為無數家庭財富的破壞者、終結者。2008 年、 2009 年的經濟危機很大意義上就是因為這樣一些不具備受託人責任的人長期的所謂成功的行為最後導致的，這樣的成功是對整個社會的破壞。

這是我給大家提的關於進入這個行業最基本的兩個道德底線。

二、作為資產管理行業，我們需要知道，從長期看，哪些金融資產可以讓財富持續、有效、安全可靠地增長？

下面我們來回答第二個問題，從長期看，哪些金融資產真正地能夠為客戶、為投資人實實在在地提供長期可靠的財富回報？

我們剛經歷了股災，很多人覺得現金是最可靠的，甚至很多人覺得黃金也是很可靠的。我們有沒有辦法衡量過去這些資產的長期表現到底是甚麼樣的？那麼長期指的是多長時間呢？在我看來就是越長越好。我們能夠找到的數據，時間越久越好，最好是長期、持續的數據。因為只有這樣的數據才能真正有說服力。在現代社會裏，西方發達地區是現代經濟最早的發源地，現代市場也成熟得最早。它的市場數據最大，它的經濟體也最大，所以最能說明問題。這裏我們選用美國的數據，因為它的時間比較長，可以把數據追溯到 200 年前。下面我們來看一下美國的表現。

賓州大學沃頓商學院的西格爾教授（Jeremy Siegel）在過去幾十年裏兢兢業業、認真地收集了美國在過去幾百年裏各個大類金融資產的表現，把它繪製成圖表，給了我們非常可靠的數據來檢驗。這些數據可以可靠地回溯到 1802 年，今天我們就來看一下，在過去 200 多年的時間裏，各類資產表現如何呢？（見圖 7）

第一大類資產是現金。最近股市的上下波動，讓中國很多老百姓更加意識到現金的重要性，可能很多人認為現金應該是最保值的。我們看一看在過去 200 年裏現金表現如何。如果 1802 年你有一塊美金，今天這 1 塊美金值多少錢？它的購買力是多少？從圖 7 可以看到，答案是 5 分錢。200 多年之後 1 塊錢現金丟掉了 95% 的價值、購買力！原因我們大家都可以猜到，這是因為通貨膨脹。

下面我們再來看一下其他類的金融資產。對傳統中國人來說，黃金、白銀、重金屬也是一個非常好的保值的方式。西方發達國

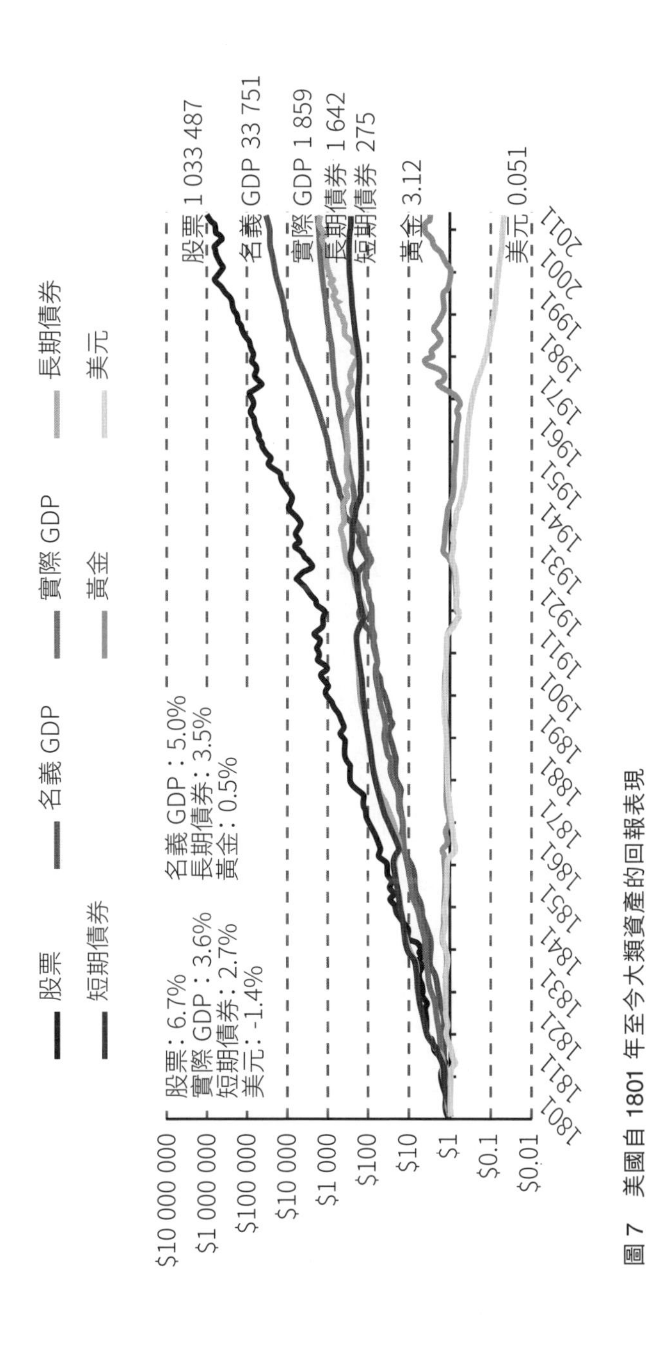

圖 7　美國自 1801 年至今大類資產的回報表現

來源：Siegel, Jeremy, *Future for Investors* (2005), Bureau of Economic Analysis, Measuring Worth.

家在相當長的一段時間裏一直實行金本位。黃金的價格確實增長了，但進入 20 世紀我們看到它的價格開始不斷在下降。我們來看一看黃金作為貴重金屬裏最重要的代表在過去 200 年的表現。在 200 年前用一塊美金購買的黃金，今天能有多少購買力？我們看到的結果是 3.12 美金。這顯然確實是保值了，但是如果說在 200 年裏升值了三四倍，這個結果也是很出乎大家預料的，並沒有取得太大增值。

我們再來看短期政府債券和長期債券，短期政府債券的利率相當於無風險利率，一直不太高，稍稍高過通貨膨脹。短期債券 200 年漲了 275 倍；長期債券的回報率比短期債券多一些，漲了 1600 多倍。

接下來再看一看股票。它是另外一個大類資產。可能很多人認為股票更加有風險，更加不能保值，尤其是在經歷了過去三個月股市上上下下的起伏之後，我們在短短的八個月裏面同時經歷了一輪大牛市和一輪大熊市，很多人對股票的風險有了更深的理解。股票在過去 200 年的表現如何？如果我們在 1802 年投資美國股市一塊錢，今天它的價格是多少呢？

我們現在看到的結果是，一塊錢股票，即使除掉通貨膨脹因素之後，在過去 200 年裏仍然升值了 100 萬倍，今天它的價值是 103 萬。它的零頭都大於其他大類資產。為甚麼會是這樣驚人的結果呢？這個結果實際上具體到每一年的增長，除去通貨膨脹的影響，年化回報率只有 6.7%。這就是複利的力量。愛因斯坦把複利稱之為世界第八大奇跡是有道理的。

上面這些數字給我們提出了一個問題，為甚麼現金被大家認為最保險，反而在 200 年裏面丟失了 95% 的價值，而被大家認為風險最大的資產 —— 股票則增加了將近 100 萬倍？100 萬倍是指扣除通貨膨脹之後的增值。為甚麼現金和股票的回報表現在 200 年裏面出現了這麼巨大的差距？這是我們所有從事資產管理行業的人都必須認真思考的問題。

造成這個現象有兩個原因：

一個原因是通貨膨脹。通貨膨脹在美國過去 200 年裏，平均年化是 1.4% 左右。如果通貨膨脹每年以 1.4% 的速度增長的話，你的購買力實際是每年在以 1.4% 的速度在降低。這個 1.4% 經過 200 年之後，就讓一塊錢變成了五分錢，丟失了 95%，現金的價值幾乎消失了。所以從純粹的數學角度，我們可以很好地理解。

另外一個原因，就是經濟的增長。GDP 在過去 200 年裏大約增長了 33,000 多倍，年化大約 3% 多一點。如果我們能夠理解經濟的增長，我們就可以理解其他的現象。股票實際上是代表市場裏一定規模以上的公司，GDP 的增長很大意義上是由這些公司財務報表上銷售額的增長來決定的。一般來說公司裏有一些成本，但是屬於相對固定的成本，不像銷售額增長這麼大。於是淨利潤的增長就會超過銷售額的增長。當銷售額以 4%、5% 的名義速度在增長時，淨利潤就會以差不多 6%、7% 的速度增長，公司本身創造現金的價值也就會以同樣的速度增長。我們看到實際結果正是這樣。股票的價值核心是利潤本身的增長反映到今天的價值。過去 200 年股票的平均市盈率在 15 倍左右，那麼倒過來每股現金的收益就是 15 的倒數，差不多是 6.7% 左右，體現了利潤率對於市值估值的反映。因此股票價格也以 6%、7% 左右的速度增長，最後的結果是差不多 200 年裏增長了 100 萬倍。所以從數學上我們就會明白，為甚麼當 GDP 出現長期的持續增長的時候，幾乎所有股票加在一起的總指數會以這樣的速度來增長。

這是第一層次的結論：通貨膨脹和 GDP 的增長是解釋現金和股票表現差異的最根本原因。

下面一個更重要的問題是，為甚麼在美國經濟裏出現了 200 年這樣長時間的、持續的、複利性的 GDP 增長，同時通貨膨脹率也一直都存在？為甚麼經濟幾乎每年都在增長？有一些年份會有一些衰退，而有一些年份增長會多一些。但在過去 200 年裏，我們會看到經濟是在不斷向上的。如果我們以年為單位，GDP 幾乎就是每年都在增長，真正是長期、累進、複利性的增長。如何來解釋這個現象呢？這個情況在過去 200 年是美國獨有的？還是在歷史上一直是這樣？顯然在中國有記載的過去三、五千年的歷史中，這個情況從來沒有發生過。這確實是一個現代現象，甚至對中國來說一直到三十年以前也沒有發生過。

那麼我們有沒有辦法去計量人類在過去幾千年中 GDP 增長基本的形態是甚麼樣的？有沒有持續增長的現象？

要回答這個問題，我們需要另外一張圖表。我們需要弄明白在人類歷史上，在文明出現以後，整體的 GDP、整體的消費、生產水平呈現出一個甚麼樣的變化狀態？如果我們把時間跨度加大，比如回歸到採集狩獵時代、農耕時代、農業文明時代，這個時候人類整體的 GDP 增長是多少呢？這是一個十分有趣的問題。我手邊正好有一張這樣的圖表。這是由斯坦福大學一位全才教授莫里斯（Ian Morris）帶領一個團隊在過去十幾年裏，通過現代科技的手段，對人類過去上萬年歷史裏攫取和使用的能量進行了基本的計量做出來的。過去二三十年各項科技的發展，使得這項工作成為可能。在人類絕大部分的歷史裏面，基本的經濟活動仍然是攫取能量和使用能量。它的基本計量和我們今天講的 GDP 關聯度非常高。那麼，在過去 16000 年裏，人類社會的基本 GDP 增長情況怎麼樣？

圖 8 代表了斯坦福團隊的學術成果，最主要的一個比較就是東方文明和西方文明。

從圖 8 我們可以看到在過去一萬多年裏整個文明社會的經濟表現：灰線代表西方社會，最早是從兩河流域一直到希臘、羅馬，最後到西歐、美國等等；黑線代表東方文明，最早是在印度河流域、中國的黃河流域，後來進入到長江流域，再後來進入到韓國、日本等等。左邊是 16000 年以前，右邊是現代。從這兩個社會過去 16000 年的比較看，如果不採取數學手段，曲線基本一直是平的。東方社會和西方社會有一些細小的差別，如果做一下數學處理，會

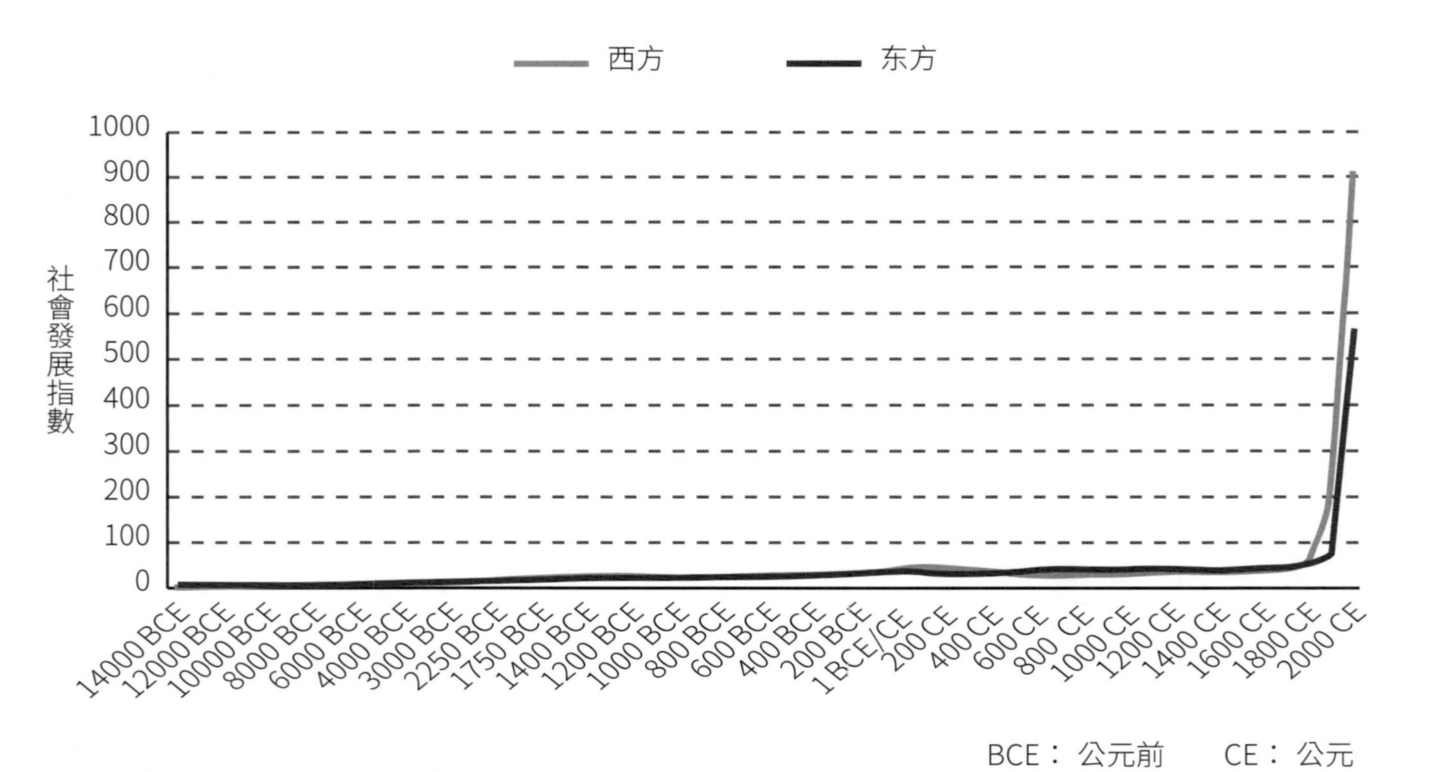

圖 8　人類文明在過去一萬多年的經濟表現

來源：Ian Morris, *Social Development*, 2010.

看到更細小的區別，但是總的來説在過去的一萬多年裏面，增長幾乎是平的。在 16000 年這段相當長的時間裏，在農業文明裏，人類社會的發展不是説沒有，但是非常緩慢，而且經常呈現出波浪式的發展，有時候會進入到高峰，但總有一個玻璃頂突破不了。於是它衝頂之後就會滑落，我們大概看到了三四次這樣的衝頂，然後一直在一個比較窄的波段裏面上下浮動。但是到了近代以後，我們看到在過去的 300 年間，突然之間人類文明呈現出一個完全不同的狀態，出現一個巨幅的增長，大家可以看到這幾乎就是一個冰球棍一樣，1 塊錢變成 100 萬這樣的一個增長。

如果我們截取圖 8 其中一段再放大，把這二三百年的時間拉得更長一點，你就會發現這個圖其實和圖 7 非常地相像（見圖 9）。

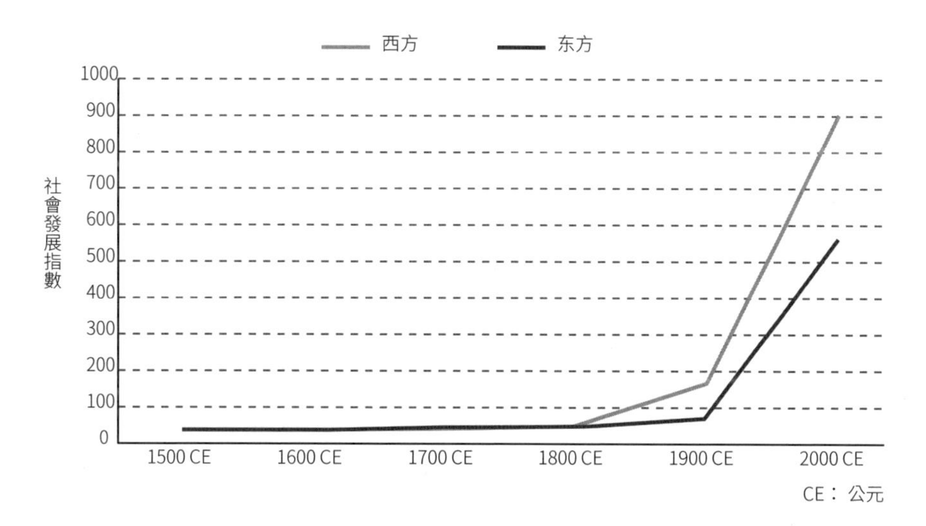

圖 9　人類文明在過去五百多年的經濟表現

來源：Ian Morris, *Social Development*, 2010.

200 年裏的 GDP 和 200 年裏的股票表現也非常非常地相像。如果你再把它縮短，最後的結果是，你會發現它幾乎是直上。這個從數學上講，當然是複利的魔力。但是也就是說，這種一個經濟能夠長期持續以複利的方式來增長的現象，在人類 16000 年的記載裏從來沒有發生過，是非常現代的現象。

在相當長的一段歷史裏，人類的 GDP 一直是平的。中國的 GDP 尤其如此。從過去 500 年的圖中可以看得更清楚，在分界點上，西方突然在這時候起來了，而東方比它晚了差不多一百年。這一百年東方的崛起主要是以日本為代表。

要想理解股票在過去 200 年的表現以及今後二十年的表現，必須看懂並能夠解釋這條線 —— 過去人類文明的基本圖譜。不理解這個，很難在每次股災的時候保持理性。每次到 2008 、 2009 年這樣的危機的時候都會覺得世界末日到了。投資最核心的是對未來的預測，正如一句著名的笑話所言，「預測很難，尤其是關於未來」。為甚麼（人類文明在過去 200 年的經濟表現）會是這樣？不理解這個問題的確很難做預測。關於這個問題，我思考了差不多三十多年。我把我長期的思考整理成了一個長篇的論文（即本書上篇），大家如果對這個問題有興趣可以參考。

我把人類文明分斷成三大部分。第一部分是最早的狩獵時代，始於 15 萬年以前真正意義上的人類出現以後，我叫它 1.0 文明。人類文明在相當長的時間裏基本和其他的動物差別不是太大，其巨大的變化發生在公元前 9000 年左右，農業和畜牧業最早在兩河流域出現的時候，同樣的變化在五六千年前從中國的黃河流域開始出現，帶來人類文明第二次偉大的躍升。這時，我們創造 GDP 的能力已經相當強，相對於狩獵時代，我叫它 2.0 文明，也就是農業和畜牧業文明。這個文明狀態持續了幾千年，一直到 1750 年左右，其 GDP 曲線基本相對來説是平的。在此之後突然之間出現了 GDP 以穩定的速度每年都在增長的情況，以至於到今天我們認為 GDP 不增長是件很反常的事，甚至於中國目前 GDP 的增長從 10% 跌到 7% 也成為一件大事。GDP 的持續增長是一個非常現代的現象，可是也已經在每個人的心裏根深蒂固。要理解這個現象，也就是現代化，我就姑且把它稱之為 3.0 文明。

這樣的劃分，能夠讓我們更加清楚地理解 3.0 文明的本質是甚麼。整個經濟出現了持續性的、累進性的、長期複利性的增長和發展，這是 3.0 文明最大的特點。出現了現代金融產品的可投資價值，這時才有可能討論資產配置、股票和現金。沒有這個前提的時候，這些討論都沒有意義。因此要想了解投資、了解財富增長，一定要明白財富創造的根源在哪裏。最主要的根源就是人類文明在過去 200 年裏 GDP 持續累進性的增長。那麼 3.0 文明的本質是甚麼呢？就是在這個時期，由於種種的原因，出現了現代科技和自由市場經濟，這兩者的結合形成了我們看到的 3.0 文明。

在本書上篇中，我詳細地講述了人類文明在過去一萬多年裏演化的過程，並用兩個公式來理解自由市場經濟，1+1>2 和 1+1>4。到了近代，文明演化最根本的變化是出現了自由交換。

在亞當•斯密和李嘉圖的分析下，經濟上的自由交換實際上就是1+1>2。當社會進行分工的時候，兩個人、兩個經濟個體進行自由交換創造出來的價值比原來各自所能夠創造的價值要多很多，出現了附加價值。於是參加交換的人越多，創造的附加價值就越高。這種交換在農業時代也有，但是現代科技出現以後，這種自由交換加倍地產生了更多的附加價值。原因就是知識也在互相地交換，不僅僅是產品、商品和服務。知識在交換裏產生的價值更多。按照我的講法，這就是1+1>4，指兩個人在互相討論的時候，不僅彼此獲得了對方的思想，保留自己的思想，還會碰撞出一些新的火花。知識的自由分享，不需要交換，不需要大米換奶牛，結合在一起就開始出現了複利式巨大的交換增量的增長。每次交換都產生這麼大的增量，社會才會迅速創造出巨大的財富來。

那麼當這樣一個持續的、個體之間的交換可以放大幾十億倍的時候，就形成了現代的自由市場經濟，也就是3.0文明。只有在這樣一個交換的背景下，才會出現經濟整體不斷地、持續地增長。這樣的經濟制度才能夠把人的活力、真正的動力全部發揮出來。這在人類制度的創造歷史上，大概是最偉大的制度創造。只有在這種制度出現了之後，才出現了我們講的這種獨特的現象，即經濟的持續發展。對這個問題有興趣的同學可以去參考我的論文，今天在這我就不多講了。我想說明的是：經濟持續的增長的表現方式就是持續的GDP增長。

通貨膨脹實際上就是一個貨幣現象，當貨幣發行總量超過經濟體中商品和服務的總量的時候，價格就會往上增長。為甚麼增長呢？當然因為經濟不斷增長，就需要不斷地投資。在現代經濟裏，這要通過銀行來實施。銀行要想收集社會上的閒散資金，需要付出儲蓄利率。這個儲蓄利率必須是正的，使得它的放貸利率也必須是正數。這樣整個經濟裏的錢要想去增長，就要提前增量；要想實現實體經濟增長，就要提前投資。這個時間差，就使得通貨膨脹成為一個幾乎和 GDP 持續增長伴生的現象。你首先要投資，這些投資變成存貨、半成品，然後再變成成品。在這個過程中，你需要先把錢放進去。所以你先放的這筆錢，實際上已經超過了當時這個經濟裏貨物、服務的總量。於是這個時間差就造成了通貨膨脹和 GDP 持續增長伴生的現象。這兩個現象從數學上就直接解釋了為甚麼現金和股票在長期裏產生了這樣巨大的差別。你要明白其然，就要明白其所以然。要明白為甚麼是這個樣子。

三、甚麼是投資的大道？怎樣成為優秀的投資人？

如果是這樣的話，對個人投資者來說，比較好的辦法是去投資股票，盡量避免現金。但這裏面很大的一個問題就是，股票市場一直在上下波動，而且在短期我們需要資產的時候，它變化的量通常很大，時間也通常會很長。

表 1　1802 年至 2012 年期間美國股市不同時段的回報率

		真實回報率
長週期	1802–2012	6.6%
重要時段	I 1802–1870	6.7%
	II 1871–1925	6.6%
	III 1926–2012	6.4%
戰後	1946–2012	6.4%
	1946–1965	10.0%
	1966–1981	–0.4%
	1982–1999	13.6%
	2000–2012	–0.1

從表 1 我們可以看到，美國股市過去 200 年平均回報率差不多是 6.6%，每六十幾年的回報率也差不多是這個數字，相對來說，比較穩定。可是當我們把時間放得更短一些的時候，你就會發現它的表現很不一樣。例如戰後從 1946 年到 1965 年，美國股市的平均回報率是 10%，比長期回報率要高很多。可是在接下來的 15 年裏，1966–1981 年，不僅沒有增長，而且連續 15 年價值都在跌。在接下來的 16 年裏，1982–1999 年，又以更高的速度，13.6% 的速度在增長。可是接下來的 13 年，又開始進入一個持續的下跌的過程。整個 13 年的時間裏，價值是在下跌的。所以才有凱恩斯著名的一句話：「長期來看，我們都死了（In the long run we are all

dead）。」畢竟每一個人投資的時間是有限的。絕大部分投資人有公開記錄的時間也就是十幾、二十年。可是如果趕上 1981 年，或者 2001 、 2002 年，十幾年的收入都是負的。所以作為投資人，如果看股票這樣長期的表現，那投資股指就可以了。可具體到對個人有意義的時間段，會發現可能連續十幾年的時間裏面股票回報都是負數。而在其他時間段裏你會覺得自己是天才，甚麼都沒做每年就有 14% 的回報。如果你不知道這個回報是怎麼取得的，就無法判斷你的投資是靠運氣還是靠能力。

假設我們投資的時間週期就只是十幾年，在這十幾年裏你真的很難保證你的投資一定會得到可觀的回報。這是一個問題。同時股市的波動在不同的時間裏也非常強烈。所以，我們下面的問題就是，有沒有一種比投資指數更好的方法，更能可靠地在不同的年份裏面，在我們大家需要錢的年份裏面，仍然能以超越指數的回報的方法可靠地保障客戶的財產？能夠讓客戶財產仍然參與到經濟複利增長裏，獲得長期、可靠、優秀的回報？有沒有這樣一種投資方法，不是旁門左道，可以不斷被重複、學習，可以長期給我們帶來這樣的結果？這是我們下面要回答的問題。

在過去這幾十年裏，在我所了解的範圍內，投資領域各種各樣的做法都有。就我能夠觀察到的，能夠用數據統計來說話的，真正能夠在長時間裏面可靠、安全地給投資者帶來優秀長期回報的投資理念、投資方法、投資人羣只有一個，就是價值投資。如果我必須要用長期的業績來說明，我發現真正能夠有長期業績的人少之又少。而所有真正獲得長期業績的人幾乎都是這樣的投資人。

今天市場上最大的對沖基金主要做的是債券，有十幾年很好的收益。可是在過去十幾年裏面無風險長期債券回報率從6%、7%、8%到幾乎是零，如果配備二到三倍的槓桿就是10%，如果配備五到六倍的槓桿差不多13%左右，這樣的業績表現是因為運氣還是能力很難判定，哪怕有十幾年的業績。而能夠獲得長期業績的價值投資人幾乎在各個時代都有。在當代，巴菲特的業績是五十七年，其他還有一些大概在二三十年左右。這些人清一色都是價值投資者。

我如果是各位，一定要弄清楚甚麼是價值投資，了解他們怎麼取得這些成績。多年前，我聽的第一門關於投資的課就是巴菲特的課，那時候聽課的人和今天這裏一樣少，巴菲特第一次到哥大演講，我那天誤打誤撞坐在那兒。我想弄清楚價值投資到底是甚麼東西，為甚麼這麼多人能夠在這麼艱苦的環境裏面取得這麼優異的成績，而且是持續的。

那麼甚麼是價值投資呢？價值投資最早是由本傑明•格雷厄姆在八九十年前最先形成的一套體系。在價值投資中，今天重要的領軍人物、代表人物當然就是我們熟知的巴菲特先生了。但是它包含哪些理念呢？其實很簡單。價值投資的理念只有四個。大家記住，只有四個。前三個都是巴菲特的老師本傑明•格雷厄姆的概念，最後一個是巴菲特自己的獨特貢獻。

第一，股票不僅僅是可以買賣的證券，實際上代表的是對公司所有權的證書，是對公司的部分所有權。這是第一個重要的概念。這個概念為甚麼重要呢？投資股票實際上是投資一個公司，公司隨着 GDP 的增長，在市場經濟持續增長的時候，價值本身會被不斷地創造。那麼在創造價值的過程中，作為部分所有者，我們持有部分的價值也會隨着公司價值的增長而增長。如果我們以股東形式投資，支持了這個公司，那麼我們在公司價值增長的過程中分得我們應得的利益，這條道是可持續的。甚麼叫正道，甚麼叫邪道？正道就是你得到的東西是你應得的，所以這樣的投資是一條大道，是一條正道。可願意這樣理解股票的人少之又少。

第二，理解市場是甚麼。股票一方面是部分所有權，另一方面它確確實實也是一個可以交換的證券，可以隨時買賣。這個市場裏永遠都有人在叫價。那麼怎麼來理解這個現象呢？在價值投資人看來，市場的存在只是為你而服務的。能夠給你提供機會，讓你去購買所有權，也會給你個機會，在你很多年之後需要錢的時候，能夠把它出讓，變成現金。所以市場的存在是為你而服務的。這個市場從來都不能告訴你，真正的價值是甚麼。它只能告訴你的只是價格是甚麼，你不能把市場當作你的老師，你只能把它當作一個可以利用的工具。這是第二個非常重要的觀念。但這個觀念又和幾乎百分之九十五以上市場參與者的理解正好相反。

第三，投資的本質是對未來進行預測，而預測得到的結果不可能百分之百準確，只能是從零到接近一百。那麼當我們做判斷的時候，就必須要預留很大的空間，叫安全邊際。因為你沒有辦法分辨，所以無論你多有把握的事情都要牢記安全邊際，你的買入價格一定要大大低於公司的內在價值。這個概念是價值投資裏第三個最重要的觀念。因為有第一個概念，股票實際上是公司的一部分，公司本身是有價值的，有內在的價值，而市場本身的存在是為你來服務的，所以你可以等着當市場價格遠遠低於內在價值的時候再去購買。當這個價格遠遠超出它的價值時就可以賣出。這樣一來如果對未來的預測是錯誤的，我至少不會虧很多錢；常常即使你的預測是正確的，比如說你有 80%、90% 的把握，但因為不可能達到 100%，當那 10%、20% 的可能性出現的時候，這個結果仍然對你的內生價值是不利的，但這時如果你有足夠的安全邊際，就不會損失太多。假如你的預測是正確的，你的回報就會比別人高很多很多。你每次投資的時候都要求一個巨大的安全邊際，這是投資的一種技能。

第四，巴菲特經過自己 50 年的實踐增加了一個概念：投資人可以通過長期不懈的努力，真正建立起自己的能力圈，能夠對某些公司、某些行業獲得比幾乎所有人更深的理解，而且能夠對公司未來長期的表現，做出比所有其他人更準確的判斷。在這個圈子裏面就是自己的獨特能力。

能力圈概念最重要的就是邊界。沒有邊界的能力就不是真的能力。如果你有一個觀點，你必須要能夠告訴我這個觀點不成立的條件，這時它才是一個真正的觀點。如果直接告訴我就是這麼一個結論，那麼這個結論一定是錯誤的，一定經不起考驗。能力圈這個概念為甚麼很重要？是因為「市場先生」。市場存在的目的是甚麼？對於市場參與者而言，市場存在的目的就是發現人性的弱點。你自己有哪些地方沒有真正弄明白，你身上有甚麼樣的心理、生理弱點，一定會在市場的某一種狀態下暴露。所有在座曾經在市場裏打過滾的一定知道我說這句話的含義。市場本身是所有人的組合，如果你不明白自己在做甚麼，這個市場一定會在某一個時刻把你打倒。這就是為甚麼市場裏面聽到的故事都是大家賺錢的故事，最後的結果其實大家都虧掉了。人們總能聽到不同新人的故事，是因為老人都不存在了。這個市場本身能夠發現你的邏輯，發現你身上幾乎所有的問題，你只要不在能力圈裏面，只要你的能力圈是沒有邊界的能力圈，只要你不知道自己的邊界，市場一定在某一個時刻某一種形態下發現你，而且你一定會被它整得很慘。

只有在這個意義上投資才真正是有風險的，這個風險不是股票價格的上上下下，而是資本永久性地丟失，這才是真正的風險。這個風險是否存在，就取決於你有沒有這個能力圈。而且這個能力圈一定要非常狹小，你要把它的邊界，每一塊邊界，都定義得清清楚楚，只有在這個狹小的邊界裏面才有可能通過持續長期的努力建立起真正對未來的預測。這是巴菲特本人提出的概念。

本傑明教授的投資方法找到的都是沒有長期價值、也不怎麼增長的公司。而能力圈的這個概念是巴菲特本人通過實踐提出的。如果真的接受這四個基本理念，你就可以以足夠低的價格買入自己能力圈範圍內的公司並長期持有，通過公司本身內在價值的增長以及價格對價值的回歸取得長期、良好、可靠的回報。

這四個方面合起來就構成了價值投資全部的含義、最根本的理念。價值投資的理念，不僅講起來很簡單、很清晰，而且是一條大道、正道。正道就是可持續的東西。甚麼東西可持續？可持續的東西都具有一個共同的特點，就是你得到的東西在所有其他人看來，都是你應得的東西，這就可持續了。如果當你把自己賺錢的方法毫無保留地公佈於眾時，大家都覺得你是一個騙子，那這個方法肯定不可持續。如果把賺錢的方法一點一滴毫無保留告訴所有的人，大家都覺得你這個賺錢的方法真對，真好，我佩服，這就是可持續的。這就叫大道，這就叫正道。

為甚麼價值投資本身是一條正道、大道？因為它告訴你投資股票，其實是在投資公司的所有權。投資首先幫助公司的市值更接近真實的內在價值，對公司是有幫助的。你不僅幫助公司不斷地增長自己的內在價值，而且，隨着公司在 3.0 文明裏不斷增長，因為增長造成的公司內生價值的不斷增長，你分得了公司價值的部分增長，同時為客戶提供持續、可靠、安全的回報，你對客戶提供的也是長期的東西。最後的結果幫助了經濟，幫助了公司，幫助了個人，也在這個過程裏面幫助了自己，這樣你得到的回報是你應得的，大家也覺得你得到的是你應得的。所以這是一條大道。你不被市場的上上下下所左右，你能夠清晰地判斷公司的內生價值是甚麼，同時你對未來又懷有敬意，你知道未來預測也很不確定，所以你以足夠的安全邊際的方式來適當地分散風險。這樣一來，你在犯錯的時候不會損失很多，在正確的時候會得到更多。這樣的話，你就可以持續不斷地、穩定地讓你的投資組合長期實現高於市場指數的、更安全的回報。

如果你是一個甚麼都沒有的人，你首先抽 2% 傭金，贏的時候再拿 20%，如果輸的話把公司關掉，明年再開一個公司，當你把這一套作為跟大家講的時候，大家會覺得你得到的東西是應得的嗎？還是覺得監牢是你應得的呢？但你如果堅持了巴菲特的方法，在價格上預留很多安全邊際，加上適當的風險分散，幫助所有的人共贏，在所有人共贏的情況下你能夠收取一部分小小的費用，大家就覺得你得到的東西真是你應得的，這就走到了投資的大道、投資的正道上。

這就是價值投資全部的理念。聽起來非常地簡單，也非常合乎邏輯。可是現實的情況是甚麼樣的？在真正投資過程中，這樣的投資人在整個市場裏所佔的比例少之又少，非常少。幾乎所有跟投資有關的理論都有一大堆人在跟隨，但是真正的價值投資者卻寥寥無幾。於是投資的特點就是，大部分人不知道你做的是甚麼，投資的結果變成財富殺手。我們剛剛經過的這次股災牛熊轉換就是一個最好的例證。

而投資的大道上卻根本沒人，交通一點都不堵塞，冷冷清清。人都去哪了呢？旁門左道上車水馬龍！也就是說，絕大多數人走的是小道。為甚麼走小道呢？因為康莊大道非常慢。聽起來能走到頭，但實際上很慢。價值投資從理論上看起來確實是一條一定能夠通向成功的道路，但是這個道路最大的問題是太長。也許你買的時候正好市場對公司內生價值完全不看好，給的價格完全低於所謂的內生價值，但你也不知道甚麼時候市場能變得更加理性。而且公司本身的價值增長要靠很多很多方面，需要公司管理層上下不斷地努力工作。我們在生活裏也知道，一個公司的成功需要很多人，很多時間，需要不懈的努力，還需要一些運氣。所以這個過程是一個很艱難的過程。

另外一個很難的地方是你對未來的判斷也很難。投資的本事是對未來進行預測，真正要理解一個公司、一個行業，要能夠去判斷它未來五年、十年的情況。在座哪一位可以告訴我某一個公司未來五年的情況你可以判斷出來？這不是一件很容易的事情。我們在決定投資之前至少要知道十年以後這個公司大概會是甚麼樣，低迷時甚麼樣，否則怎麼判斷這個公司的價值不低於這個範圍？要知道這個公司未來每年產生的現金流反映到今天是多少，我們得知道未來十幾年、二十幾年這個公司大致的現金流。作為公司創始人，明年甚麼樣知道嗎？你說知道，這是跟客戶、跟投資人講。有的時候跟你們的員工這麼講，我們公司要做世界 500 強。其實你並不一定真的能夠去預測十年以上公司的發展。能夠這樣預測的人少之又少。不確定因素太多，絕大部分行業、公司沒有辦法去預測那麼長。但是不是完全沒有？也不是。其實你真正努力之後會發現在某一些公司裏，在某一些行業裏，你可以看得很清楚，十年以後這個公司最差差成甚麼樣子？有可能比這好很多。

但這需要很多年不懈的努力，需要很多年刻苦的學習，才能達到這樣的境界。

當你能夠做出這個判斷的時候，你就開始建立自己的能力圈了。這個圈開始的時候一定非常狹小，而建立這個圈子的時間很長很長。這就是為甚麼價值投資本身是一條漫漫長途，雖然肯定能走到頭，但是絕大部分人不願意走。它確實要花很多很多時間，即便花很多時間，了解的仍然很少。

你不會去財經頻道上張口評價所有的公司，馬上告訴別人股票價格應該是甚麼樣。你如果是真正的價值投資人絕對不敢這麼講；你也不敢隨便講 5,000 點太低了，大牛市馬上要開始了，至少 4,000 點應該抄底；不能講這些，不敢做這些預測。如果你是一個真正的投資人，顯然我們剛才説的這幾條都在能力圈範圍外，怎麼畫這個大圈也包括不了這個問題。凡是把圈畫得超過自己能力的人，最終一定會在某一個市場環境下把他自己徹底毀掉。市場本身就是發現你身上弱點的一個機制。你身上但凡有一點點不明白的地方，一定會在某一個狀態下被無限放大，以至於把你徹底毀了。

做這個行業最根本的要求，是一定要在知識上做徹徹底底、百分之百誠實的人。千萬不能騙自己，因為自己其實最好騙，尤其在這個行業裏。只要屁股坐在這兒，你就可以告訴別人假話，假話説多了連你自己都信了。但是這樣的人永遠不可能成為優秀的投資人，一定在某種市場狀態下徹底被毀掉。這就是為甚麼我們行業裏面幾乎產生不了很多長期的優秀投資人。我們今天談論的一些所謂明星投資人，有連續十幾年 20% 的年回報率，可是最後一年關門的時候一下子跌了百分之幾十。他在最早創建基業的時候，基金規模很小，丟錢的時候基金的規模已經很大，最終為投資者虧損的錢可能遠遠大於為投資者賺的錢。但是他自己賺的錢很多。如果從開頭到結尾結算一下，他一分錢都不應該賺。這就是我前面說的這個行業最大的特點。

所以雖然這條路看起來是一條康莊大道，但實際上它距離成功非常遙遠。很多人被這嚇壞了。同時因為這個市場總是讓你感覺到短期可以獲利——你短期的資產確確實實可以有巨大的變化，所以這會給你幻覺，讓你想像在短期裏可以獲得巨大利益。這樣你會更傾向於希望把你的時間、精力、聰明才智放在短期的市場預測上。這就是為甚麼大家願意去抄近道，不願意走大道。而實際上幾乎所有的近道都變成了旁門左道。因為幾乎所有以短期交易為目的的投資行為，如果時間足夠長的話，最終要麼就走入了死胡同，要麼就進入了沼澤地。不僅把客戶的錢損失殆盡，而且連帶着把自己的錢也損失了。所以我們看到長期來說，至少在美國的交易記錄，幾乎所有以短期交易為目的的各種各樣的形形色色的所謂的戰略、策略，幾乎沒有長期成功的記錄。而那些真正長期的、優秀的投資記錄中，幾乎人人都是價值投資者。

短期的投資業績常常受到整個市場運氣的影響，和你個人能力無關。比如說給一個很短的時間，不要說一兩年，在任何時候，一兩個禮拜，都會出現一些股神。在中國過去 8 個月裏，都不知道出現了多少股神了。好多股神卻最後跳樓了。在短期永遠都可以有贏家輸家，但是長期的贏家就很少了。所以哪怕是一年兩年，甚至於三年五年，甚至於五年十年，很好的業績常常也不能夠去判定他未來的業績如何。例如有人會告訴我他業績很好，就算是五年、十年，如果我看不到他實際的投資結果，我仍然沒有辦法判斷他的成功是因為運氣還是能力。這是判斷價值投資的一個核心問題，是運氣還是能力。

市場可以連續 15 年達到 14% 的平均累計回報。這時你根本不需要做一個天才，只要你在這個市場裏，你的業績就會非常好；可是也會有時候在市場裏連續十幾年，回報是負的，如果你在這個時候回報還非常優秀就又不一樣了。所以如果我看不到你具體的投資內容，一般來說很難判斷。但是如果我的一個投資經理可以連續 15 年以上都保持優異的成績，在正確的道路上研究，一般來說基本上就成才了。這時就是能力遠遠大於運氣，我們基本上就可以判定他的成功。也就是說，在這個行業裏，要在很長時間持續不斷地艱苦地工作，才有可能真正地成才，這個時間恐怕要 15 年以上。這就是為甚麼雖然這條康莊大道一定會通向成功，但交通一點都不堵塞，走的人寥寥無幾。但恰恰這就是那些想走一條康莊大道、願意走一條艱苦的道路的人的機會。這些人走下來，得到的成功確確實實在別人看來就是他應得的成功。這樣的成功才是可持續的，才是真正的大道。你得到的成功真正是你付出得來的，別人認可、你也認可，所有其他人客觀地看也認可。

所以我希望今天在座的同學能夠下決心做這樣的人，走這樣的道路，取得這樣應得的成功，這樣你自己也心安。你不再是所有賺來的錢都是靠短期做零和遊戲，不再把客戶的錢變戲法一樣變成自己的錢。如果你進入這個行業，不具備我開始講的基本的兩條道德價值底線，你一定會在成功的過程中為廣大的老百姓提供很多摧毀財富的「機會」，一定是有罪的。我提醒那些尤其還在學校裏面唸書、想進入這個行業的的學生，捫心自問，你有沒有受託人責任，有沒有這種基因。如果沒有，奉勸你千萬不要進入這個行業，你進這個行業一定是對社會的損害。當然可能在損害別人的時候，自己變得很富有。但我不認為我能在這種情況下安枕無憂，日子過得舒心；雖然很多人可以。我希望你們不是（這樣的人），我希望你們進入這個行業以後千萬不要做這樣的事。

如果你沒有受託人責任的基因，又進入這個行業，最後你就跟所有人一樣很快進入旁門左道，在所有的捷徑裏面要麼一下子闖到死胡同，要麼進入泥沼地，帶進去的都是客戶的錢。如果人不是太聰明，最後會把自己的錢都賠進去，一定是這樣的結果。如果沒有對於真理智慧的追求，沒有把這種追求作為對自己的道德要求，如果各位沒有受託人的基因，不能建立起受託人的責任，把所有客戶給你的每一分錢當作你父母辛勤積攢一輩子交給你打理的錢，沒有這樣的精神奉勸各位不要進入這個行業。

所以我希望大家在進入這個行業之初，一定要樹立這樣的觀念，一定要走正路。

四、價值投資在中國是否適用？

下面我來講一講最後一個問題。既然價值投資是一個大道，它在中國能不能實現？

在過去幾百年裏，股票投資確實能在長期內給投資人帶來巨大利益。我們也解釋了為甚麼會是這樣的情況。這個情況不是在人類歷史上歷來如此的，只是在過去 300 年才出現了這樣特殊的情況。因為人類進入了一個新的文明階段，我們叫現代化，我也可以叫它 3.0 科技文明。這是一個現代科學技術和現代自由市場相結合的文明狀態。那麼中國是不是一個獨特的現象呢？是不是只有美國、歐洲國家才有可能產生這種現象，而中國是個特例呢？很多人在分析到很多事的時候都説中國是特殊的。我們在現實中確實也發現中國很多事情和西方、美國不一樣。但是在這個問題上，就是我們今天討論的核心——投資問題上，中國是不是特殊呢？

如果絕大部分人都在投機，價格在很多時候會嚴重脱離內在價值，你怎麼能夠判定中國未來幾十年裏仍然會遵循過去 200 年美國經濟和美國股票市場所展現出來的基本態勢？作為投資人，投下去之後如果周圍的人都是劣幣驅逐良幣，價格確實有可能長期違背基本價值。如果這個長期足夠長，如果我的財產不能夠被保障怎麼辦？如果中國不再實行市場經濟的基本規範怎麼辦？回答這個問題也非常關鍵。這涉及到對未來幾十年的預測：中國會是甚麼樣子呢？

我談談我個人的看法，價值投資在中國能不能實現這個問題確實讓我個人困惑了很多年。投資中國的公司意味着投資這個國家，這個國家可能會出現 1929 年，也可能會出現 2008 年的情況。事實上今年的某些時候，很多人認為我們已經遇到了這個時刻，也可能再過幾個月之後我們又碰到同樣的問題，完全是有可能的。你只要做投資，只要在市場裏你就永遠面臨這個問題。在做任何事情之前要把每一個問題都認真想清楚。這個問題是不能避免的，必須要思考的。

首先我們還是用數據來說話。我給大家看一下我們能夠蒐集到的過去的數據，對中國股市和其他市場的表現做一個比較。圖 10 是美國從 1991 年底到去年底的數據，我們看到其表現幾乎和過去 200 年的模式是一樣的，股票的投資在不斷地增加價值，

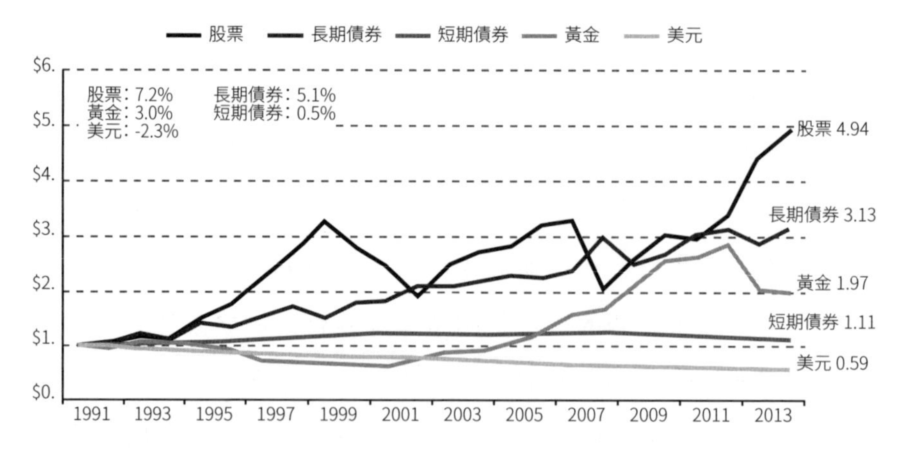

圖 10　美國 1991–2014 年金融大類資產表現

來源：Siegel, Jeremy, *Future for Investors* (2005), Bureau of Economic Analysis, Measuring Worth.

而現金在不斷地丟失價值，這都是因為 GDP 的不斷增長，和過去 200 年基本上是一樣的。

接下來我們看一看中國自 1991 年以來的數據。中國在 1990 年以後才出現老八股，1991 年才出現了真正的股指。我想請大家猜一猜中國在這段時間裏是甚麼樣子呢？至少我們知道在過去的這三個月，中國股市是一片哀鴻。股票在過去是不是表現得和過去三個月一樣呢？我們看看圖 11。

我們看到的結果是，中國在過去二十年裏的模式幾乎和美國過去 200 年是一模一樣的。1991 年至今的大類資產中，同樣的 1 塊錢，現金變成 3 毛 7，跟美金類似，黃金當然是一樣的，上指、深指一直在增加，固定收益的結果基本也是增加。但不同的是，它的 GDP 發生了很大的變化。因為 GDP 的變化，它的股指、股票

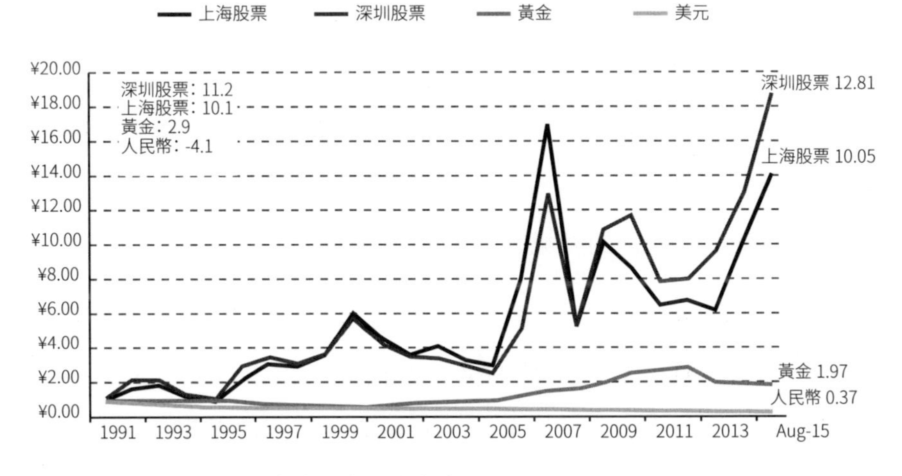

圖 11　中國 1991 年至今金融大類資產表現

的表現更加符合 GDP 的表現。也就是說，比美國要高。在這樣一個發展中國家，我們居然看到了這樣一個特殊的表現形式。我們看到的是在過去幾十年裏，第一，它的基本模式和美國是一樣的；第二，它基本的動力原因也是 GDP 的增長。由於中國的 GDP 增長在這個階段高於美國，直接導致的結果是它的通貨膨脹率也高，現金丟失價值的速度也快，股票增長價值的速度也快。但是基本的形式一模一樣。這就很有意思了。（參見表 2、表 3）

我們看到過去這二十幾年裏，當中國真正地開始走入 3.0 文明本質的時候，它的表現幾乎和美國是一樣的，形態也是一模一樣的，雖然我們的速度要快一些。雖然上指和深指過去 25 年漲了 15 倍，年化回報率 12%，但是我相信所有的股民，包括在座的各位，沒有一個得到這個結果的。因為沒有人過去在股票上的投資漲了 15 倍。但有一家從股市成立第一天開始就得到這個回報，她就是中國政府。中國政府從第一天就得到這個回報。大家擔心中國的債務比例比較大，但是大家常常忘掉中國政府還擁有這個回報，她在幾乎所有的股份裏面都佔據大頭。其他炒股的人沒有一個人得到這樣的結果。一開始，沒有人認為中國會有和美國幾乎同樣的表現，因為我們走的路不一樣。但當真正回到現代化本源，3.0 文明本源的時候，最後的結果實際都是一樣的。

那麼我們看具體的公司是不是也是這樣呢？我舉幾個大家耳熟能詳的公司看一看：萬科、格力、福耀、國電、茅台，這些公司確確實實從很小的市值發展到現在這麼大，最高的漲了 1,000 多倍，最低的也漲了 30 倍（參見表 4）。

表 2　美國與中國 1992 年至今主要股市指數比較

指數	股票收益		總體回報			
名稱	平均	現在	從	至	累計	內部收益率
美國						
標準普爾 500 指數	1.97%	2.18%	1/2/92	8/31/15	662%	9.0%
道瓊斯工業平均指數	2.27%	2.57%	1/2/92	8/31/15	812%	9.8%
納斯達克綜合指數	0.88%	1.28%	1/2/92	8/31/15	863%	10.0%
中國						
上證綜合指數	1.75%	2.01%	1/2/92	8/31/15	1406%	12.1%
深證綜合指數	1.04%	0.66%	1/2/92	8/31/15	1864%	13.4%
恒生指數	3.25%	3.82%	1/2/92	8/31/15	959%	10.5%

表 3　美國與中國 1991–2014 年 GDP 增長比較

GDP 增長						
	名義 GDP 增長率（當地貨幣，十億）					
經濟體	從	指數	至	指數	累計	內部收益率
美國	1991	6174	2014	17 348	181%	4.6%
中國	1991	2190	2014	63 646	2807%	15.8%
中國香港	1991	691	2014	2256	226%	5.3%
	實際 GDP 增長率（當地貨幣，十億）—— 基準年 2000					
經濟體	從	指數	至	指數	累計	內部收益率
美國	1991	7328	2014	13 071	78%	2.5%
中國	1991	4040	2014	36 957	815%	10.1%
中國香港	1991	960	2014	2245	134%	3.8%

表 4　中國 A 股自 1991 年至今表現比較好的代表性公司

從 IPO 日至 2015 年 8 月 31 日									
公司	基於 IPO 定價		首日	基於首日收盤價		IPO 日	年數	市值（十億元人民幣）	市盈率
	累計	內部收益率		累計	內部收益率				
萬科	1151x	33.3%	1058%	98x	20.5%	12/19/90	24.7	153	9.6x
格力電器	837x	43.1%	1900%	41x	22.0%	11/18/96	18.8	111	7.8x
國電電力	584x	41.2%	1727%	31x	20.7%	3/18/97	18.5	86	12.4x
福耀玻璃	350x	30.1%	2640%	12x	11.7%	6/10/93	22.2	30	10.7x
雲南白藥	264x	29.3%	211%	84x	22.7%	12/15/93	21.7	72	27.5x
伊利股份	162x	29.9%	41%	114x	27.6%	3/12/96	19.5	99	21.8x
萬華化學	38x	28.3%	0%	38x	28.3%	1/4/01	14.7	40	19.7x
貴州茅台	37x	29.6%	0%	37x	29.6%	8/24/01	14.0	245	15.3x
豫園商城	31x	15.1%	-41%	53x	17.6%	12/19/90	24.7	22	20.8x
雙匯發展	30x	22.4%	0%	30x	22.4%	9/15/98	17.0	59	15.5x
								平均市盈率	16.1x

有沒有人在過去二十年裏投資賺了1,000倍？你投資萬科一家就是1,000倍，這是存在的。當然真正能賺到1,,000倍的只有最早的國有股份原始股，因為上市第一天就漲了10倍。所以原始股現象我單列出來。第一天之後大家都可以投，如果買了仍然可以賺近百倍，伊利110多倍。這個指數並不是抽象的指數，而是實實在在地出現了這些公司，這些公司從很小的公司成長為很大的公司。

中國香港也是一樣的，香港沒有原始股的概念，投資騰訊實實在在可以獲得186倍的回報，從第一天開始投就可以了，時間還短，上市時間是2004年，在過去十年裏面增長了186倍。這些公司都有很多生意是在中國內地的(參見表5)。海螺、光大、港交所、利豐等等，並不是只有這些公司這樣，只是正好這些公司大家都比較熟悉。舉這些例子是為了說明指數並不是抽象的。

同期的或者早期的美國，一些公司大家也耳熟能詳，伯克希爾從1958年上市到現在漲了26,000多倍，IRR(內部收益率)都是相當的。在美國上市的百度、攜程等，這些IRR最高的好幾個都是中國公司(參見表6)。

今天不談個股，我只是想說明這個現象是存在的。股指不是一個抽象的東西，股指是由具體的一家家公司組成的。確確實實在過去200年我們走了好多不同的路，但是當我們選擇3.0文明正道的時候會發現，中國表現出來的結果確實和其他3.0文明國家幾乎是一樣的。

表 5　港股自 1991 年至今表現比較好的代表性公司

從 IPO 日至 2015 年 8 月 31 日									
公司	基於 IPO 定價		首日	基於首日收盤價		IPO 日	年數	市（十億元人民幣）	市盈率
	累計	內部收益率		累計	內部收益率				
騰訊控股	186x	59.4%	0%	186x	59.3%	6/15/04	11.2	1 239	39.1x
中國生物制藥	160x	40.6%	0%	160x	40.5%	9/28/00	14.9	45	25.1x
匯豐控股	95x	16.8%	0%	95x	16.7%	4/2/86	29.4	1 199	11.8x
香港中華煤氣	82x	16.2%	0%	82x	16.2%	4/2/86	29.4	169	22.1x
香港交易所	82x	33.8%	0%	82x	33.7%	6/26/00	15.2	218	31x
利豐	61x	19.5%	14%	54x	18.7%	7/1/92	23.2	43	11.5x
中國光大國際	46x	16.4%	0%	46x	16.3%	3/21/90	25.5	45	23.9x
中國海外發展	43x	17.8%	29%	33x	16.4%	8/20/92	23.0	224	6.1x
新奧能源	38x	29.1%	0%	38x	28.9%	5/9/01	14.3	43	11.8x
海螺水泥	38x	22.7%	−32%	56x	25.2%	10/21/97	17.9	119	10.3x
								平均市盈率	19.3x

表 6　美股自 1991 年至今及歷史上表現比較好的代表性公司

從 IPO 日至 2015 年 8 月 31 日						
	總回報率					
公司	累計	內部收益率	IPO 日	年數	市值（十億元人民幣）	市盈率
美國						
累計回報最高的十家公司						
伯克希爾—哈撒韋	26543x	19.6%	09/01/58	57.0	332	20.3x
家得寶	4625x	28.2%	09/01/81	34.0	150	22.9x
沃爾瑪	1926x	19.2%	07/01/82	33.2	208	13.4x
富蘭克林資源	1192x	17.4%	07/01/71	44.2	25	11.0x
微軟	847x	25.7%	03/13/86	29.5	348	16.8x
威富服裝	689x	10.7%	04/01/51	64.5	31	23.2x
阿爾特里亞	660x	7.3%	03/15/23	92.5	105	19.7x
美敦力	643x	17.2%	12/01/74	40.8	102	23.6x
LEUCADIA NATL	627x	14.7%	10/07/68	46.9	8	15.3x
美國家庭人壽保險	597x	16.8%	06/14/74	41.2	25	9.8x
					平均市盈率	17.6x

表 6 （續前表）

	從 IPO 日至 2015 年 8 月 31 日					
	總回報率					
公司	累計	內部收益率	IPO 日	年數	市值（十億元人民幣）	市盈率
內部收益率最高的十家公司						
百度	54x	48.7%	08/04/05	10.1	52	25.1x
網飛	106x	42.2%	05/22/02	13.3	49	258.9x
高知特	301x	39.3%	06/18/98	17.2	38	24.6x
亞馬遜	341x	37.5%	05/14/97	18.3	240	N/A
CF 工業	18x	34.3%	08/11/05	10.1	13	14.1x
攜程	29x	33.7%	12/09/03	11.7	9	N/A
SALESFORCE.COM	24x	33.4%	06/23/04	11.2	46	N/A
MEDIVATION INC	192x	31.6%	07/02/96	19.2	7	30.3x
BUFFALO WILD WINGS	21x	30.1%	11/21/03	11.8	4	37.8x
泰瑟	40x	29.8%	05/07/01	14.3	1	49.1x
					平均市盈率	62.9x

這個現象怎麼解釋呢？我們怎麼理解過去這幾十年的表現呢？更重要的一個問題是在下面這幾十年裏，中國股市會不會出現同樣的現象？會不會出現新一輪這樣的一些公司？也可能是同樣的公司，可能是不同的公司，但是同樣會給你帶來幾百倍上千倍的回報。這種可能性存在嗎？這是今天我們要回答的最後一個問題。

要回答中國是不是獨特，我們要縱觀整個中國現代化的歷程。中國現代化是在 1840 年以後開始的，她是被現代化，而不是主動的現代化。如果中國按照自己的內生發展邏輯不會走到這一步。最主要的一點原因是，中國的政府力量非常強大，在這樣的情況下不可能產生所謂的自由市場經濟。中國歷史上市場經濟萌芽了好幾次，但是沒有一次形成真正自由的市場經濟。中國政府從漢代以後一直是全世界最穩定、最大、最有力量、最有深度的政府。這跟我們的地理環境有關係，今天我不細談這個問題。實際的情況是，在過去 2,000 年裏這個國家非常強大，非常穩定，所以所謂的 3.0 文明不可能在這裏誕生。但是不能在這裏誕生不等於不可能被帶入。

我們今天看到的現代化不是簡單的制度的現代化，這是我們理解中國從 1840 年以後發生變化的本質。我們的變化不是文化的變化，不是經濟制度的變化，我們今天遇到的變化是文明的變化，是一種文明形態的變化。

這個文明形態的變化和公元前 9000 年農業文明的革命是一樣的類型，那時候農業文明的出現是因為偶然因素。中東地區最後一次冰川季結束，農業發展開始變得有可能了，正好兩河流域出現了一些野生植物可以被食用，出現了一些野獸可以被圈養，所以出現了農業文明，一旦出現之後立刻迅速傳遍世界的各個角落。今天我們看到 3.0 文明是自由市場經濟和現代科技的結合，這兩種形態的結合產生了一種新的文明狀態。在過去 200 年 3.0 文明的傳播過程中，我們可以看到很多和 2.0 文明傳播很相似的地方。

3.0 文明的發展像 2.0 文明的出現一樣，幾乎都是由一些地理位置上的偶發事件決定的，並沒有甚麼絕對的必然性。因為地理位置的原因，西歐最早發現了美洲。西歐那邊通過大西洋只有 3,000 英里，我們這邊通過太平洋要 6,000 英里，而且因為洋流的原因，實際還遠大於 6,000 英里的航程。中國也沒有甚麼動力去找美洲。歐洲發現了美洲之後就形成了環大西洋經濟。環大西洋經濟最大的特點是沒有政府的參與。只有在這種情況下，才能出現一個沒有政府參與的、完全以市場化的企業、個人為主體的這樣一個全新的經濟形態。這個經濟形態又對我們的世界觀提出了挑戰，為了應對這些世界觀出現了現代科學，現代科學又帶來了一場理性革命，對過去古老的知識作出了新的檢驗，也就是啟蒙運動。就是在這樣的一系列的背景下，出現了所謂的 3.0 文明，現代科技文明。

這種情況在中國的社會體制下確實幾乎不可能發生。但從 2.0 文明可以看到，無論從甚麼地方開始，一旦新的文明出現以後，就會迅速地向全球所有的人傳播，舊的很快被同化，這跟人的本性有關。根據我們今天對人類共同的祖先生物性的理解，人都具有同樣的本性，所有人的祖先都來源於同一個地方、同一個物種。五六萬年以前人類開始從非洲大出走，用了差不多三五萬年的時間從非洲最早的搖籃出走到遍佈全球。人類出走經歷幾條不同的路線，其中一個分支進入亞洲、中國，最後覆蓋美洲大陸。因此，人的本性分佈是一樣的，聰明才智、進取心、公益心等特徵的分佈也是差不多的。人類就本性而言情感上追求結果平等，理性上追求機會平等。追求結果平等的本性使得每一種新的更先進的文明狀態出現後能夠在較短時間內迅速傳播到世界的每一個角落，接受機會平等的機制就使得每個社會都有自己的文化精神，能夠創造出一套制度，能夠慢慢地在這個演變的過程中滲透到每個角落。整個過程其實蠻痛苦的，從不平等到平等。

所以文明的傳播早晚會發生。原來文明程度、文化程度比較高的地方傳播的速度會快一些；沒有經過殖民、或經過部分殖民的地方傳播速度也會快一些；這就是為甚麼日本會成為亞洲第一，是因為它沒有經過殖民時代；中國次之；印度因為曾經是一個全殖民的社會，所以要慢一些。

這些細節我們就不談了。總的來說，中國是從大概 1840 年之後就一直在走現代化探索之路，但一直沒有完全明白現代化本質究竟是甚麼。我們在 1840 年以後幾乎嘗試了所有各種各樣的方式。最早我們從自強運動開始，當時的想法是只要學習洋人的科技就可以了，其他跟原來都是一樣的。後來發現不奏效，不成功，當然其中有太平天國運動，我們跟日本對抗了 50 年左右等等。日本走的路我們沒有走，很大原因是我們認為必須跟它倒着來因素的影響。1949 年之後，前 30 年走的又是另外一條路，實行的是集體經濟，是完全的計劃經濟體制。我們幾乎把其他可以試的方式都試了一遍。從 70 年代末開始，我們嘗試的道路終於進入了 3.0 文明的本質 —— 自由市場經濟結合現代科技。在此之前走了 150 年，到最後發現全都不成功，就這最近 35 年試了兩個東西，一個是自由市場經濟，一個是現代科技。政治制度沒有很大變化，文化也沒有很大變化。但最近這 35 年，我們發現整個中國所有的經濟形態突然之間和其他的 3.0 文明表現出驚人的一致。

也就是說中國真正進入到 3.0 文明核心就是在過去 35 年的時間裏。在此之前的現代化進程走了 150 年，我們的路走得比較曲折，有各種各樣的原因，就是一直沒有走到核心的狀態去。

直到 35 年前，我們才真正進入了 3.0 文明的核心，也就是自由市場經濟和現代的科學技術。一旦走上了這條道路之後，我們就發現中國經濟表現出和其他 3.0 文明經濟非常驚人的相似性。就是我們剛才在這個圖表裏看到的，股票市場、大宗金融產品過去二三十年的表現，包括個股、公司表現都很驚人。當中國開始和 3.0 文明相契合的時候，它表現出來的方式和其他的 3.0 文明幾乎是一樣的。所以在這一點上，中國的特殊性並沒有表現在 3.0 文明的本質上，中國的特殊性表現在它的文化不同，它的政治制度安排也有所不同。但是這些在我們看來都不是 3.0 文明的本質。

那麼，中國有沒有可能背離 3.0 文明這條主航道？因為中國政治制度的不同，很多人，包括國內、國外的投資人都有這樣一個很深的疑慮，就是在這樣的一個政治體制下，我們現代化的道路畢竟走了將近 200 年，我們畢竟選擇走過很多其他的路，我們有沒有可能走回頭路？

我們知道，中國在 1949 年以後，前 30 年走的是一個集體化的道路，能夠這樣走也是因為這樣的政治體制。那麼在今天的情況下，我們還有沒有可能再次走回頭路、拋棄市場經濟呢？我認為這是一個投資人必須要想清楚的問題，否則很難去預測未來 3.0 文明在中國的前景，也就很難預測價值投資在中國的前景。不回答這個問題，想不清楚，心裏不確定，市場的存在就會暴露你思維上、人性上、心理上的弱點。你只要想不清楚，你只要有錯誤，就一定會被淘汰。

所有這些問題都沒有標準答案，都是在過去 200 年被一代又一代知識分子反覆思考的問題。我今天講的這個問題是我個人的思考，也是困擾我個人幾十年的問題。

關於這個問題，我的看法是這樣的。我們需要去研究一下 3.0 文明的本質和鐵律是甚麼。我們前面已經粗淺地講到了，3.0 文明之所以會持續、長期不斷地產生累進式的經濟增長，根本的原因在於自由交換產生附加價值。而加了科技文明後，這種附加價值的產生出現了加速，科技成為一個加速器。參與交換的人、個體越多，國家越多，它產生的附加價值就越大。這最早是亞當•斯密的洞見，李嘉圖把這種洞見延伸到國家與國家、不同的市場之間的交換，就奠定了現代自由貿易的基礎。這種理論得出的一個很自然的結論就是不同的市場之間，如果有獨立的市場、有競爭，你會發現那些參與人越多、越大的市場就越有規模優勢。因為有規模優勢，它就會慢慢地在競爭過程中取代那些單獨的交易市場。也就是說，最大的市場會成為唯一的市場。

這在 2.0 文明時代是不可想像的，我們講的自由貿易就是從這個洞見開始的，沒有這個洞見根本不可能有後來的自由貿易，更不要說有後來所謂全球化的過程。這個洞見從英國 18 、 19 世紀的自由貿易開始一直到 1990 年代初全球化第一次出現才被最後證明。全球化以後我們今天也可以有這樣一個新的推論，就是現代化的鐵律：當互相競爭的兩個不同的系統，因為有 1+1>2 和 1+1>4 兩種機制同時存在交互形成，交換的量越大，增量就越大，當一個系統一個市場的交換量比另外一個系統大的時候，它產生附加值的速度在不斷增快，累進加速的過程最後導致最大的市場最後變成唯一的市場。90 年代初到 90 年代中期，這個情況在歷史上第一次出現，從此再也沒有出現過第二個全球市場。這種現象在人類歷史上從沒有出現過。李嘉圖預測兩個相對獨立的系統進行交換的時候，兩個系統都會得利，所以自由貿易是對的。當他講這個問題的時候也沒有預料到最終所有的市場能夠形成唯一的市場，最大的市場成為唯一的市場。這是在 1990 年代中期最後實現的。

這恰恰就是 3.0 文明在過去幾十年基本的歷史軌跡。最早開始的時候是英國和美國的環大西洋經濟，他們把這種貿易推給自己的殖民地，經歷了一戰、二戰。在二戰後，形成了兩個單獨的循環市場，一個是以美國、西歐、日本為主的西方市場；另一個是以蘇聯、中國為首的，開始的時候，單獨循環的另外一個市場。顯然歐美的市場要更大一些，它的循環速度也更快一些，遵循的是市場經濟的規則，所以就變得越來越有效率。這兩個市場開始的時候應該説還是旗鼓相當，但幾十年之後我們看到了美蘇之間的差別，我們看到了西德和東德之間的差別，我們看到了中國內地和香港、台灣的差別，我們今天依然可以看到韓國和朝鮮之間的差別，等等不一而足。結果就是在 90 年代初之後，隨着柏林牆倒塌，隨着中國全面擁抱市場經濟，第一次出現了人類歷史上一個很獨特的現象叫全球化。這時候 3.0 文明才開始真正表現出它的本質，我把它叫做 3.0 文明的鐵律。這就是這個理論的本質，這個鐵律所預測的情況變成了現實，確確實實出現了這樣一個全球的、統一的、共同的、以自由貿易、自由交換、自由市場經濟為主要特徵的全球經濟體系。

市場本身具有規模效益，參與的人越多，交換的人越多，創造出來的價值增量也就越多，越大的市場資源分配越合理，越有效率，越富有、越成功，也就越能產生和支持更高端的科技。相互競爭的不同市場之間，最大的市場最終會成為唯一的市場，任何人、社會、企業、國家離開這個最大的市場之後就會不斷落後，並最終被迫加入。一個國家增加實力最好的方法是放棄自己的關稅壁壘，加入到這個全球最大的國際自由市場體系中去；要想落後，最好的方式就是閉關鎖國。通過市場機制，現代科技產品的種類無限增多，成本無限下降，與人的無限需求相結合，由此經濟得以持續累進增長，這就是現代化的本質。這個現象發生之後，我們就能明白東德和西德的差別，韓國和朝鮮的差別，改革開放之前的中國大陸和中國台灣、中國香港的差別。為甚麼伊朗冒着風險放棄自己認為是保命的核武器項目，一定要加入到這個大的市場？因為這個大的市場是唯一的市場，像伊朗這樣一個很小的閉環市場完全不足以產生真正的高科技；不要説伊朗，中國也不行；不要説中國，蘇聯也不行。

基本上我們現在新信息出現的速度是這樣的，每過幾年出現的新信息就是在此之前全部人類信息的總和。這個速度在十年前大家計算是八年，我估計這十年的變化速度還在加快。1+1>4 的鐵律在不斷重複，速度更快。市場如果小的話一定會落後。中國已經加入 WTO 十五年了，在此之前市場經濟也已經差不多持續了二三十年了。在這種情況下，任何經濟體在單獨出來之後就會形成相對比較小的市場，這個市場在運行一段時間之後必然越來越落後。中國如果改變了它的市場規則，或者離開了這個共同的市場，它就會在相對短的時間裏迅速地落後。我相信像在中國這樣一個成熟的、有成功的歷史和文化沉澱的國家裏，這種情況絕大多數人是不會接受的。中國不是沒有可能短暫離開這個大的市場，但是中國不可能永遠成為失敗者。中國人、中國文化在經歷了幾千年的成功之後不願意失敗。如果中國文化、中國人在經歷幾千年的成功之後不願意失敗，那麼任何短暫的離開、偏離 3.0 文明主軌的行為，很快就會被修正。

雖然這個修正從歷史的長河來看非常短暫，對我們每個人的生活來說可能相對還是比較長。但是在這個長度中仍然可以有自由市場經濟，仍然可以尋找到足夠的安全邊際。這個時間段是可以忍受的，這個時間段並不比我們十幾年裏面連續的市場低迷更可怕。你可以假設我們這個社會可能背離 3.0 文明一段時間。當你這麼認為的時候，你對 3.0 文明鐵律的理解仍然可以讓你在有足夠安全邊際的情況下進行價值投資。

基於以上背景，我們回到投資上，來看看價值投資在中國的展望。

我認為中國今天的情況基本上是介於 2.0 文明和 3.0 現代科技文明之間，差不多 2.5 文明吧。我們還有很長的路要走，也已經走了很長的一段路。所以我認為未來中國會繼續在 3.0 文明主航道上走下去應該是個大概率的事情。因為她離開的成本會非常非常高，像中國這樣一個文化、一個民族，如果對她的歷史比較了解的話，我認為她走這樣的道路，尤其是大家已經明白了現代文明的本質後，再去走回頭路的可能性是非常小的。中國離開全球共同市場的幾率幾乎為零。中國要改變市場經濟規則幾乎也是非常小概率的事件。所以，中國在未來二三十年裏持續保持在全球市場裏、持續進行自由市場經濟和現代科學技術的情況是一個大概率事件。中國在經濟上走基本的 3.0 文明的主航道仍然是大概率事件。我們看到真正 3.0 文明的主道其實和政治、文化關係不大，而和自由市場經濟及現代科技關係極大，這是真正的本質。這是很多投資人，尤其是西方投資人對中國最大的誤解。

只要中國繼續走在 3.0 現代科技文明的路上，繼續堅持主體自由市場經濟和現代科學技術，那麼它的主要大類資產的表現，股票、現金的表現大體會遵循過去 300 年成熟市場經濟國家基本的模式，經濟仍然會持續累進式的增長，連帶着出現通貨膨脹，股票表現仍然優於其他各大類金融資產，價值投資理念在中國與美國一樣仍是投資的大道、正道，仍然可以給客戶帶來持續穩定的回報，更加安全、可靠的投資回報。這就是我認為價值投資可以在中國實行的最根本性的一個原因。

另外一個情況是，我認為價值投資不僅在中國可以被應用，甚至中國目前不成熟的階段使價值投資人在中國具備更多的優勢。這個原因主要是，今天中國在資本市場中所處的位置，資本市場百分之七十仍然是散戶，仍然是短期交易為主，包括機構，也仍然是以短期交易為主要的目的。價格常常會大規模背離內在價值，也會產生非常獨特的投資機會。如果你不被短期交易所左右、所迷惑，真正堅持長期的價值投資，那麼你的競爭者會更少，成功的幾率會更高。

而且中國現在正在進行的經濟轉型，實際上是要讓金融市場扮演越來越重要的融資角色，不再以銀行間接融資為主，而讓股票市場、債券市場成為主要資金來源，成為配置資源的主要工具。在這種情況下，金融市場的發展規模、機構化的程度、成熟度都會在接下來的時間裏得到很大的提高。當然如果把眼光只限在眼前，很多人會抱怨政府對市場的干預過多、救市不當，等等，但是我認為如果把眼光放得長遠一些，中國市場仍然是在向着更加市場化、更加機構化、更加成熟化的方向去發展，在下一步經濟發展中會扮演更重要的角色。真正的價值投資人應該會發揮越來越重要的作用。

所以今天我看到各位這樣年輕，心裏還是有一些羨慕的。我認為在你們的時代裏，作為價值投資者，遇到的機會可能會比我還要多。我感覺非常幸運，能夠在過去這二十幾年裏師從價值投資大師，能夠在他們麾下學習、實踐。你們的運氣會更好。但我還是希望大家能永遠保持初心，永遠記住這兩條底線：第一，要永遠明白自己的受託人責任，把客戶的錢當作自己的錢，當作自己父母辛苦血汗積攢了一生的保命錢。你只有這樣才能真正把它管好。第二是要把獲取智慧、獲取知識當作是自己的道德責任，要有意識地辨別在這個市場裏似是而非的理論，真正地去學到真知灼見，培養真正的洞見，通過長期艱苦的努力取得成就，為你的客戶獲取應得的回報，在轉型期為推動中國經濟發展做出自己的貢獻，這樣於國、於家、於個人都是一個多贏的結果。

我衷心祝願各位能夠在正道上放膽地往前走！因為這裏面既無交通堵塞，風景也特別好。也不要寂寞，因為這個行業裏充滿了各種各樣的新奇，各種各樣的挑戰，各種各樣的風景。我相信各位在未來一定可以在這條路上走得更好。堅持努力 15 年，一定可以成為優秀的投資人！謝謝！

價值投資的知行合一 *

一、價值投資的理論與實踐

很高興五年後有機會重新來到北大光華管理學院的這門價值投資課上與大家分享。今天是美國的感恩節，藉此機會我要感謝光華管理學院的姜國華教授和喜馬拉雅資本的常勁先生，以及在座的各位同學和價值投資的追求者、支持者，感謝各位這些年來對價值投資在中國的實踐的傳播與支持。

另外，五年來，我一直對自己在此講的第一課有點遺憾。那堂課中我們主要討論了價值投資的基本理論，尤其是否適合中國，但是對價值投資的具體實踐講得不多。事實上，價值投資主要是一門實踐的學問，所以今天我主要講價值投資中的實踐問題。我想先講講自己理解的價值投資實踐的框架，然後留出時間給大家提問。

價值投資的基本概念只有四個。第一，股票是對公司的部分所有權，而不僅僅是可以買賣的一張紙。第二，安全邊際。投資的本質是對未來進行預測，而我們對未來無法精確預測，只能得到一

---

* 2019 年 11 月在北京大學光華管理學院的演講

個概率，所以需要預留安全邊際。第三，市場先生。市場的存在是為了來服務你的，不是來指導你的。第四，能力圈。投資人需要通過長期的學習建立一個屬於自己的能力圈，然後在能力圈範圍之內去作投資。

這就是價值投資的基本思維框架，邏輯簡單、清晰，理解起來並不難，而且在投資實踐中，價值投資是我所了解的唯一能夠為投資人帶來風險加權後長期優異回報的一種投資方法。也因此，很多人對價值投資都有了解，尤其是因為價值投資界最出名的實踐者巴菲特先生 —— 他過去六十年來的成功在全世界引起了現象級的關注。但是據實證研究，市場參與者中可能只有不到百分之五的人是真正的價值投資者。為甚麼明白價值投資的人很多，實際從事價值投資實踐的人卻這麼少？今天我主要講講在價值投資的實踐中為甚麼知易行難，難在何處？為甚麼人們在實踐中會遇到種種問題，遇到問題後又容易被其他方法吸引過去？

讓我們逐個分析一下這四個概念。

價值投資四個概念中的第一個 —— 股票是對公司的部分所有權，實際是一個制度性的觀念。如果股權可以代表公司的部分所有權，在一個制度下，如果私人財產權能得到真正的保護，那麼對私人財產的使用也就能得到保護，私人財產權也就能夠自由交換。如果財產權不能自由交換，也很難成為真正的權利。例如現金就是一個財產權，因為我們可以隨時使用它，把它變成我們想要的東西。所以對股權交換的保護是一個社會是否保護私人財產的重要標誌。能不能做到這點是由社會本身決定的，和投資人的因素沒有關係。一個社會只要允許這樣的制度存在，就會有價值投資的存在。就目前來看，這樣的制度在我們的社會中確實是存在的，股權交換是被允許的，因此股票是對公司的部分所有權這點是成立的。

第二個 —— 安全邊際，實際是一個方法問題，概念上沒有特別大的歧義。付出的是價格，得到的是價值。因為對價值不是很確定，所以要以盡量低的價格購入，這一點相信大家都認同。那麼這樣看來，價值投資在實踐中最主要的困難可能來自另外兩個概念，一是市場先生的假設，二是能力圈的建設。

對於市場先生的假設，我們先回顧一下最早本傑明•格雷厄姆教授是怎麼描述他的 —— 他說你可以把股票市場想像成是一個精力特別旺盛、不太善於判斷、不太聰明但也不壞的人，他每天早上起來第一件事就是給你吆喝各種各樣的價格，不管你感不感興趣，他都不停地吆喝。但是這位市場先生的情緒變化無常，有時候他對未來特別樂觀，價格就叫得非常高；有時候他特別抑鬱，價格就會喊得很低。絕大部分時間你可以對他完全忽略不計，但是當他變得神經質的時候，或者極其亢奮，或者極其抑鬱，你就可以利用他的過度情緒去買和賣。

但是你會發現自己面臨一個很大的問題。在學校裏，當你讀到市場先生的概念時，你會覺得很有道理，然而一旦進入到市場開始工作的時候，你會發現跟你做交易的對手都是真實存在的人。

這些人看起來學歷很高、錢比你多、權力比你大、經驗也比你豐富，個個都是「高大上」，很成功，有些甚至是你的上級，你覺得他們怎麼看也不像格雷厄姆形容的那位市場先生。在你和他交手的過程中，短期來看你還常常是錯誤的那方。一段時間後，你不斷被領導訓話、被「錯誤」挫敗，就開始感覺好像自己才是那位傻傻的市場先生，別人都比你厲害，開始對自己所有的想法都產生懷疑了。這是我們在價值投資的實踐中會遇到的第一個困難和障礙。

第二個困難是我們對自己的能力圈的界定。能力圈的邊界到底在哪裏？怎樣才能顯示我真的懂了？當市場變化劇烈的時候，我買的股票全在虧，而別人的都在漲，我怎麼判斷自己是正確的，別人是錯誤的呢？

今天我主要針對市場先生和能力圈這兩個困難來講四個問題：

第一，股市——關於股市裏面的投資和投機的問題。第二，能力圈是甚麼？如何建立？第三，投資人的品性——無論是沃倫還是查理都曾講過，投資人最重要的一個叫「temperament」的概念，這個詞不太好翻譯成中文，我給它定義叫「品性」。品性中有一些是與生俱來的，也有一些是後天培養的。價值投資人具有哪些品性、修養？這些品性、修養應該如何培養？ 第四，普通的投資人如果不想做專業的投資人，應該怎麼去保護和增加自己的財富？希望這四個問題能涵蓋到價值投資實踐的大部分情況。

二、股市：投資與投機的結合體

我們在股票市場中投資，首先必須得面對股市。股市到底是甚麼？股市裏面的人是哪些人？他們的行為有哪些類型？價值投資人在其中處於甚麼樣的位置？

我們先回溯一下股市的歷史。現代的股市大概出現在400年前，其歷史不算太長，在此之前商業機會不多，不需要股市的存在。那個時期發生的最大一件事是500年前新大陸的發現，這為整個歐洲帶來了此後一兩百年經濟上的高速發展。伴隨着殖民時代，出現了一些所謂的現代公司。公司這個概念是怎麼來的呢？因為當時的殖民商業活動和遠洋貿易需要大量資金且風險很高，最早的殖民商業活動都是由最有錢的歐洲各國的國王支持和資助的，但很快國王的錢也不夠用了，必須去和貴族等一起合組公司，於是就出現了最早的現代股份公司，用股權的方式把公司所有權分散開來。因為這些公司的發展速度比較快，需要的錢很多，國王和貴族的錢也不夠用了，便想辦法讓普通人的儲蓄也能夠發揮作用，於是產生了把股權進一步切分的想法。但問題是，一般的老百姓很難對股權定價。他們不太懂這些公司到底怎麼賺錢，所以想到的辦法是把股權分得盡可能小，只要投很少的錢就可以加入，而且可以隨時把股權賣出去。這個設計迎合了人性中貪婪、懶惰、喜歡走捷徑的心理。人類從本性而言都想走捷徑，不勞而獲，通過付出最少方式獲得最多的利益，並為此甘願冒險，也就是所謂的賭性，這也是為甚麼賭博在歷史上幾乎所有時期一直都存在的原因。

股市最早的設計迎合了人性中賭性的部分，所以股市一發展起來就獲得了巨大的成功。當時荷蘭最重要的兩家公司，東印度公司和西印度公司，尤其是東印度公司正處在一個長期發展的階段。股權融資的錢被迅速地用於公司的經營發展，為投資人產生更多的利潤回報，於是形成了一個正向的循環。越來越多的人被吸引到股市中去，並且可以隨時買賣股票，這就形成了另外一個買賣的動機，買賣東印度公司股票的人不僅是在猜測東印度公司未來的業績，更多是在猜測其他人買賣這隻股票時的行為。投機行為使早期股市大受歡迎，越來越多的公司因此發展起來了。

但股市還有另一個非常奇妙的功用——正向循環的機制。隨着越來越多人的參與，越來越多的公司被吸引進入股市，這些公司如果處在一個長期上升的經濟中，通過股市融資就能夠擴大生產規模，創造更多產品、更多的價值，讓人們獲得更多的財富，人們有了更多財富就會產生更多的消費，這就形成了經濟中正向的循環機制。雖然股市在剛開始的時候，其設計機制利用了人性中賭性的成份，但當參與的人和公司到達一定數量時，如果經濟本身能夠不斷地產生這樣的公司，這個機制就能持續下去。

恰好也在400年前，另外一種制度開始慢慢誕生，這就是現代資本主義制度，亦即現代市場經濟制度。此時科學技術本身已經開始發生革命性的變化，持續數百年，一直到今天還在進行。科技革命和市場經濟的結合，產生了一個人類歷史上從未發生過的現象——經濟開始呈現出持續的、累進的增長，連續增長了大約三四百年，把人類文明帶入了一個前所未有的嶄新階段。累進（複合增長）是一個很可怕的概念，絕大部分人大概不知道累進的力量有多大，因為這個現象在人類歷史上從來沒有發生過。假如一個公司的利潤以每年百分之六、七的速度增長，連續增長 200 多年，大概會增長多少倍？雖然每年百分之六、七的回報率看起來不是很高，但 200 多年後可以增長 100 多萬倍。這就是累進回報的力量！（關於美國股市自 1801 年之後的增長統計，請參看「價值投資在中國的展望」圖 7。）

這樣的回報會吸引越來越多的股民進入股市，越來越多的股民進入股市，就會吸引越來越多的公司上市。這是股市能把社會的全部要素都調動起來的一個很奇妙的功能。股市最早的設計初衷未必是這樣，但是結果確是如此。所以股市中從一開始基本上就有兩類人，一類是投資的，另一類是投機的。投資者預測公司本身未來的表現，而投機者則是預測股市中其他參與者在短期之內的行為。

這兩類人有何區別？投資跟投機最大區別在哪？這兩種行為的結果有何區別？

對投資者而言，如果投資的公司遇到一個可以累進、持續增長的經濟，它的利潤和投資回報會持續增長。而對投機者而言，如果只是猜測他人在短期之內的買賣行為，到最後只可能有一種結果：贏和輸必須相等，也就是零和的結果——這個市場中所有的投機者買賣股票所獲得的利潤和虧損加在一起，其淨值一定為零。

這就是投機和投資最大的區別。當然我不否認其中有些人可能贏的概率高一些、時間長一些，而有些人可能一直在做韭菜、一直沒翻身。但是總的來說，只要給足夠的時間，全部投機者無論賺錢還是虧錢，加在一起的結果是零，因為這些投機的股市參與者短期內的行為不會對經濟、對公司本身利潤的增長產生任何影響。有的人可能說我是「80% 的投資，20% 的投機」，是混合型。這類參與者，他 70%、80% 的投資人那方面的工作如果做得對，甚至他只投了指數，其回報也會因為現代經濟累進增長的特點而持續增長，但他投機的部分一定會納入到所有投機者行為的總和中，最終的結果是一樣的 —— 全部歸零。

知道這個結果後，你是選擇去做一個投資者，還是一個投機者？當然這是個人的選擇，沒有好惡，唯一的不同是它對社會的影響。投資者的確會讓社會的所有要素進入一種正向循環，幫助社會進入到現代化。所謂現代化，其實就是一種經濟開始進入到複利增長的狀態。

相對而言，股市投機的部分跟賭場非常接近。從社會福祉的角度講，我們不希望這個賭場太大。如果沒有賭性、投機的部分，市場也無法存在。但真正能讓股市長期發展下去的參與者是投資者。我們可以把投機的部分當作必要之惡（necessary evil）看待，這一點是去不掉的，也是人性的一部分。我們無法否認人性中賭性、投機的成份，但我們不能讓這個部分太大。無論何時、何事，如果投機的成份太大，社會必然會受到傷害。我們剛剛從 2008–

2009 年全球金融危機裹走出來，對這種傷害還是記憶猶新的。所以當你明白了歸零的道理，你的確可以把那些投機者當作市場先生。

有些投機者可能的確在股市中獲了利，在一段時間內投機套利很成功，比你有錢、有地位，但是你骨子裏明白，他所有的行為總和最終是歸零的。如果你的價值觀是希望對社會有所貢獻，那你毫無必要對他表現出那麼多的尊重，哪怕他各方面看起來都比你強。這是一個價值觀的問題。但你如果不明白這個道理，或者不認同這樣的價值觀，就會總覺得自己錯失了機會，其他人懂得比你多、做得比你對。

既然投機活動長期加總為零，不產生任何真正效益，那麼又為甚麼投機者能夠長期存在呢？這就回到資產管理行業的一個特點。資產管理行業雖然是服務行業，但是存在着嚴重的信息不對稱，投資跟投機的區別很難被鑒別。所有的投機者都有很多理論，現在講 K 線已經是比較「低級」的了，最新的理論講 AI（人工智能），但本質上兩者都一樣。當他們用這些理論試圖説服你的時候，總能讓絕大部分人雲裏霧裏。關於投資和投機的道理其實很簡單，但我沒有看到任何正式的教科書裏談到這個根本的問題。為甚麼沒人談這個問題呢？大多數人要不是沒想清楚，就是因為只有這樣才有利可圖。不談這個問題的好處在哪？可以收税啊。它實際上收的是一種無知税，或者叫信息剝削税。資管行業存在的一個很大的根基，就是因為無知税的存在。大批的人能在這個行業裏存活下來，主要是靠信息剝削。不管將來的結果如何，我只要能夠在短暫的一段時間裏，暫時表現我在盈利，馬上去做各種各樣的廣告，讓全世界都知道、都來買，不管將來結果怎麼樣，我先收 1%、2%，反正拿到錢、收了稅之後，不管結果怎樣我先穩賺。這個行業確實如此，所有的收費標準都一樣。如果這種收費機制特別有道理的話，是不是那些真正能夠帶來回報的投資經理應該收得多一些？而其他人應該少一些？但實際情況不是這樣，大家收費都一樣。因為誰也說不清楚哪個投資經理更優秀，只有過了很長的時間才能看到孰優孰劣。而且每個人的投資理論都非常複雜，你很難立刻判斷說他一定不行。

所以搞清楚投機者和投資者的區別很重要，搞清楚市場先生在哪裏也很重要。你要是不願意交信息剝削稅，或者你不願意靠收信息剝削稅去生活，那你可能就要忍耐、堅持。如果你相信合理回報，想對社會有所貢獻，那從一開始你就要願意做一個投資者，如果做不了的話，也要努力不要向一個投機者交信息剝削稅。這就是為甚麼理解清楚市場先生的概念很重要。因為你如果不想清楚這個概念，無論在學校裏曾經是怎麼想的，只要一開始工作，別人給你一講別的理論，你腦子就亂了，立刻就覺得好像別人說的很對，自己原來的想法不太對，被市場先生這個概念給誤導了。所以大家只要記住投機歸零的概念，就會明白為甚麼這些投機者沒有長期的業績，靠投機做不出長期業績，也做不大。有一些短期的做得比較好的，其實多多少少是靠合法的搶先交易 (legalized front running)。做老鼠倉可以一直賺錢，但這是非法的。如果你想出一種 AI 的辦法能夠猜測大家都要買賣甚麼股票了，例如新的指數基金，或者 A 股進 MSCI 之前，我先搶先交易一下，先建一個合法的老鼠倉，這可能也能賺些錢，是吧？但是這確實也做不大。如果能做大的話，整個社會就不合理了。所以你看到，投機的所有策略到最後都做不大，也沒有長期業績。凡是能夠做大、有長期業績的，基本上都是投資者。

順便談談，指數投資為甚麼也可以有長期回報？ 因為指數投資基本上就是全部投資者和投機者的總和，如果投機者最終的結果歸零，那麼指數投資的結果實際上就是投資者的淨結果。數學上來説是不是這樣？這就是為甚麼指數投資可以有長期回報，但這種情況只可能在其經濟體已經進入現代化的社會中發生。現代化經濟體能夠自發地產生累進、持續的經濟增長，而且在實行市場經濟和股市註冊制的市場，其股市指數能夠比較代表經濟體裏所有的規模公司，在這種情況下，指數投資基本上就能反映出這個經濟體大體的經濟表現、商業表現。

三、能力圈

接着我來談下一個問題：假設我既不想去信息剝削，也不想去玩零和遊戲，而是真的想正正經經做一個投資人，該怎麼去做呢？

這就回到了能力圈這個概念。因為我們做投資者就是要去預測所投資的公司未來大體的經濟表現，亦即對公司基本面的分析。

要弄清楚這個公司為甚麼賺錢、怎麼賺錢、將來會賺多少錢？遇到競爭的狀態如何？它在競爭中的地位如何？我把這個過程統稱為建立自己的能力圈。

下面的問題是，如果我剛剛開始學習價值投資，如何開始（建立我的能力圈）呢？我怎麼才能學會如何分析公司呢？各種各樣的公司看了很多，但不知道從何下手。經過一段時間的研究之後，覺得對某個公司懂了一些，但是不知道懂得夠不夠。要等到甚麼時候才能買這隻股票？在甚麼價格上才可以買？同學們問的這些問題都很具體，很多從事過這個行業的人也會有這樣的疑問。那麼能不能用賣方分析師給出的估值呢？從賣方的角度看，用甚麼價格能把股票賣出去才是他真正的考量，至於賣出的價格對不對他並沒有那麼關心，反正不是用他自己的錢。但如果是用自己的錢，心態可能就不一樣了。所以說能力圈其實也是投資者的核心問題。

怎麼才能建立能力圈？對每個人而言的確不太一樣，因為每個人的能力不一樣，這裏我可以分享一下我自己是怎麼開始做的。

我進入這個行業其實是誤打誤撞。大概在二十七八年前，那時我是哥倫比亞大學的學生，剛去美國，身上就背了一大堆債務（學生貸款），不會做生意，也不知道怎麼掙錢，所以天天擔心如何償還債務的問題。80年代的中國留學生都沒錢，一下子去到美國，背負的債務還是美元，看起來簡直是天文數字。所以我就老琢磨着怎麼去賺點錢。有一天，一個同學告訴我，學校裏有個人來做講座，談怎麼賺錢，且這人特能賺錢。我一看海報上還寫着提供免費午餐，我說好，那去吧。後來我去到像我們今天這樣大小的一個教室，和我以前去過的提供免費午餐和講座的教室不太一樣。一般有免費午餐的教室都有個能坐二三十個人的大長桌，旁邊有午飯，演講嘉賓坐在前面。我去了就問午餐在哪？同學說那個演講的人叫「午餐」。因為自助餐（buffet）和巴菲特（Buffett）的拼寫就差一個 T，而我剛開始學英語，沒弄清這兩個字的差別。我心想這個人既然敢叫免費午餐，肚子裏肯定得有點東西，所以就坐下來聽了。聽着聽着，我突然覺得他講的東西比免費午餐好太多了。以前我對股市的理解，就是像《日出》（曹禺話劇）裏描述的那樣，那些 30 年代在上海搞股票的人，爾虞我詐，所以我一直認為做股票的人都是壞人。但這位「免費午餐先生」怎麼看都不像個壞人，而且很聰明，講話很有趣。他講的道理淺顯易懂，不知道為甚麼在講課的過程中，我突然就覺得這個事好像我可以做。因為我感覺別的事情我也做不了，但研究數字還是可以的是吧？反正從國內來的，數理化應該還可以。

聽完那個講座後，我第一件事就是去圖書館找資料，研究這位老先生。越研究就越覺得這個事兒還真的可以做。他的理論也好，實踐也好，他寫的那些給股東的信，我基本上都能夠接受。所以我就開始想辦法怎麼去找到有安全邊際的公司，我想有安全邊際的東西肯定是便宜的吧。那時我雖然對公司的生意是甚麼不太了解，但如果只是分析一張資產負債表，小學算術就基本夠用了。所以我就開始去看《價值線》（Value Line），上面有幾千家公司過去十年的基本財務情況。《價值線》把這些公司劃分成不同的類別，其中一個類別是近期最便宜的股票，比如按照 P/B 是多少，P/E 是多少。其實那時我對 P/E 還不太了解，對公司也不太了解，所以我只看資產負債表，看它的賬面淨資產有多少，這些淨資產的價值多少，和股票市值比較。我最先看上的幾個股票，實際上也不知道它們做甚麼生意，反正它們不虧錢。其賬面上要不然就是現金，要不然就是房地產，尤其是擁有其他公司的股票等等，而賬面淨資產都遠高於市值，有些居然是市值的兩倍還多。可能因為我還沒工作，沒見過那些「高大上」的華爾街人士，那時我就是確信有「市場先生」的存在。然後我就專門找了一些在紐約附近的公司去看，看看這些公司是不是真的，它們賬目上的資產是不是真有，它們是不是真的在經營（雖然對它們做甚麼事不太清楚）。所以我開始投的幾家公司其賬面上的淨資產都差不多是其市值的兩倍。因為它們的安全邊際足夠高，價格足夠低，所以才敢買。

但後來我發現了另外一件事，就是我買完以後，突然之間對公司的興趣大增，跟以前那種理論上的興趣完全不一樣了。以前我只是學習，紙上談兵，從來沒做過投資，總覺得這些公司跟我沒直接關係，也就學得不太深。而一旦我買完了一隻股票後，就覺得這家公司真的是我的了。因為巴菲特先生講的關於價值投資的這幾條基本概念我都篤信不疑，尤其是他說的這第一條，就是股票是公司的所有權，我還真信。我就覺得買了它們的股票就是我的公司了，所以每天有事沒事就溜達過去看一看，這公司到底在做甚麼呢？雖然也沒太搞清它們在做甚麼。

例如我最早投資的一家總部位於賓州的公司，當時它把其主要的有線電視業務賣給了當時最大的有線電視公司（TCI），並換成了 TCI 的股票，剩下的資產包括一些電信公司，這些電信公司擁有很多牌照，但收入很低，來自這些子公司的收益跟它的市值完全不成比例。我研究發現這些牌照都是花了大價錢買的，而且買的時間已經很長了，所以雖然賬面價值很低，但應該值很多錢，可是也不知道估值，只知道當時僅僅它擁有的那家最大的有線電視公司（TCI）的股票價值就是這家公司市值的兩倍，如果按照市淨率來算的話，我認為它的股價至少得漲一倍，才跟它擁有的 TCI 股票價值一樣。

結果我買了之後不久，那家有線電視公司（TCI）的股票開始漲起來了，因為它收購了很多其他的有線電視公司。於是我突然之間對有線電視公司也開始有興趣了，我覺得 TCI 也是我的，所以我就開始研究它。這類有線電視公司的業務相當於是一個地方壟斷（local monopoly），一家公司如果在某個地區有牌照，別家公司就不能進來。有線電視用戶都是提前一個月預付費用，所以公司的收益很容易預測，因此它也就能夠去借很多錢，而且成本很便宜，從計算上講其實是很簡單的一個生意。TCI 是一個大型上市公司，它可以用自己的股票以很便宜的價格去買一些小的非上市有線電視公司，所以它每買一家公司，其每股收益都是在增長，其股價也隨着增長。 這其實是一個數學概念，相對比較容易理解。TCI 就是今天美國 AT&T Cable 的前身，現在成為美國最大、最成功的有線電視公司。但那時大概是二十多年前，它只是剛剛開始顯示出與其他同類有線電視公司的不同。

那時候隨着 TCI 股票上漲，我的公司股票也開始上漲了。下面最有趣的事是，突然間那些電信牌照也變得很有用了。這時一種新的產品——手機——出現了！二十多年前手機是一個新鮮事物。我的這家公司擁有的電信牌照可以用來建立一個全國性的手機無線網絡，於是它聘請了當時最大電信公司的總裁去做它的 CEO。這家公司本是名不見經傳的一家小公司，但這件事一下子就轟動了，之後我的狗屎運就來了。這家公司的股票一下子就變的特別值錢，不僅超過了它擁有的 TCI 股票估值，接着又狂漲了好幾倍。 那時候我心裏就完全沒底了，因為對我來說完全沒有安全邊際了，所以我就賣了。當然賣完了之後股票還接着漲了很多，但當時我也弄不太清楚無線網絡生意到底怎樣，其實到現在也沒有完全弄清楚。

但是這個事情給我一個經驗，我發現如果能有足夠安全邊際的時候就敢買。另外我還發現，買完了以後人的心理 (mentality) 就真的變了。價值投資所說的股票是一種所有權，這其實也是一個心理學的概念。以前我不太懂，買完了之後才懂。光是理論上這麼講沒用，一到我買完了之後，突然發現自己成了所有者，我發現自己對所投的公司哪方面都關心。那家我買了股票的公司，記得有一次我週末去拜訪，保安不讓我進，結果我居然跟保安興趣盎然地聊了一個鐘頭，我問說你們保安是怎麼雇的，待遇如何等等。我真的把自己當老闆了，對公司的方方面面都特別有興趣，而且這些興趣特別有助於我了解公司。其後因為它我開始研究有線電視公司，發現有線電視公司非常有意思。再後來又研究電信公司，覺得也很有意思，興趣就起來了。我於是開始一家一家地研究另外幾家類似的公司，對這個行業也了解得越來越多。買進去是因為有安全邊際，但是進去之後我發現自己開始對生意本身產生了興趣。因為這件事告訴我，公司的價值不只是資產負債表帶來的，更主要是它的盈利能力（earning power）帶來的，所以我開始對公司本身特別有興趣。大的公司我也不太了解，所以我就找一些比較小的公司，而且最好就在我當時住的紐約附近的，這樣我可以隨時去查看自家的公司。跟誰聊都行，跟門口保安聊聊也行，反正是自家雇的對吧？ 所以我就發現人的心理（在真正買入股票以後）發生了變化，變得對公司所有的一切都特有興趣。

那個時候對我來說最有啟發（revealing）的還有另一間公司，這間公司擁有很多加油站，這讓我對加油站也很有興趣。那時候我住的地方附近有兩家加油站，在同一個路口上，一邊一個，但是我發現有一家加油站比另一家顧客多很多，哪怕是在相反道上的車也過來加油。兩家加油站的價格其實一樣，油也是一樣的，是同一個標準。我當時覺得很奇怪，覺得既然是自家的公司，一定要看看到底怎麼回事。我去看了，發現車特別多的那個加油站的擁有者是一個印度的移民，全家都住在那裏。一有客人來的時候，他就一定要拿一杯水出來給客人，你不喝也會遞上，然後還跟你聊聊天，如果小孩放學在的話還會來幫你清掃一下車。另一家的管理人是一個典型的白人，人也不壞。（加油站）不是他擁有的，他是擁有者雇來管理的，所以他基本上就在店裏面不出來，外面怎麼樣他都不管。就這一點區別，我根據統計發現兩個加油站的車流量在同一段時間內至少差三倍。這個時候我就開始明白，管理人是不是有擁有者的心態也很重要。通過這些事兒，我就開始慢慢地理解，一個公司怎麼賺錢，為甚麼能比別的公司賺得多。像這個加油站的例子就是最典型的，完全同質的產品，一點差別都沒有，但是服務上稍微差了一點點，流量就能差三倍。那位印度人這樣做的原因是甚麼？跟我一樣因為他是移民，需要錢，如果他不能把顧客拉進來，他經濟上肯定會有問題。另一邊就沒事，生意跟他沒甚麼關係，他就拿着工資，假裝在工作。所以就是這一點差別。這個時候開始，我就對公司本身是怎麼管理的，每個公司在競爭中的優勢，哪些優勢是可持續的，哪些優勢不可持續等問題產生了興趣。所以後來我就在我能理解的一些小公司中找到了一兩個特別有競爭優勢的企業，並獲得了很好的回報。 再後來又從理解小公司變成了理解大公司，能力圈也跟着一點點變大。

我舉這些例子想要說明的是，如果你要建立自己的能力圈，你投資的東西必須是你真知道的東西。安全邊際很重要，你只要對在安全邊際內的那部分真懂，其他的你不懂不重要。這是第一點。

第二，一旦你開始用所有者的角度來看生意的時候，你對生意的感覺就完全不同了。如果說我不用真的去買，也能夠用生意擁有者這個角度去看待當然是最理想的，但是從人的心理角度來說，做到這點很不容易。所以這種心理學的技巧（psychological trick）是有用的。我們都有敝帚自珍的心理，一旦說這是我的東西了，它哪都好！所以一旦你把自己視為擁有者的時候，你會瞬間充滿了學習的動力。我讓我公司的研究員去研究一家公司，第一件事就是要告訴他，假設你有一個從未謀面的叔叔，突然去世了，留了這家公司給你，這個公司百分之百屬於你了，那麼你應該怎麼辦？你要抱着這樣的心態去做研究。當然做到這點和你實際擁有還是不太一樣的。尤其是我剛開始做投資時，個人淨資產是負值，所有的錢都是借來的，這給我帶來非常大的動力。其實現在也是一樣，我們和所有人談話也都是抱着百分之百擁有公司的心理。我們去公司調研，和誰都得談，碰到保安也得聊一聊，他的工作做得怎麼樣？他是不是雇得合理？我們人力資源的政策是怎麼樣的？所有的問題都會關心。

第三，知識是慢慢積累起來的，但是你必須一直抱有對知識的誠實（intellcctual honesty）的態度。這個概念非常重要，因為人很難做到真正客觀理性。人都是感情動物，我們相信的東西、對我們有利的東西，通常就會成為我們的預測。我們總是去預測這個世界對我們很好，而其實客觀上我們都明白，這個世界不是為你存在和安排的。所以做到對知識的誠實很難但是非常重要。知識是一點點積累起來的，當你用正確的方法去做正確的事，你會發現知識的積累和經濟的增長是一樣的，都是複利的增長。過去學到的所有經驗都能夠互相印證、互相積累，慢慢地你會開始對某些事情確實有把握了。

另外對我來說很重要的一點，就是一定要讓你的興趣和機會來主導研究，不要聽到別人買了甚麼東西，我也跟風去研究。別人的股票和機會是別人的事，與你無關，你只要把自己的事情做好。如果你發現了機會，那就去研究這件事；如果你對某樣東西有興趣，就去研究它。這些機會、這些興趣本身會帶着你不斷地往前走。一點一點去積累你的知識，不用着急。

最後的結果是每個人的能力圈都不一樣。每一個價值投資者的投資組合都不太一樣，也不需要一樣。你不需要跟別人多交流。你要投的東西也不會太多。因為每一件事情要想搞懂，都需要花很多很多時間，一隻股票、一個公司也是如此。你最終建立起來的能力圈、能夠大概率預測正確的公司一定很少，而且一定是在自己的能力範圍內。如果它不在自己能力範圍內，你也不會花時間去研究。所以你的能力圈必定是在小圈裏。真正能賺錢，不在於你了解得多，而在於你了解的東西是正確的。如果你了解的東西是正確的，你一定不會虧錢。

四、價值投資人的品性

下面一個問題，甚麼樣的人適合做價值投資？價值投資人是不是有一些共通的、特殊的品性？沃倫和查理一直說，決定一個價值投資人能否成功的因素不是他的智商或者經歷，最主要的是他的品性。品性是甚麼呢？下面我來談談自己的理解。以我個人這麼多年的經驗，我也覺得，有些人不太適合做價值投資，有些人則天生更適合。

第一點，他要比較獨立，看重自己內心的判斷尺度，而不太倚重別人的尺度。比如說，有些人的幸福感需要建立在他人的評價上，自己買的包，如果得不到他人的讚美，就失去了意義。另外一些人就不一樣，自己的包，只要自己喜歡，每天看着都高興。獨立的人往往不受別人評價的影響，這是種天生的性格。而獨立這個品性對投資人特別重要，因為投資人每時每刻都面臨着各種各樣的誘惑，而且還常常因為比較而產生嫉妒情緒。

第二點，這個人確實能夠做到相對客觀，受情緒的影響比較小。當然，每個人都是感情動物，不能完全擺脱感情的影響，但是確實有些人能夠把追求客觀理性作為價值觀念、道德觀念來實踐。這樣的人就比較適合做價值投資。投資實際上是客觀地分析各種各樣的問題，還要去判斷很長時間以後的事情，這件事本身是很困難的。如果我們不是從公司資產負債表的角度來看，而是談公司的盈利能力，那麼競爭是最重要的。收益好的公司一定會吸引大批競爭者，競爭者會搶奪市場和利潤，所以預測一個當前成功的公司在十年後能否保持高利潤是很難的，即便公司的管理者也不見得能説得清，往往更為「當局者迷」。所以你必須要保持一個非常客觀理性的態度，能夠不斷地去學習，這極其重要。

下面一個品性也比較特殊，這個人既要極度地耐心，又要非常地果決，這是一個矛盾體。沒有機會的時候，他可以很多很多年不出手，而一旦機會降臨，又一下子變得非常果決，可以毫不猶豫地下重注。我跟芒格先生做投資合夥人十六七年了，我們每個禮拜至少共進一次晚餐，我對他了解蠻多。我這裏可以講一個他投資的故事。芒格先生訂閱《巴倫週刊》(*Barron's*)，就是美國《華爾街日報》的一個跟股票市場有關的週刊。這個雜誌他看了將近四五十年，當然，主要目的是去發現投資機會，那麼在整個四五十年中，他發現了多少機會呢？一個！就只有一個，而且這個機會是在看了三十多年以後才發現的。那之後十年再也沒發現第二個機會。但是這不影響他持續閱讀，我知道他依然每期都看。他有極度的耐心，可以甚麼都不做，可是他真的發現這個機會的時候，他就敢於全部地下重注，而這個投資給他賺了很多。這是一個優秀投資人的必備品性：你要有極度的耐心，機會沒來的時候就只是認真學習，但是機會到來的時候，又有強烈的果決心和行動能力。

第四點，就是芒格先生為甚麼可以連續四五十年這麼做，就是他對於商業有極度強烈的興趣。沃倫和查理總是講商業頭腦(money sense)，商業頭腦就是對生意的強烈興趣，而且天生地喜歡琢磨：這個生意怎麼賺的錢，為甚麼賺錢？將來競爭的狀態是甚麼樣的？將來還能不能賺錢？這些人總是想徹底弄明白這些問題，這個興趣實際上是他最主要的動力。

這幾個性格都不是特別的自然，但是這些性格合在一起，卻可以讓你成為一個非常優秀的投資人。這些品性中有一些是天生的，有些是後天的，比如說對商業的興趣其實是可以慢慢培養出來的。但是有些品性，比如說極其的獨立，比如極度的耐心和極度的果斷，則未必能後天培養出來。一般的人三十多年看個東西，甚麼也沒發現，絕大多數人早就不看了。而發現了這一個機會之後，就總想馬上再發現一個。但是芒格先生沒有，我因為跟他很近，所以觀察得很清楚，他的性格確實如此。獨立這一點也不是特別容易做到，因為絕大部分人會受到社會評價的影響，會關注別人的看法，這樣的人在價值投資的道路上很難堅持下去。

相比之下，智商和學歷真的不太重要。如果智商和學歷重要的話，那牛頓就是股神了。實際上，牛頓在泡沫最熱的時期把全部積蓄投資在南海公司的股票，幾乎是傾家蕩產。所以即使你覺得自己比牛頓還要天才，其實也沒用。你絕對不需要這麼高的智商，不需要那麼聰明，更不需要有天才，反正我是肯定沒牛頓聰明。投資行業真的不需要特別高的智商，不需要太多顯赫的學歷和經歷。我看過太多的聰明的、高學歷的、經歷豐富的投資人，結果卻很不成功，動不動就被投機吸引過去了。當然他們可以說自己是用基本面分析方法加上對市場的了解等等，反正說起來都一套一套的。人越聰明，就越說得天花亂墜，結果就越糟糕。你不需要科班出身，也不需要念 MBA ，但是你要對商業有強烈的興趣。如果你本身對商業沒有強烈的興趣，就算上了 MBA 也不一定能培養出來。

我有個投資做得非常好的朋友跟我說投資和打高爾夫球很像，我很同意。你必須得保持平常心，你的心緒稍稍一激動，肯定就打差了。前一桿跟後一桿沒有一點關係，每一桿都是獨立的，前面你打了一個小鳥球（birdie，高爾夫球術語，比標準桿低一桿，是非常好的成績），下一桿也不一定能打好。而且每一桿都要想好風險和回報。一個洞的好壞勝負並不會決定全局，直到你退役之前，都不是結果。而你留在身後的記錄就是你一生最真實的成績，時間越長，越不容易。所以多打打高爾夫球，對於培養投資人的品性有幫助。冥想（meditation）也很有好處，它能夠幫助你對自己的盲點認得更清楚一些。又比如打橋牌可以培養你的耐心等等。有一些東西可以幫助你提升這方面的修養，尤其是我說的這些品性裏後天的成份。跟高爾夫球一樣，有的東西你一段時間不練習、不實踐，確實會忘記。一旦脱離了商業，你的敏鋭度（sharpness）確實是會慢慢消失的。

如果有些人說我的確不具備這些品性，該怎麼辦呢？我的建議是不要強迫自己去做不擅長的事。你可以去找有這些品性的、擅長的人去幫你。人總是需要找到自己比較擅長又喜歡的事情來做，這樣自己才能做得高興、充滿動力，因為不是為別人而做。

五、普通人如何保護並增加自己的財富

下面我們來談談一個普通的投資人，他可能不想做一個專業的投資人，也可能沒有機緣，那他如何能夠保護自己的財產，讓財產慢慢地增加？

第一，別忘了你的備選 (alternative) 就是現金。現金也可以是基本面研究分析的結果。當你沒有發現更好的機會成本的時候，現金是個不錯的選擇，肯定比你亂花錢去投機強。

第二，如果一個市場的股權能夠大致反映經濟的整體狀況，那麼指數投資還是很有用的。如果經濟本身以 2–3% 左右的速率實際增長，加上通貨膨脹，也就是 4–5% 左右的名義增長，那麼經濟體裏的規模以上公司的平均利潤會再稍高一些，比如說有 6–7% 的增長。我們前面講到，如果以這樣的速率增長 200 多年，就是百萬倍的回報，即使是在你的有生之年，30 年、40 年的過程中，也會給你帶來相當不錯的回報。所以你不要去相信那些動不動就說每年百分之幾十回報率、翻倍收益的人，這多數是些投機的人。投資這件事一定要靠譜。甚麼事情是靠譜的？可持續的事。如果不可持續，就不用聽了。所以指數投資在指數能夠大致反應整個經濟體平均表現的情況下，是一種不錯的選擇。

如果你能夠找到優秀的投資人當然最好，但是找到優秀的投資人不是特別容易，尤其在國內現在的環境裏。我們其實很想在國內建一個像 Graham and Doddsville 那樣的價值投資的小村落，有些原住民住在裏面，大家願意把自己比較真實的回報率，以及如何得到這樣的回報率拿出來分享，看看有沒有長期的結果。現在有很多投資人，動不動把他管理的基金叫「產品」。我很難理解這種說法，感覺是工廠裏生產出來的一樣，而且動輒幾十個，好像沒有一兩百個產品都不能叫成功的投資人，但最後你根本搞不清他的投資結果是甚麼。我 23 年來就管理一支基金，我的錢基本都投在裏面，這樣相對來說就比較好判斷投資結果。你如果能夠找到值得託付的投資人，而且是實實在在地用正確方法做事的，這當然是非常好的選擇。

一般來說，選擇投資人首先一定要看清楚他是不是一個投機者。第二，他要具備一定的投資人的品性。第三，他對於自己的專業有一定深度的了解，而且有一個相對較長的投資回報表現記錄。接下來，你要看他選擇的能力圈是不是在一個競爭激烈的圈子裏，如果他的能力圈剛好處在一個競爭不太激烈的範圍之內，就更有可能獲得比較好的回報。還有你要看他的收費方式是不是合理的、雙贏的，他的利益和投資人有沒有大的衝突。最後一點是這個人年齡還不算太大，還能在相當長的時間裏讓你的財富複利地增長。如果你能夠找到滿足所有這些條件的投資人，可以說是非常幸運了。

但是總的來說，個人投資者最忌諱的就是被市場誘惑，像牛頓那樣，在市場非常炙熱的時候進去，又在市場低迷的時候出來。不去參與投機是最基本的原則，只要你做到這點，而且只去投資你懂的東西，不懂的東西不做，基本上不會虧錢。有些人立志自己去做投資也很好，但是因為個人投資者時間相對比較有限，所以投資必須要比較集中，一定要投資你確實特別了解的少數幾隻股票。這個集中度很重要。因為個人投資者的時間、精力、經驗等都是集中在很少的幾個範圍之內，所以在這些範圍之內你就只能是集中，必須要集中。通過長期的努力個人投資者也可以做到這種程度。但是最忌諱的是去交信息剝削税。你去看一看基金管理人的收費機制，如果不是雙贏（win-win）收費機制的就不要考慮了，凡是只對管理人有好處的，肯定有問題。

所以，如果你了解這幾個基本原則，就可以保護好你的財富，也可以讓你的財富慢慢地增長。只要是以複利的方式、正確的方式增長，那麼即使是慢慢地增長，長期的回報也是很可觀的。絕大部分人對複利沒有信念，是因為複利這個現象在生活中並不常見。比如説，最有可能複利增長的是各種經驗、智慧，但因為絕大部分人的學習方法有問題，所以他們的知識無法積累，而且常常老化，因此他們連最基本的知識複利現象也看不到，很難去想像複利的力量有多大。如果你對投資有興趣，那你一定要理解複利的魔力，愛因斯坦稱它為世界第八奇跡是絕對有道理的。當你得到複利增長的機會的時候，雖然它看起來不那麼高大上，比如説百分之六、七、八、九這樣的機會，你也一定要明白，這是你一生最重要的機會，一定要抓住。只要複利的時間足夠長，這就是你人生最好的、最重要的機會。以上幾點就是我對於普通人的建議。

六、價值投資與人生

最後我們總結一下價值投資。價值投資是不是一種信仰？我覺得可能是，因為它確實體現了一種價值觀 —— 你不願意去剝削別人，也不願意玩零和遊戲，只願意在自己掙錢的同時，也對社會有益。你不願意去做一個完全靠賭博掙錢的人，所以下次當你看到投機的人時，你不用跟他說「祝你好運（Good luck）」，因為他不可能一直都好運，你應該說「玩得開心點兒（Have a good time）」。大家到賭場去玩，其實就是去買高興，你花了錢都不能玩得開心，那這錢就白花了。很多人回來之後情緒非常低落、抑鬱，那就白去了，更怕的是變成賭徒了，最後輸得一窮二白。如果你只是當作去賭場玩一下，這是可以的。但是如果你的價值觀念不是賭徒的價值觀念，那你就要在股票市場上遠離賭博，不懂的東西絕對不做。懂的事情就是你能夠在相當長的時間裏，以極高的概率預測正確的事情。如果不能滿足這個條件，你寧可不碰。所以從這個角度來說，價值投資確實體現了一種價值觀念，可以說是一種信仰。

如果是一個信仰，就必須要得到驗證，過程中你還得經歷一下絕望的考驗，所以你的感情一定會上下起伏，至少在剛開始時是這樣。但是慢慢地，你會真正把它變成自己人生的一部分，波瀾起伏逐漸變成了榮辱不驚。由你強烈的對生意本身的興趣帶領，慢慢建立起屬於自己的能力圈，然後在自己的能力圈之內游刃有餘，之後你就可以心無旁騖，遠離雜音的干擾。所以我發現真正成功的投資人，大多數都離金融中心比較遠，而且離得越遠，業績越好，比如說奧馬哈。其實和北京、上海、紐約、香港這些金融中心的人交流少一些可能更有幫助。那些聽起來「高大上」的交易理論、說法其實都是雜音。為甚麼叫雜音呢，因為投機最終的淨結果是零。如果對我今天的分享你只記住一件事的話，只要記住這個零和概念——投機的淨結果都是零。雖然大家不提，但事實就是這樣，這是一個很簡單的數學概念。你記住了這一點，下次再碰到那些「高大上」的說法，你就可以把他們當作市場先生。你會發現，格雷厄姆對於市場先生的形容其實還是很貼切的。

最後我想說，學習價值投資的整個過程對我個人來說其實特別有意思。最開始為了生計，我誤打誤撞、機緣巧合地闖進這個行業，進入後發現真的是別有洞天，這個行業確實有很多不可思議的事情，讓你時刻都在學習新鮮的事情，感受到你的見識、判斷力真正是複合性地在增長。所以你不僅能體會到你的資產回報複合性的增長，還能夠體會到自己的能力、學識、見識，都以複利的方式增長。在投資這個行業中，你能同時看到兩種現實生活中不常見的複利增長現象，這是非常有意思的事。

我年輕的時候一直在追尋人生的意義，後來我漸漸悟到其實人生真正的意義就是追求真知。因為真知可以改變生活，改變命運，甚至可以改變世界。而且人和其他我們能觀察到的事物、和客觀世界完全不同。我們觀察到的物質世界基本上是一個熵增的世界，能量從高處往低處流動，大的總是能夠吃掉小的，體積大的星球撞擊體積小的星球必然能將其壓碎，整個地球、宇宙到一定程度也會走向湮滅。但是人類世界不同，人可以把世界變成一個熵減的世界，可以讓熵倒流。人可以通過學習，從完全無知變得博學；人可以通過修身養性，成為一個道德高尚的人，對社會有貢獻的人；人還可以創造出這麼多以前根本無法想像的新事物。自從人類來到地球，整個世界、地球都發生了巨變，今天我們甚至有可能離開地球移民太空，可以讓宇宙都發生變化，這些完全是有可能的。前面提到，我做的第一個投資和無線電話有關，雖然當時我也沒完全搞清楚。26 年後的今天，我們誰還能夠離開手機？手機、互聯網，所有這些其實都只是一個小小的真知創造出來的巨大的變化。互聯網其實就是 TCP/IP，就是一個協議（protocol）。整個計算機就是一個 0 和 1 的排列組合，再加上用硅和電來決定是 0 還是 1 的二極管——就這麼一個真知讓整個世界發生了翻天覆地的變化。

所以對我來說，投資的經歷讓我真實感受到了人的熵減過程。投資，尤其是在正道上的價值投資，其實就是一個人的熵減的旅程。在這個過程中，你確實可以幫助着去創造，你確實可以做到「多贏」，你不僅幫助了自己，也幫助了身邊的人。而且這些被你所支持的洞見，能夠讓人類世界變得和其他生物所在的客觀世界完全不一樣。我覺得這是一件特別美妙的事，我想把這種感覺也分享給大家。希望我們能夠在價值投資的路上，可以一起走得很遠。謝謝大家！

2019 年 11 月 29 日

Q&A 部分

問：作為從事了十多年行業分析的賣方分析師，在轉型價值投資的路上，有哪些挑戰？該怎麼切入？已經是一個老司機了，怎麼樣換頻道？

賣方、買方實際上就是心理的一個變化。為甚麼我會有公司所有者的心理，是因為我買了第一隻股票以後，就發現這個公司真的是我的。人的心理就是這樣，對自己擁有的東西感覺就會不同。賣方的情況也是一樣的，如果我老想着要把股票賣出去，因為公司給我的激勵機制就是要我賣出去，那麼我總要把我的這頭豬打扮得漂亮一點兒，甚至可以把它說成是麒麟。當然也可能你賣的正好就是特別好的東西，比如你負責研究茅台，確實本身也是很好的企業，但是你從心理上首先想把它賣出去。從人的心理上來說，確實基本上屁股和腦袋是很一致的，這一點很難改變。因為你如果不這樣的話，你就太彆扭了，在任何地方都待不下去。所以當你從賣方過渡到買方的時候，比如我發現我以前很多做投行的朋友去做投資，基本上都不太成功，因為他還保持着原先做投行的心理，最主要是要把主意賣給別人，因為賣得太好了，所以把自己也說服了。人都是這樣，所以說別騙自己，因為自己最好騙。你把「賣給別人」做得特別好的時候，常常就把東西賣給自己了，這個是一定的。所以我就說客觀理性特別重要。

如何客觀理性？你需要把自己的位置調換一下。所以我覺得你在正式轉型之前，最好是先做一些個人投資，感受一下這兩者在心理上的差別。做了一些個人投資之後，你會真的感覺到這個公司是我的了。你的想法和賣方的想法就開始發生很大的變化，你去收集信息的方式也不一樣，相當於你接受信息的天線開始轉向。當你的天線發生轉向的時候，你會發現收集到的信息也不一樣了。

所以我認為第一步需要在心理上做調節。最好的辦法是你先自己來做一做，在正式加入價值投資的行列之前要自己做些投資，但是要用價值投資的方法，而不是用賣方的方法。賣方的方法就是「我想賣的東西永遠都是最好的」。你如果沒有這個想法，也很難做好賣方。所以你碰到一個賣保險的，看到誰都想把他發展成下家，看着誰都像下家，為甚麼？靠着這個他才成功，這沒辦法！所以最重要的第一步是要在心理上作調節，當你感覺到心理發生變化的時候，就會開始脫離原先賣方思維給你的枷鎖。

但是原來你對商業的了解、對公司的了解仍然是可用的、可積累的。而當你用所有者的天線去重新梳理信息的時候，會發現很多信息的頻道發生變化了，信息發生變化了，你的知識還有用，但是你組織知識的思維結構會發生一些很微妙的變化，而這些變化特別重要。你要不走完這一步很難直接轉到買方。

問：研究錯誤能讓人理解成功。您是否見過立志做價值投資的年輕人，尤其是具備您所說的品性的人，但是最後沒有堅持下去而失敗的？如果您見過這樣的人，他們為甚麼失敗？

我見過很多不同的人，也有各種各樣失敗的原因，最主要的原因還是興趣。一個人最終能夠堅持把一件事情做好，這件事必須要符合他的興趣。最容易成功的方向其實就是你既有興趣又有能力的方向。比如說有些人，可能他有價值投資的品性，但是他對別的事情更有興趣。學習了一段時間價值投資後，他又被別的東西吸引過去了，這是完全可以的，而且我認為這是一個合理的決策。我認為，最重要的不是哪一個行業能賺更多的錢。如果抱着這個念頭，你就會去跳來跳去，因為總是有人比你賺的錢更多。你要是用賺錢多少來做判斷，你生活得一定很悲慘。所以最終還是要跟隨自己的興趣。如果你的興趣在價值投資，只要你走在這條路上了，一般來說會越走越遠，越走越長。但是如果興趣不在此，我看到的最多的例子確實是興趣不在此。但是他在價值投資中學到的東西在別處都會有用，前提是他的品性要比較適合價值投資。

問：怎麼確定自己對於研究的公司懂和不懂？自己覺得懂和事實上真的懂，有沒有一個客觀判斷的原則標準？

因為我們做的是預測，所以懂和不懂其實就看你預測得對不對。但是對不對這個謎底不是馬上揭開的，都要很多年以後才揭開。如果你是對知識誠實的人，你會一直堅持去揭曉這個謎底，所以你自然會知道你是真懂還是不懂。我對自己公司員工的標準是，如果你對一個公司的研究達到懂的狀態，你要能看得出十年以後它最壞的情況是甚麼樣。最好的情況常常會自然發生，所以你要明白它十年之後最壞會到怎樣的情況。如果我做不到這一點，我就不太能說自己懂這個公司。但是我的預測結果發生的概率要很高，在非常高的概率下我是正確的，而且我還要跟它十年去看一看我的預測對不對。

所以這確實是一個比較難的問題。最難的地方在哪裏？在於人有很多天生的心理傾向。芒格先生在《窮查理寶典》中專門列出了 25 種人天生的心理傾向，可能實際情況比這個數字還要多。這些心理傾向之所以存在，是因為我們人類的大腦基本上是自然選擇、設計的結果。 自然選擇的大腦其最主要的功能是讓我們能夠產生更多的後代，能夠生存下去。但是我們今天的生活狀態實際上是一個文化進化的結果。我們已經生活在高度文明的社會裏面，文化進化的社會中很多規則和生物進化不太一樣，所以我們身上的那些先天的心理傾向有很多硬傷，讓我們不能夠非常客觀、理性地去做判斷。這就是為甚麼我們在學習和研究中確實會遇到這位同學提的問題，他覺得都懂了，但是他其實並沒有明白自己身上的盲點，而沒有明白自己身上的盲點導致的結果是他最終被證明是錯誤的，他其實確實不太懂。

所以當你覺得你明白一件事情的時候，你首先要知道你不明白甚麼事，因為我們明白的事情肯定是有限的。能力圈最重要的概念就是能力圈有邊界，它是一個圈。你如果不知道這個圈的邊界在哪裏，說我都明白了，那你肯定就不明白。你還要明白，當你知道一個事情是正確的時候，一定要知道它甚麼時候會錯才行。芒格先生有一個標準，我覺得還蠻有用的。他說如果我想擁有一個觀點，我必須得比我能夠找到的最聰明的且反對這種觀點的人還能反駁這個觀點，只有在這種情況下我才配擁有這個觀點。我覺得這是一個不錯的標準。你可以用這個標準來判斷自己懂還是不懂，你可以反過來想，能不能找到我認識的最聰明的人，把我所謂懂的東西駁倒，然後我發現他的思維還不如我，我比他駁得還厲害。這個時候有可能，也不能說完全，你確實是理解了。

但是你必須得知道你的這個理解在甚麼時候是錯誤的，換句話說，你必須要知道你的這個能力確實是在一個圈裏。你如果不明白你能力圈的邊界在哪裏，你實際上就不明白，因為你不可能都明白。這麼說有點抽象，但是一旦到具體問題的時候就很實在了。我們公司有幾位同事坐在這裏，他們每個人都經歷過我問的問題。我的問題一定會把你推到邊界上去，你不被推到邊界上就不可能真的理解。這就要靠知識的誠實，要不斷去訓練，一下子很難做到。大家如果不是用這種思維方式來生活，確實不太容易做到真懂。這種習慣對一個人一生都特別有幫助。

問：您剛才講了怎麼樣做到真懂。您前面也提到價值投資是學習的過程。能否請您分享一下用甚麼樣的學習方法，才能感受到知識複利的增長？

有用的知識要具備這麼幾個基本條件。首先它可以被證實，它的邏輯和你看到的事實都能夠支持它，再者它確實能夠用來解釋一些事情，有很強的解釋力，同時它還要有比較有用的預測能力。所以我們看到現實生活中的知識裏最有用的、最符合這些標準的知識就是科學知識。科學知識的確滿足了上面說的所有標準。但是我們現實生活中遇到的現象大多數沒有科學理論的依據，因為我們碰到的事情多多少少跟人有關，而跟人有關的事情多多少少是一個幾率的分佈。我們學習數學，微積分其實不是太重要，但是統計學一定要學好。因為現實中遇到的幾乎所有的問題都是統計學的問題。我們再回到這個問題，研究現實生活中這些問題用甚麼學習方法呢？ 你還是要用科學的方法，但你必須要知道你得到的是模糊的結果。你寧願要模糊的正確，也不願意要精確的錯誤。你要用科學的方法去學習，這仍然是最有效、最能夠積累知識的方法。

另外對我而言最有用的方法是讓自己的興趣做引導。當你對一件事情有強烈興趣的時候，你能在比較短的時間內、比所有人都有效率的情況下積累起這方面的知識，而且做得比所有人都更好。因為你最終使用這些知識的時候，還是會在一個競爭的環境裏；你對於一個事情的判斷，還是要拿來跟別人的判斷進行比較的。當你對一個事情有強烈的興趣的時候，別人停止學習的時候你可能還在想，別人已經滿足的時候你可能還在問，這就會讓你獲得最重要的優勢（edge）。所以讓自己的興趣來引導，用科學的方法、誠實的態度緩慢地、一點一滴地去積累知識，仍然是我看到的唯一可靠的學習方法。

問：我們周圍有兩類比較成功的投資者，一類是判斷大局，判斷企業的大格局，相信優秀、誠信的管理者，把企業交給管理層來管理，自

己做甩手掌櫃，這是一類成功的投資者，另一類是希望自己比管理層還懂企業的生意，事無巨細都希望了解。請問您對這兩個風格的評價是甚麼？

這兩類風格其實都是獲得知識的一部分。對企業來説，其管理人的水平的確是一個很大的變量。一個企業在長期發展中，時間越長，尤其是還在初創時期中、處於一個高速發展的環境下，創始人和企業主要管理者確實對公司的價值會起到非常重要的作用。但是企業的很多特點又是由行業本身的競爭格局形成的，並不以個人的意志為轉移。一個人不管有多大能力，在一個非常差的環境裏其實也做不出多麼優秀的結果；一個相對資質沒那麼高的人，在一個特別好的行業裏面，也可以做得非常優秀。比如有很多優秀的國企，其實它們的領導壓根就沒幹過企業，這也不影響它們的業績表現很好。每一個企業具體的情況是不一樣的，具體情況要具體分析。但是標準都是一樣的，就是你獲得的知識最終還是要能夠用來比較準確地、大概率地預測未來很多年以後的情況。無論你用甚麼樣的方法、從甚麼樣的角度、從哪一個方面，其實各個方面你都要覆蓋。你要了解一個企業，必須要了解它的管理層，也必須要了解它的行業基本規則。 所有這些都是價值投資相對來説不那麼容易的原因，你要了解的東西很多很多。

這就是我們為甚麼要有一個安全邊際的概念。今天我對安全邊際的概念講得相對比較少。我們使用安全邊際最主要的原因是因為我們對未來的預測是有限的，我們的知識是有限的。如果你有足夠的安全邊際、足夠的價格保護，這會讓你在不太懂的情況下也能賺很多錢。為甚麼我剛才講課時舉了那個例子？它的生意用今天的標準來看我真的一點都不懂，真是撞了狗屎運，賺了好幾倍的錢，其實我應該賺一倍的錢。但就是因為有安全邊際，所以我敢去投。然後在投完之後，進而又學習到了很多東西。所以說安全邊際特別重要，當你對未來的預期不太清楚的時候，一定要去選擇那些特別便宜的機會。你在選擇不同機會的時候，便宜仍然是硬道理。

問：請您給大家介紹一下企業的哪些特點要素是企業護城河的主要來源？是品牌、管理團隊，還是它的商業模式？您最看重的幾類護城河是甚麼？

這要看時間有多長。時間越長，這個行業本身的特性是護城河最有效的保護；時間越短，人的因素越重要。

每一個行業、每一個企業的競爭優勢的來源都不太一樣，可保護的程度也不太一樣。雖然我們要求的最終理解的標準一樣，分析的方法一樣，但實際上你花了很多時間去研究後最終得到的答案是，絕大部分企業其實是說不清楚的，也沒法預測。很多企業本身的變化確實不構成持續的競爭力。比如我們舉最簡單的例子——餐館，在任何時候，每過一段時間總有一批餐館在北京是生意最好的，某一個菜系是生意最好的。但是你會發現沒過多久又變了。因為即便它現在很好，很難保證它將來還會很好。像這類企業，你可以花很多時間去了解，但是最終你會發現，其實你很難判斷。

我覺得至少對我個人而言，我會把時間都花在那些在我看來更能夠預測的行業裏，然後在這些行業裏邊再去找找看，哪些企業它可預測不僅僅是因為它所在的行業本身可預測，而且也因為它自身確實優秀——優秀的含義就是它對資本的回報遠高於它的競爭者。然後我在這些企業中再去發現有哪些東西其實我還是蠻有興趣的，可能我還有一定的能力去研究，或者已經在我的能力圈範圍之內。這些經過精挑細選後的企業才是我應該花時間去研究的。全球上市的企業大概有 10 萬家左右，但是你在任何時候其實不需要研究超過 5 到 10 家公司，所以你第一個最重要的工作是做減法。很多東西你可以忽略不計，很多東西都不在你的能力範圍之內。你做的唯一重要的事情是確保如果一個機會是在你的能力範圍之內，屬於你的機會，你一定不能搞錯！但是不屬於你的機會，你完全可以忽略。

我還是回到原來說的，要做自己相對來說比較了解的，然後也可以在選擇上比較挑剔。因為你一旦了解了一個公司之後，你可以慢慢地等待，當機會來的時候，當價格開始進入到相對於你認為的價值有足夠的安全邊際的時候——這時即使你錯，你也不可能虧錢——在這個時候你可以大規模地下重注。所以這樣看來，你的研究最好集中在你能夠真的弄透、弄明白的事情上。而且既然你選得很少，不妨就選擇最優秀的。當然你也可以選最小的、可以抓得住的，也可以去選價格已經很便宜，如果能夠理解透、安全邊際足夠高，不可能會虧錢的。總之你投的是確定性，你要迴避的是不確定性。當價格可以給你提供確定性，那價格就成了最重要的考量；當你自己的知識圈、你的能力、判斷力成為你的確定性的時候，最好你研究的是本身特別優秀的企業，這樣你就不需要不斷地每過幾年更換標的，你就可以持續很久很久，讓這個公司本身的複利增長來為你工作。

問：通過你的講座，我們對價值投資人具有哪些特點，包括性格特點有了一定的了解。您看中的企業家，他們的最主要的特點是甚麼？

我從事廣義的商業大概有二十六七年了，也見過形形色色、各種各樣非常成功的企業家或是不太成功的企業家。我發現市場經濟有一個特別有意思的特點，它可以釋放各種各樣的人的潛能。很多成功的企業家在日常生活中，其實都有這樣那樣的「問題」。他們在市場經濟中被發現之前，在生活中你可能都不太願意跟他們打交道，而且他們如果從事別的行業可能大概率會失敗。但是市場經濟就能讓任何特殊的人、不同的人、社會「異類」都有可能在他最終選擇的細分行業（niche）裏成功。

所以我從不去判斷具有哪些典型特徵（prototype）、哪些標準人格的人可以在市場經濟中成為優秀的企業家。市場經濟恰恰就能讓各種各樣有特色的人都有可能創造出一個適合他的企業，然後取得很大的成功。所以我的結論是沒有一個統一的標準說具備甚麼樣素質的人就一定會成功。

但是具體到每一家公司，而不是僅僅分析人的時候，你可以去研究分析，你會了解到為甚麼這個人創造了這樣的一家公司，而且這家公司非常成功。馬雲自己可能不管公司經營中那些很細節的東西，但他很明白怎麼去管人，怎麼去用人，他用的人對經營的細節非常敏感，張勇就是這樣的人。所以說每一個人都會找到特別適合自己的企業，在判斷一個企業的時候，千萬不要輕易地下結論說因為這個人怎麼樣，這個企業一定會成功或者不成功。我也遇到很多看起來各方面條件都應該是對的人，結果他的企業做得很一般。大家可能也都有類似的經驗，看一看身邊的人，有些人非常優秀，看起來最有可能成功，但後來也不見得做得很好，這種情況比比皆是。所以我覺得一定要回到每一個企業本身，要具體情況具體分析。

問：對於一個學生而言，畢業以後如果要從事投資工作的話，是不是應該去一個投資機構作為第一步？是不是需要一個師傅帶着做投資？

以前我在哥大上學的時候，也上過這樣一門價值投資課。當時哥大是唯一開設這堂課的大學，沃倫每年都會去講一次課，也總有人會問他這個問題。他說，最好的學習方法是給你最尊敬的人去工作，這樣你會學得特別快。聽完這個答案之後，我就決定自己開公司了。（聽眾笑）其實是開玩笑的啊，主要是因為我找不着工作。

我覺得人跟人也不太一樣，有些人確實是在別人的指導下會學得更快一些。但是問題是實踐中價值投資人特別少，所以這樣的公司自然也很少，而且這些公司基本上不怎麼需要雇人——如果這個公司非常成功的話。比如沃倫的公司裏，下屬 100 多家分公司，雇了 50 多萬員工，但是他的公司總部一共只有 25 個人，一直到七八年前，投資人就只有兩個，他和芒格兩個人管 5,000 多億美金。所以也很難到他那兒去工作。好不容易在七八年前雇了兩個年輕人，他也不帶他們，讓他們自己去管。我們公司也是，也就十幾個人。所以如果有去價值投資人的公司工作的機會當然好，但是那樣的機會很少，尤其是特別優秀的投資人基本上不怎麼需要雇人。(聽眾笑) 這是一個悖論。

這也是為甚麼我們要開這門課的原因，而且將來我們也想建一個中國的價值投資人村，有這麼一批人，能夠有比較長期的、獨立的結果，不是那種發幾百個產品的投資人，就一支基金，一個管理人，一種風格，持續很多年得出的結果，這就是我們說的「白名單」結果。 我們應該去找這樣的人。然後大家真心地看到這個結果是可能的、實實在在的。如果我當年沒看到巴菲特真人，我對股票的理解還停留在像曹禺在《日出》裏描寫的那樣，我是斷然不會進入這個行業的。當然我也想給巴菲特工作，但他不雇人。我們也不雇人。所以我覺得最好的辦法還是自學，自學的同時去和已經在這條路上走了很遠的人有一些交流還是非常有用的。

我基本上不做演講，但唯一的例外就是我常常會回我的母校哥大，對那門價值投資課上的學生做一些分享。在北大開設這堂課之前我也沒有在中國做過演講，今天是我第二次在中國做演講。為甚麼不做演講？其實也是和投資有關係，跟人本身的傾向有關係。回到剛才賣方和買方的問題，人本身天然有賣的傾向——大家總想把自己打扮得比實際更漂亮一些，要不然我們買這些衣服幹嘛呀？總想顯得比自己實際的結果更有知識、更有判斷力、更厲害。誇大自己是人的心理傾向，很難改變。所以你每次去講的時候都在強化這種觀念，尤其是講一些具體的股票的時候，你每次去講，每次見投資人的時候，本來還留了一些比較健康的懷疑，因為人不可能百分之百確定，能有百分之八九十的確定性就很不錯了。但你會把它説成百分之百確定，講多了就變成百分之二百、三百了，到最後把自己都給騙了，自己都堅信不疑了。你講得越多，結果一定會更爛。所以我基本上從來不去講，但是唯一在甚麼時候講呢？就是這種場合下，跟同學們去分享一下，因為確實這樣的機會很難得。我不講具體的公司，但是可以分享一些經驗。

總而言之，第一選擇仍然是給你尊敬的人去工作。第二選擇就是能夠自學，而且在自學過程中能夠找到你比較敬佩的人，盡量和他保持一定的關係，包括上今天這樣的課——今天有很多朋友從全國各地飛來，好像還有從美國飛過來的——其實是有用的，如果我處在你的位置上，我也會這麼做。這一點點的分享在實踐中會特別有用，因為價值投資就是一門實踐的學問。而且投資本身是一個孤獨的過程，是自己做決定的事，討論的人一多，變成一個委員會，你的客觀性就丟掉了，你就無法判斷成功幾率（odds）了，團隊的趨同性（group dynamic）也會發生作用，影響你的判斷——人的心理傾向對投資而言是很可怕的障礙。我們的生物進化出來的大腦不太適合做投資這件事，所以你確實需要一個修煉的過程。如果大家有這樣的機會，那當然一定要珍惜這個機會，抓住這個機會；但是沒有機會的時候，你可以創造其他的機會，當然最主要的還是自己學習，自己體驗這樣一個過程。

問：我很想買一個便宜的股票去研究它，學得更多。但是在這之前我還是想問一下，基於資產負債表的研究到底能給我提供多少安全邊際？

我覺得你是急於買一個股票去研究，還是急於想研究一個股票，然後再買，順序不要搞錯，要研究好了再投。(聽眾笑) 我覺得你的問題可能是上哪去找那些從資產負債表上看市淨率那麼低的股票？確實在今天的市場中，這樣的股票可能不太多了，但其實這樣的機會在亞洲很多市場都還存在。我假設你在全球都可以投，全球大概有 10 萬隻股票每天都在交易，在亞洲還有很多股票你可以去研究、了解，這樣的股票仍然存在。比如說公司是在盈利狀態，可能未來很多年都是盈利狀態，資產是你可以驗證的，比如說是股票、證券或者房地產，是你可以看到的，減掉所有的負債，得到的淨資產比如說是 100，而公司正好在 50 左右的價格交易，這樣的機會雖然跟我開始的時候相比已經少了很多，但是還有！很奇怪，在任何時候，市場總有這些犄角旮旯的地方有這樣的機會。如果我要重新開始，甚麼都不懂，我可能還是會從這裏開始，因為這方面我比較有把握，能夠看得見、摸得着，即便我對公司其他方面都不懂，我也不會虧錢。但是在今天的市場裏，在我們現在管理的資金規模下，我就不能研究這個問題了。所以在這方面我肯定不是最好的專家。很抱歉我真的無法給你一個滿意的答案。但是我知道在其他的市場還有這樣的機會，至於在中國市場有沒有，我就真不知道了，抱歉啊！

問：請您介紹一下芒格先生甚麼樣的經歷、特點造就了他的投資理念？芒格先生的投資理念，據您的了解，是怎麼形成的？

首先，芒格先生的很多觀念，在從事投資之前就已經根深蒂固地形成了，比如他對於了解這個世界是怎麼運轉的具有特別根本的興趣，他特別想弄明白這個世界是怎麼運轉的，而且對於通過實踐去弄明白也特別有興趣。他就是想弄清楚這個世界甚麼行得通、甚麼行不通，盡一切可能去避免行不通的事情。這些觀念和投資沒甚麼關係，就是從很小的時候形成的興趣。現在想想，我也是一樣，我在第一次聽到沃倫演講之前，有一些基本的觀念已經存在，比如，我對投機有一種生理上的厭惡，我一點都不喜歡。所以我聽了他的演講之後，儘管後來遇到了很多很多華爾街各式各樣的投資流派、各式各樣的風雲人物、各式各樣成功的人，但是我從來就沒甚麼興趣。沃倫也說過，價值投資就像打疫苗一樣，打完以後，要麼管用，要麼不管用，沃倫很少看到過（我也沒有看到過），一個一開始就投機的人，然後突然之間有一天他醒悟了，轉而想做價值投資去了，這種情況幾乎沒有發生過。反正我一個這樣的例子都沒看到過。所以有些觀念，那些能夠讓芒格先生成功的觀念，其實在他做投資之前早就形成了，然後他這些觀念也影響了沃倫。因為芒格先生對於甚麼行得通很有興趣，他自然地會對非常強的、優秀的公司有興趣，因為這些公司的方法行得通，這些公司賺錢能力比那些便宜的公司好多了。

沃倫早期在格雷厄姆那邊幹了兩年多，跟着他學習了兩年左右。格雷厄姆看待問題的方式也強烈地影響了他。因為格雷厄姆的理論主要形成在大危機時代，他在 20 年代初期，1929 年之前也做了一些投資，也有些是投機，而且做得蠻失敗的。1929 年之後，他痛定思痛，開始系統性地總結一套不同的方法，後來做得不錯。而且他從事的時間，主要跨越了從 1929 年到 50 年代。1929 年股市下跌之後，甚麼時候才恢復的呢？一直要到 50 年代初，中間差不多過了 17 年的時間。所以格雷厄姆大部分職業生涯就涵蓋了美國股市最絕望的時候，指數天天在跌，就跟我們 A 股一樣。他是在這種情況下取得了優秀的成就，可是他也不可能做得很大。這些公司，沃倫說的「撿煙屁股的公司」，沒有辦法做大。

這些想法讓他在這個時期很成功，當然對沃倫的影響也很強大。但是當沃倫自己開始做的時候，是 50 年代中期和末期，這個時候的美國經濟，已經從大危機中走出來了，整體經濟情況開始上升，那些優秀的企業也真正開始發揮威力了。所以這個時候，芒格先生對沃倫的影響就特別有意義，他從一開始，就對格雷厄姆的這一套理論有相對的保留，對他而言更多地是想弄清楚這個世界是怎麼運轉的，甚麼行得通、甚麼行不通，然後去重複行得通的方法、避免行不通的方法。他對於優秀的公司特別有興趣，而且他不強調這些公司非要有很大的折讓才能去買，因為這些優秀的公司本身就是一個折讓，本身就會不斷超越別人的預期。後來這個想法慢慢地對沃倫產生了巨大的影響。所以在沃倫的成熟期，他就慢慢擺脫了大危機的影響，但是他仍然保留了很強的對於估值、對於安全邊際的要求。這個是我觀察到的沃倫身上非常根深蒂固的想法。我想我個人也是這樣，可能跟我個人的經歷有關。每個人的風格也不太一樣。

問：您剛才提到對一般的普通投資人來說，投資指數基金可能是在一個比較健康的經濟下比較好的投資方式，假設現在這種被動的指數基金大規模進場的話，您認為它對於整個股票市場的負面影響是甚麼？

這是一個很有意思的問題。這在中國倒不是一個很大的問題，因為指數基金佔的比例很小。在中國和在美國這是兩個不同的問題。在中國，因為我們現在還沒有完全實行註冊制，我們也沒有很強的退市政策，所以我們的股指不太能夠完全地、公平地反映經濟本身的狀況。這個問題，我覺得是監管部門可能在今後若干年要着力解決的問題。我們從以製造業、出口為主的經濟形態進入到以消費為主的經濟形態。以消費為主，融資的方法就要從間接金融變成直接金融，股票市場的作用會越來越大，這就需要吸引更多的人進入股市。需要更多的人進入，就需要控制賭博的成份、泡沫的成份，增加投資的成份。而增加投資的成份最好、最快、規模最大的辦法還是股指投資，所以要讓股指比較能夠公平地反映經濟本身的情況。一方面，可能的替代方案是，研究出比較好的ETF（交易型開放式指數基金），能夠比較公平地代表經濟的現狀。但這裏面人為的因素比較多，不是特別容易做好。所以最好的辦法還是用市場來解決，比較快地讓市場進入到註冊制的狀態，把退市先做起來，入市也逐漸地做好，這樣股指就變得比較有代表性了。這是中國的問題。

美國的問題是指數投資佔比越來越高，高到甚麼程度時，它開始會有一種自身帶的正循環和負循環影響到定價？市場之所以需要投資人，是因為投資人是真正能夠給證券定價的人。如果市場缺乏定價的機制，就會對整個融資造成扭曲。被動投資最大的問題就是不做定價。需要甚麼比例的投資人在市場裏，才能夠讓市場比較有效？這是現在成熟市場面臨的問題。美國今天股指的大概比例，還沒有完全高到影響定價的程度。但是這樣發展下去，到一定程度的時候，確實有這種可能性，會讓定價的投資人越來越少，以至於失去定價的功能。這是大家的一個說法，但是我個人不是那麼擔心。因為在股指出現之前，股市中一直有一大堆的投機者，價值投資人更少。我在這裏把價值投資人和基本面投資人分開來看，價值投資人其實是基本面投資人中間比較挑剔的一類人，這些人要求的安全邊際比較高，但是這些人的思維方式是一樣的。這些人，根據我的感覺，在市場上佔的比例一直不大。以前哥倫比亞法學院有一位教授叫路易斯·魯文斯坦（Louis Lowenstein），他做過一個比較系統的統計，估算到底市場中價值投資人有多少。當時他算出來大概在 5% 左右，這不是一個很科學的算法，但是我也沒有看到其他人在這個方面做更多的工作。但是不管是 5% 也好，還是 7%、4% 或者 10%，總之這個比例不太高。在股指投資出現之前，一直是這些人作為市場定價最中堅的力量，但是並沒有發生大規模的失效，當然泡沫一直都在。除了 2008–2009 年的時候，確實到了一個很極端的情況，所以我總是覺得這個問題可能還要到很多年以後，才會成為股票市場一個比較大的問題。

但是這個問題在中國不存在，中國的問題是，今天的股指不足以比較公平地代表整體的經濟狀況，而且還沒有一個替代的ETF。誰能夠把一個替代的ETF發展出來，能夠比較公平地代表經濟的狀況，這對普通大眾投資人就是一個很大的貢獻。這方面，監管層需要做很多的工作。

問：請從價值投資角度分享您關於健康、關於家庭和關於人生的思考。

這方面思考還挺多的，好像我也不是最佳的回答人。我離過一次婚，這個婚不是我願意離的，這方面我不能算是人生贏家。但是我和前妻一直保持挺好的關係，現在她的錢也還是我管着。（聽眾笑）所以我不能說是這方面的專家，大家跟着我學就麻煩了。

我覺得投資是一個很長期的事情，短期的業績其實一點用都沒有。沃倫之所以讓大家敬佩，是因為他真的是有將近60年的業績。取得長期的業績特別重要，而你要取得長期的業績，身體首先得好。沃倫和查理他們倆，一個89歲，一個96歲，還每天都工作，熱情不減。所以我覺得第一個特別重要的事是長壽，想要長壽其實最主要的還是要幹自己喜歡幹的事。保持良好的生活習慣固然很重要，但更重要的是幹自己喜歡幹的事兒，而且要有顆平常心。你看沃倫和查理他們從來就不會焦慮，因為他們所有的做法都是多贏，所以也就沒有壓力。比如說，他們兩個人50年前的工資就是一人10萬美金。50年之後的現在還是一人10萬美金。他要是去收取1%的管理費，現在5,000億的資產規模你們可以算算1%是多少？他如果收取20%的業績提成（Performance fee），那他的資產有多少？但是這樣一來，他就必須每年都面對業績的壓力，一旦有人要撤資，他就有壓力，而且如果他收了別人的管理費、表現費，他必須就要值這個收費，當然他就不會這麼隨心所欲了。現在他有 1,000 多億現金，但他不需要有壓力，也沒有壓力。所以他把自己的生活安排好，他就住在奧馬哈，你到那兒去，他有可能去見一下你，你要不去的話，他每天就幹自己的事，吃同樣的東西，「跳着踢踏舞去上班」，所以他才可以有一個很長的業績。還有，他對人的所有關係都是做到雙贏。我們認識這麼多年，他是真心地對所有人好，真心地願意幫助別人，他對任何人都沒有任何惡意。不是說他沒有判斷，他也有不喜歡的人，但是他躲開就是了。他把自己的生活安排得非常平常、非常可持續，這一點也特別重要。所以說，有一個好家庭，有一個被愛環繞的環境，非常重要。

你和同事之間、朋友之間等等，與人為善非常重要，沒有惡意非常重要。你無論做甚麼事，都要採取多贏的方式。你看我們從來也不收管理費，而且我們前 6% 的回報也都是免費的。所以如果你取得指數基金的回報，在我們管理的基金這裏你一分錢都不用付，在這之上你賺得的錢，超過指數投資的部分，大家都希望你能賺得更多。這點我們也是從巴菲特那裏學來的，這就叫巴菲特公式（Buffett formula），是他早期的收費結構。這讓我們生活得很平常，我可以到這裏來和大家分享，我也沒甚麼壓力，這個也很重要。我們同事之間大家互相都很友愛，我們都非常的公開，沒有任何敵意，我們跟所有人的關係都是共贏關係。

我們從來不去強迫自己。你真懂的東西才做，不懂的東西絕對不做，所以做的時候一定會很坦然，市場的上上下下一定不會影響你的情緒。只有在這種情況下，你才會擁有一個比較長的業績。所以平常心就特別的重要，你把你的生活、你和其他人的關係變成共贏，變成以愛為根基，就變得特別重要。常常地去奉獻也很重要，常常去幫助別人，確實是會讓每個人心情非常的好，生活也很幸福。沃倫對幸福的定義是：我想要愛我的人是真心愛着我（People who I want to love me actually love me）。這就是他的定義，我覺得他這個定義很不錯。用這種方法來組織生活，會讓你在很長的時間裏和別人都是一個共贏的關係，而且你會在沒有壓力的情況下，看着自己的知識和能力不斷地累進增長，然後看着這些知識又能夠讓你管理的資金慢慢地累進增長，讓那些委託你的投資人能夠有更多的財富來幫助別人。我們只給大學捐贈基金和慈善基金，還有那些用於慈善的家族的錢提供管理服務，基本上不是為了「讓富人變得更富」去管錢——我們選客戶很挑剔。這樣我就覺得我們是在為社會做貢獻。你如果用這種方式去組織人生的話，你會做得很坦然，也不着急，會在自己的步調上慢慢地去生活。

很多投資人跟我說，我們也想按照你的方式去投資，可是問題是我的投資人不幹，他老是想下一個小時咱們掙多少錢呀，上一個小時已經都賺了或者虧了。我覺得這樣的人就不該是你的投資人。他說如果這些人不是我的投資人，我就沒有投資人了，我怎麼能夠去找到像你的投資人那樣的呀？我開始的時候也沒有投資人，就是我自己借的那點兒錢，我那個時候淨資產還是負數。芒格有一句話，他說你怎麼去找到好的太太呢？第一步你得讓自己配得上你的太太，因為好的太太肯定不是個傻子。所以說投資人也是一樣的。我們基金開始的時候，很多年就一直是我自己的錢，再加上幾個客串的朋友，比較相信你，但是也無所謂，然後慢慢地你做的時間長了、業績好了，那些合適的人自然會來找你，你在他們中間再挑選更合適你的人。你這樣慢慢地去做起來，不需要很快，也不需要跟別人比。所以最重要的就是平常心，你要相信複利的力量，相信慢慢地去進步的力量。複利的力量就是慢慢的，7% 的增長，在 200 年裏增長了 75 萬倍，這個是不低的，對吧？這就是複利的力量啊。

我們四十年前改革開放剛開始的時候，誰能想到中國會變成今天這個樣子，在這個過程中其實它平均就是 9% 的增長，好像聽起來也不太高，可是短短的四十年 —— 在座還是有些人在四十年前已經出生了對吧？（聽眾笑）我們完全可以用「天翻地覆」來形容這四十年來中國的變化！所以一定要相信複利的力量。不要着急，也沒必要跟別人鬥，沒必要跟別人比。相互合適的人慢慢都會找到彼此。找不到的時候也不用急。如果有耐心，有這顆平常心，慢慢地去做，也會做得反而更好。為甚麼要跟打高爾夫類比呢，打高爾夫就是心緒一急，球馬上就打壞掉了，情緒一變化，結果馬上就變。如果有顆平常心，你就會越做越好。

節制生活，鍛煉身體，用雙贏、用黃金法則（The Golden Rule）來組織自己的生活，不要強迫自己，去做自己喜歡做的事情。這些聽起來都是常識，但是你在年輕的時候這些常識不太容易真正做到。因為大家着急，特別是年輕的時候。為甚麼着急？因為老是跟別人比，過去的同學誰誰誰還不如我呢，現在怎麼樣怎麼樣了。這是他的生活，跟你有甚麼關係呢？每個人都得活自己的一輩子，而且這一輩子其實很短，年輕時候覺得日子很慢，到了我這歲數，這日子就飛快啊，一年轉眼就過去了。所以這輩子你必須得活自己的生活，你只有活自己的生活，你才能活出幸福來。而且只有過自己的生活，你才能真正地進步。不怕慢，「慢就是快」，這是段永平先生最喜歡講的，我覺得他講得很對。

價值投資的常識與方法*

能再次回到這個課堂感覺棒極了，當年布魯斯教授的這門課很大程度上塑造了我的職業生涯。大約 15 年前，那時候我其實還不是商學院的學生，一次很偶然的機會，我參加了一個講座。這個講座也是布魯斯這門課的一部分，講座的主講人是沃倫•巴菲特（Warren Buffett）先生，當時我覺得巴菲特（Buffett）這個名字很有意思，讓我聯想到自助餐（buffet）。聽沃倫講到一半時，我忽覺醍醐灌頂，意識到也許自己能在投資領域裏做點事。其實我當時的狀態非常絕望，剛從中國到異鄉，舉目無親，毫無社會根基，沒有甚麼錢，還背了一身債。説實話，我對自己該如何在美國生存下去都憂心忡忡。再者我也不是在資本主義文化中長大，所以沃倫講到的那些投資理念和我當時所理解的股市相去甚遠。思來想去，

* 2006 年在哥倫比亞大學商學院的講座。美國哥倫比亞大學「價值投資實踐」課程最早由本傑明•格雷厄姆開設，巴菲特可能是這門課最著名的學生。格雷厄姆退休後，這門課停了很多年，直到 90 年代初才由布魯斯•格林伍德教授（Bruce Greenwald）重新開課。這門課程除了由教授講課外，主要請十幾位價值投資人以實例直接授課。巴菲特先生一直以來都會講授中間的一課。從 2000 年初開始，我很榮幸幾乎每年都會被邀請在這門課上做一次講座，持續了十幾年。很遺憾，大多數講課的內容都沒有留下記錄。2006 年這次是少數幾次被同學以錄像形式記錄下來的講座。國內價值投資愛好者蔣志剛先生熱心翻譯，並在網上傳播。這裏我做了少許修正，收錄於本書。因為文章的內容是對講課過程完整、真實的記錄，包括和同學們的現場互動、問答，文中用語若有欠斟酌之處，還請各位讀者見諒。

我越發覺得自己也許能在投資這一行有點作為。

我猜想在座各位既然來上這門課（我知道要選上這門課是很難的，至少我上學的時候是這樣），應該多多少少是出於一種「自我選擇」的機制，也就是說你們認為自己是價值投資者或是傾向於價值投資者。（我們做個簡單的現場調查）在座各位中有多少人真正認為自己是價值投資者或者傾向於價值投資者？又有多少人確信自己以後會從事資產管理的工作？好，這兩者的數量大致相當，想要做資產管理的人和認為自己傾向於價值投資的人大致一樣多。那誰能告訴我，真正將價值投資者和其他人區分開的那一兩個特性是甚麼？大家可以踴躍發言。

同學：價值投資者靠證券背後的生意來賺錢，而不是估值倍數的提升。

換句話說，你把自己看成是一個生意的所有人，你的財富增減和生意的業績好壞同步。其他同學呢？

同學：安全邊際。

對，你需要安全邊際。

同學：長期視角。

對。我們大體總結了價值投資的三個基本點，這也是格雷厄姆在教學中總結的。第一，你不認為自己是在買賣一張紙（股票），而是真正持有其背後的生意；第二，你在投資時需要很大的安全邊際；第三，理解格雷厄姆書中的「市場先生」（Mr. Market）。其實這三點都源自一個理念：假設自己是持有生意的一部分，而不是一張紙（股票）；正因為你只持有生意的一小部分，不能完全掌控，所以出於自我保護，就需要很大的安全邊際；正因為是生意的持有人，你就不會一天到晚想着交易，這就把你和市場中大部分參與者區別開來了。那麼問題來了，假如我們真的認為自己擁有的是某個生意的一部分，為甚麼還需要股票市場？股票市場不是為我們這樣的人設立的，對不對？股票市場的設立就是為了讓大家盡量減小摩擦，可以隨意進出，對不對？誰能談談對這個問題的看法？誰能告訴我，大概有多少資產是由價值投資者管理的，有誰願意猜測一下嗎？目前沒有真正關於這方面的研究出現，但確實有一些嘗試性的研究，據（商學院）隔壁法學院的路易斯•魯文斯坦（Louis Lowenstein）教授估計，僅有5%不到的資產是被價值投資者持有的。這個結論與我們剛剛所說的是一致的，你們（價值投資者）確實不是大多數，而是極其稀缺的少數派，股市就不是為你們而設立的，它是為其他那些95%的人設立的；這正是你們的機會，也是你們的挑戰。所以在進入資產管理行業前，把這些道理想透徹是極為重要的。這也是我在巴菲特的講座中最先學到的，聽講的時候這些問題就縈繞在我腦海裏，關於這些問題的思考讓我找到了自己的位置，看清楚自己是甚麼樣的人。對在座的絕大多數人來說（尤其是那些要進入資產管理行業的同學，我相信在座大部分同學都懷着這個想法），最大的挑戰就是搞清楚自己到底是那5%的少數，還是95%的大多數。你可能以為，來上這門課，受到一些訓練，就能成為5%，而一個人能發生改變的程度之大，往往令人驚歎。我在職業生涯初期也走過彎路，我一直自己管理基金，其中有段時間（布魯斯剛才也提到了），朱利安•羅伯遜（Julian Robertson，老虎基金創始人）邀請我跟他共享辦公室，還找來很多他投錢的基金管理人一起辦公，交流投資想法，這段經歷讓我有機會更好地了解 95% 的人是怎麼運作的。有意思的是，為甚麼 95% 的人不去做你們試圖做的事情，更何況已經有了像巴菲特、芒格這樣極其成功的先例，為甚麼？誰能解釋一下？

同學：因為投資很難不受到感情的影響。

確實如此。不過歷史已經給出了有力的證據，證明價值投資者在長期內能獲得更大的收益，價值投資才是真正的金礦——為甚麼那些難以擺脱感情影響的投資人不去努力做出改變呢？還有其他原因嗎？

同學：因為他們追求短期收益？

對，我們已經很接近事實了。我認為，誠實地來説，是因為資金就匯集在那裏（短期交易的市場上），因為市場就是為這些熱衷於交易的人設立的，自然地，這些人也只關注短期。只要你有金融需求，資產就會找到你。所以，即使統計結果顯示 5% 的價值投資者持續性擁有高得多的回報率，95% 左右的資金依舊會流向那些大多數。因為人類的本性會將大部分投資者誘導到（短期投資的）市場上。

所以我想強調的第一個也是最重要的觀點就是，要想清楚你自己到底是甚麼樣的人，因為在職業生涯中你會不斷經受考驗，所以不如盡早直面這個問題，搞清自己到底是不是價值投資者。好，現在我們假設你的個性適合成為一個價值投資者，這說明某種程度上，你屬於人類進化過程中發生基因突變的那一小羣。這一小羣人有哪些特點呢？第一，你並不介意作為少數派，反而感到非常自在——這可不是人的本性，人類在進化過程中大部分時間是依靠羣體才得以生存的，在幾萬年的進化過程中一直如此，所以羣體性是根植在你的基因中的。但也有一小部分人擁有不同的基因（很可能是發生了基因突變），而他們也生存下來了。所以我認為（價值投資者的）首要特點就是樂於身為少數派，這是一種天生的感覺，對於事情的判斷不受別人贊成或反對意見的影響，而純粹基於你的邏輯和證據。其實這是常識。但正如一句話所說，「常識是最稀缺的商品」，大部分人不會這樣思考問題。

第二，你願意投入大量時間和精力去成為一個學術型的研究人員，而不是所謂的專業投資者。價值投資者要把自己培養成一個學術型的研究人員、偵探，甚至記者，要有探究萬物運行原理的永不滿足的好奇心。因為你認知越深，越有可能成為更好的投資者。所以你必須葆有對任何事物的興趣和好奇心，這其中包括各行各業的生意、政治、科學、技術、人性、歷史、詩歌、文學……基本上任何事物都可能影響到投資。當然，我不想嚇壞你們（笑），你們不一定非要甚麼都去學，但我的意思是這種求知若渴的態度會讓你受益匪淺。當你的學習積累到一定程度，也許會偶然地獲得靈光一現的洞見——這種洞見就是知識賜予你的良機，而其他人根本無緣獲得。其他那些人錯失良機也可能是因為心理因素、思維的局限或是機構投資者的制度限制等等，而這些就是你的機會。當機會在我面前的時候，我會查驗我的問題列表：價格是否便宜？這是不是一樁好生意？管理層是不是值得信任，這種信任是因為（相信）管理層是好人，還是基於充足的外部驗證工作？我還遺漏了甚麼？為甚麼這個機會被我發現？假如完成這些檢驗後依舊覺得可以，那最後一步就是跨過心理的屏障，開始行動。

下面我們來聊幾個投資的實例。雖然我不會談現在的持倉，但可以談談過去持有的公司。我的公司創立於 1997 年的下半年，緊接着就遭遇了幾個重大動盪，例如亞洲金融危機和科技股泡沫破滅等等。經歷這段波折之後，我對機遇的嗅覺變得更為敏鋭。1998 年的秋天，我關注了一家公司。至於為甚麼我會發現這家公司，其實很簡單，因為我一直對各行各業的公司都很感興趣。當年我還在這裏唸書的時候，就痴迷於閱讀《價值線》（*Value Line*），我對幾乎所有事的來龍去脈都想追究。如果你想擁有百科全書式的知識和數據庫，事實上如果你想成為價值投資者，這是必須的，我推薦你一頁一頁地閱讀《價值線》，這是最好的商業訓練，對你理解投資有巨大的幫助。我看《價值線》的時候，通常會先去看「歷史新低名單」——股價新低、P/E 新低、P/B 新低等等，這比「歷史新高」要更吸引我。

大家可以看一下手中資料（圖 12），要注意的是上面顯示的 46 美元的股價是印刷錯誤，1998 年 8 月到 9 月的時候，股價應該在

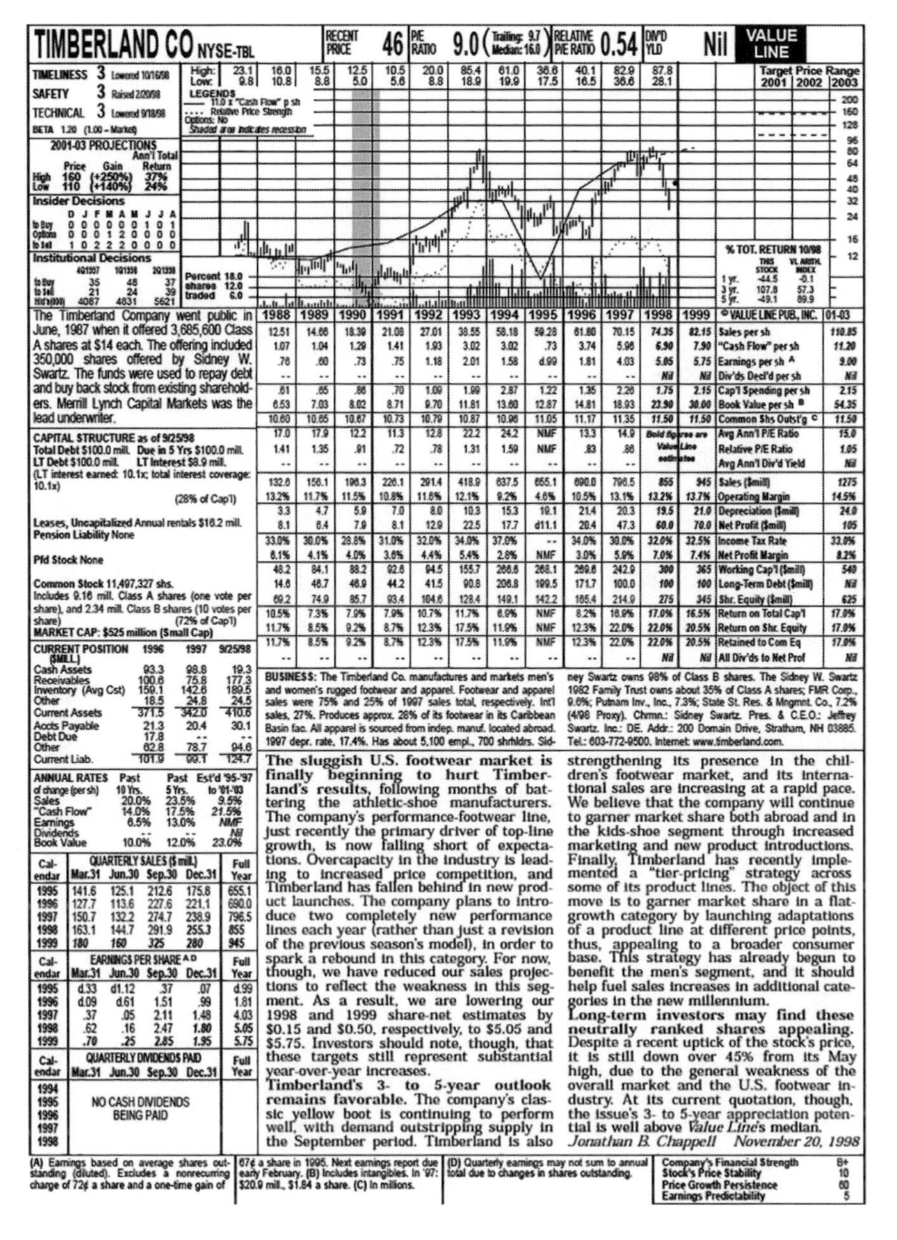

TIMBERLAND CO NYSE-TBL | RECENT PRICE 46 | P/E RATIO 9.0 (Trailing: 9.7 Median: 16.0) | RELATIVE P/E RATIO 0.54 | DIV'D YLD Nil | VALUE LINE

TIMELINESS 3 Lowered 10/16/98
SAFETY 3 Raised 2/20/98
TECHNICAL 3 Lowered 9/18/98
BETA 1.20 (1.00 = Market)

High:	23.1	16.0	15.5	12.5	10.5	20.0	85.4	61.0	36.6	40.1	82.9	87.8
Low:	9.8	10.8	8.8	5.0	5.6	8.8	18.9	19.9	17.5	16.5	36.6	28.1

LEGENDS
—— 11.0 x "Cash Flow" p sh
.... Relative Price Strength
Options: No
Shaded area indicates recession

Target Price Range 2001 | 2002 | 2003

2001-03 PROJECTIONS

	Price	Gain	Ann'l Total Return
High	160	(+250%)	37%
Low	110	(+140%)	24%

Insider Decisions

	D	J	F	M	A	M	J	J	A
to Buy	0	0	0	0	0	0	1	0	1
Options	0	0	0	1	2	0	0	0	0
to Sell	1	0	2	2	2	0	0	0	0

Institutional Decisions

	4Q1997	1Q1998	2Q1998
to Buy	35	48	37
to Sell	21	24	39
Hld's(000)	4087	4831	5621

Percent shares traded 18.0 12.0 6.0

% TOT. RETURN 10/98

	THIS STOCK	VL ARITH. INDEX
1 yr.	-44.5	-0.1
3 yr.	107.8	57.3
5 yr.	-49.1	89.9

The Timberland Company went public in June, 1987 when it offered 3,685,600 Class A shares at $14 each. The offering included 350,000 shares offered by Sidney W. Swartz. The funds were used to repay debt and buy back stock from existing shareholders. Merrill Lynch Capital Markets was the lead underwriter.

1988	1989	1990	1991	1992	1993	1994	1995	1996	1997	1998	1999	© VALUE LINE PUB., INC.	01-03
12.51	14.66	18.39	21.08	27.01	38.55	58.18	59.28	61.80	70.15	74.35	82.15	Sales per sh	110.85
1.07	1.04	1.29	1.41	1.93	3.02	3.02	.73	3.74	5.98	6.90	7.90	"Cash Flow" per sh	11.20
.76	.60	.73	.75	1.18	2.01	1.58	d.99	1.81	4.03	5.05	5.75	Earnings per sh A	9.00
--	--	--	--	--	--	--	--	--	--	Nil	Nil	Div'ds Decl'd per sh	Nil
.61	.65	.86	.70	1.09	1.99	2.87	1.22	1.35	2.26	1.75	2.15	Cap'l Spending per sh	2.15
6.53	7.03	8.02	8.71	9.70	11.81	13.60	12.87	14.81	18.93	23.90	30.00	Book Value per sh B	54.35
10.60	10.65	10.67	10.73	10.79	10.87	10.98	11.05	11.17	11.35	11.50	11.50	Common Shs Outst'g C	11.50
17.0	17.9	12.2	11.3	12.8	22.2	24.2	NMF	13.3	14.9	Bold figures are		Avg Ann'l P/E Ratio	15.0
1.41	1.35	.91	.72	.78	1.31	1.59	NMF	.83	.88	Value Line		Relative P/E Ratio	1.05
--	--	--	--	--	--	--	--	--	--	estimates		Avg Ann'l Div'd Yield	Nil
132.6	156.1	196.3	226.1	291.4	418.9	637.5	655.1	690.0	796.5	855	945	Sales ($mill)	1275
13.2%	11.7%	11.5%	10.8%	11.6%	12.1%	9.2%	4.6%	10.5%	13.1%	13.2%	13.7%	Operating Margin	14.5%
3.3	4.7	5.9	7.0	8.0	10.3	15.3	19.1	21.4	20.3	19.5	21.0	Depreciation ($mill)	24.0
8.1	6.4	7.9	8.1	12.9	22.5	17.7	d11.1	20.4	47.3	60.0	70.0	Net Profit ($mill)	105
33.0%	30.0%	28.8%	31.0%	32.0%	34.0%	37.0%	--	34.0%	30.0%	32.0%	32.5%	Income Tax Rate	33.0%
6.1%	4.1%	4.0%	3.6%	4.4%	5.4%	2.8%	NMF	3.0%	5.9%	7.0%	7.4%	Net Profit Margin	8.2%
48.2	84.1	88.2	92.6	94.5	155.7	266.6	268.1	269.6	242.9	300	365	Working Cap'l ($mill)	540
14.6	46.7	46.9	44.2	41.5	90.8	206.8	199.5	171.7	100.0	100	100	Long-Term Debt ($mill)	Nil
69.2	74.9	85.7	93.4	104.6	128.4	149.1	142.2	165.4	214.9	275	345	Shr. Equity ($mill)	625
10.5%	7.3%	7.9%	7.9%	10.7%	11.7%	6.9%	NMF	8.2%	18.9%	17.0%	16.5%	Return on Total Cap'l	17.0%
11.7%	8.5%	9.2%	8.7%	12.3%	17.5%	11.9%	NMF	12.3%	22.0%	22.0%	20.5%	Return on Shr. Equity	17.0%
11.7%	8.5%	9.2%	8.7%	12.3%	17.5%	11.9%	NMF	12.3%	22.0%	22.0%	20.5%	Retained to Com Eq	17.0%
--	--	--	--	--	--	--	--	--	--	Nil	Nil	All Div'ds to Net Prof	Nil

CAPITAL STRUCTURE as of 9/25/98
Total Debt $100.0 mill. Due in 5 Yrs $100.0 mill.
LT Debt $100.0 mill. LT Interest $8.9 mill.
(LT interest earned: 10.1x; total interest coverage: 10.1x)
(28% of Cap'l)

Leases, Uncapitalized Annual rentals $16.2 mill.
Pension Liability None

Pfd Stock None

Common Stock 11,497,327 shs.
Includes 9.16 mill. Class A shares (one vote per share), and 2.34 mill. Class B shares (10 votes per share) (72% of Cap'l)
MARKET CAP: $525 million (Small Cap)

CURRENT POSITION ($MILL.)	1996	1997	9/25/98
Cash Assets	93.3	98.8	19.3
Receivables	100.6	75.8	177.3
Inventory (Avg Cst)	159.1	142.6	189.5
Other	18.5	24.8	24.5
Current Assets	371.5	342.0	410.6
Accts Payable	21.3	20.4	30.1
Debt Due	17.8	--	--
Other	62.8	78.7	94.6
Current Liab.	101.9	99.1	124.7

ANNUAL RATES of change (per sh)	Past 10 Yrs.	Past 5 Yrs.	Est'd '95-'97 to '01-'03
Sales	20.0%	23.5%	9.5%
"Cash Flow"	14.0%	17.5%	21.5%
Earnings	6.5%	13.0%	NMF
Dividends	--	--	Nil
Book Value	10.0%	12.0%	23.0%

Cal-endar	QUARTERLY SALES ($ mill.) Mar.31	Jun.30	Sep.30	Dec.31	Full Year
1995	141.6	125.1	212.6	175.8	655.1
1996	127.7	113.6	227.6	221.1	690.0
1997	150.7	132.2	274.7	238.9	796.5
1998	163.1	144.7	291.9	255.3	855
1999	180	160	325	280	945

Cal-endar	EARNINGS PER SHARE A D Mar.31	Jun.30	Sep.30	Dec.31	Full Year
1995	d.33	d1.12	.37	.07	d.99
1996	d.09	d.61	1.51	.99	1.81
1997	.37	.05	2.11	1.48	4.03
1998	.62	.16	2.47	1.80	5.05
1999	.70	.25	2.85	1.95	5.75

Cal-endar	QUARTERLY DIVIDENDS PAID Mar.31	Jun.30	Sep.30	Dec.31	Full Year
1994	NO CASH DIVIDENDS BEING PAID				
1995					
1996					
1997					
1998					

BUSINESS: The Timberland Co. manufactures and markets men's and women's rugged footwear and apparel. Footwear and apparel sales were 75% and 25% of 1997 sales total, respectively. Int'l sales, 27%. Produces approx. 28% of its footwear in its Caribbean Basin fac. All apparel is sourced from indep. manuf. located abroad. 1997 depr. rate, 17.4%. Has about 5,100 empl., 700 shrhldrs. Sidney Swartz owns 98% of Class B shares. The Sidney W. Swartz 1982 Family Trust owns about 35% of Class A shares; FMR Corp., 9.6%; Putnam Inv., Inc., 7.3%; State St. Res. & Mngmnt. Co., 7.2% (4/98 Proxy). Chrmn.: Sidney Swartz. Pres. & C.E.O.: Jeffrey Swartz. Inc.: DE. Addr.: 200 Domain Drive, Stratham, NH 03885. Tel.: 603-772-9500. Internet: www.timberland.com.

The sluggish U.S. footwear market is finally beginning to hurt Timberland's results, following months of battering the athletic-shoe manufacturers. The company's performance-footwear line, just recently the primary driver of top-line growth, is now falling short of expectations. Overcapacity in the industry is leading to increased price competition, and Timberland has fallen behind in new product launches. The company plans to introduce two completely new performance lines each year (rather than just a revision of the previous season's model), in order to spark a rebound in this category. For now, though, we have reduced our sales projections to reflect the weakness in this segment. As a result, we are lowering our 1998 and 1999 share-net estimates by $0.15 and $0.50, respectively, to $5.05 and $5.75. Investors should note, though, that these targets still represent substantial year-over-year increases.

Timberland's 3- to 5-year outlook remains favorable. The company's classic yellow boot is continuing to perform well, with demand outstripping supply in the September period. Timberland is also strengthening its presence in the children's footwear market, and its international sales are increasing at a rapid pace. We believe that the company will continue to garner market share both abroad and in the kids-shoe segment through increased marketing and new product introductions. Finally, Timberland has recently implemented a "tier-pricing" strategy across some of its product lines. The object of this move is to garner market share in a flat-growth category by launching adaptations of a product line at different price points, thus, appealing to a broader consumer base. This strategy has already begun to benefit the men's segment, and it should help fuel sales increases in additional categories in the new millennium.

Long-term investors may find these neutrally ranked shares appealing. Despite a recent uptick of the stock's price, it is still down over 45% from its May high, due to the general weakness of the overall market and the U.S. footwear industry. At its current quotation, though, the issue's 3- to 5-year appreciation potential is well above *Value Line*'s median.

Jonathan B. Chappell November 20, 1998

(A) Earnings based on average shares outstanding (diluted). Excludes a nonrecurring charge of 72¢ a share and a one-time gain of 67¢ a share in 1995. Next earnings report due early February. (B) Includes intangibles. In '97: $20.9 mill., $1.84 a share. (C) In millions. (D) Quarterly earnings may not sum to annual total due to changes in shares outstanding.

Company's Financial Strength	B+
Stock's Price Stability	10
Price Growth Persistence	60
Earnings Predictability	5

圖 12　添柏嵐《價值線》資料

28－30 美元左右。大家看這個資料，你最先注意到的是甚麼？有人可以給出一個快速的總結嗎？

作為價值投資者，你不應該關心公司過去的交易情況。我來告訴你們我會首先看甚麼。首先看估值，假如估值不合適，我就不會再繼續，那麼比較合適的估值意味着甚麼呢？

同學：P/B 比較低。

那賬面資產是甚麼呢？每次看破淨股的時候你都需要問資產包裹到底是甚麼，這些資產到底值多少錢？這很簡單，只需要快速估算一下。運營資本是 3 億左右，注意這是前三季度的業績，根據常識不難想到零售行業通常第四季度是旺季，你回去看上一年四季度的情況就可以估算今年四季度的數據，估算出公司在四季度末會累積不少現金。公司 3 億的賬面資產，2.75 億的運營資本，其他的科目大致相抵，預測四季度末賬上有 1 億現金，1 億固定資產，再通過後續研究你會發現固定資產其實是一棟大樓，所以你 3 億買下這家公司，得到了 2 億的流動資產，其中 1 億是地產，這是很不錯的保護了，下行空間有限。

利潤表和現金流量表呢？其中必須要重視的是息稅前的利潤，你需要還原沒有債務槓桿條件下它的資本回報，這能讓你看到這個生意的本質，它真正的營利能力是多少。大家快速地告訴我，息稅前利潤是多少？假如你是熟手，不用一秒鐘就能看出來，公司的運營利潤率大概是 13%，8－8.5 億的收入，1－1.1 億息稅前利潤；那投入的資本呢？2 億流動資產，其中 1 億固定資產，2 億的投入資本，1 億的利潤，50% 的資本回報率（ROCE）。所以這是椿不賴的生意。

其實不用多看其他的內容，你只需要 5 秒鐘，就可以看出股票交易的市值在淨資產附近，賬面資產是乾淨的、保守的、有流動性的。1 億的運營資本加上 1 億的固定資產，投入資本佔市值的三分之二，2 億的運營資本產生了約 1 億的息稅前利潤。所以這肯定是椿不賴的生意。

下一步你要考察的問題是，為甚麼會出現這樣的情況？如果這是筆好生意，為甚麼人們不願意去持有？

而且這個品牌很多人都知道，添柏嵐（Timberland）是不錯的品牌，甚麼原因導致它當時估值這麼低？可能是因為亞洲金融危機，導致這些有亞洲業務的品牌都發生了下滑的情況，添柏嵐的競爭對手諸如耐克、銳步等等都是如此。這時候你要去問問其他人是怎麼想的，並不是說你要聽取他們的建議，但是要知道他們的看法。看看有沒有賣方報告，但奇怪的是並沒有。一家銷售近 10 億，品牌也不錯的大公司為甚麼沒有人去研究？有甚麼合理的解釋嗎？

同學：可能公司對資本市場沒有訴求。

很好。你可以去看公司過去 10 到 15 年的歷史，看它過去有沒有從資本市場融資的需求。你能從這些公司歷史中看出甚麼端倪？公司在成長嗎？盈利能力近年來有大幅提高嗎？我們發現這家公司的盈利能力一直很不錯，所以它對資本市場基本沒有需求。還有其他原因嗎？股東結構如何？

同學：是家族控股企業。

你說的家族企業是甚麼意思？他們控有 40% 股權，98% 的投票權——你要對繁複的財務數據進行快速蒐集和整理，我再強調一遍，投資者必須像調查記者一樣，迅疾地思考和探究這些問題。其實這些問題的答案並不難找。所以說你必須有非常活躍的思維和好奇的頭腦，永不滿足於局部的片面的答案，才能在這個行業裏做出成就。家族控制了這麼多股權和幾乎所有投票權，其他股東沒有投票權，沒有券商覆蓋，同時又有很多不同的股東訴訟案件，假如你是那普通的 95% 投資者會得出甚麼結論？

（聽完幾個回答之後）你們的懷疑精神還不夠！有沒有可能是管理層挪用公司資金或者偽造賬目？因為他們完全控制公司，幾乎不受任何限制。然後聯想到那些股東的訴訟案件，必定是事出有因，他們肯定是對某些事有所不滿。那我們下一步做甚麼？去下載所有的訴訟資料，逐字逐行仔細研究。這就是為甚麼我要強調好奇心的驅動力，假如你只是想着賺錢，你很難去堅持深究。你必須要去探究每一個細枝末節。假設你們和我當時一樣看完了所有的資料，你不難發現幾乎所有的股東訴訟都圍繞一個問題：過去公司一直提供相關盈利指引，但是現在不給了，這惹惱了一些股東，而公司被訴訟所擾，決定不再跟華爾街打交道，也不給甚麼指引了，所有者認為我根本不需要其他人一分一毫，我們的生意本身就很好了。好，那麼這個疑團就解開了。

接下來的問題是，他們的確沒有做假賬，但他們作為公司管理層表現如何？他們是不是正直的人？你怎麼去了解他們的為人？

同學：打電話給他的鄰居。

好主意，你怎麼跟鄰居說？

同學：告訴他們真實的目的，問問他們的鄰居他們是不是為人正直。

要是他們說「你見鬼去吧」怎麼辦？你是不是就放棄了？我可以告訴你們，大部分人真的會說「你見鬼去吧」。但這是一次好的嘗試。再次強調，你就應該像調查記者一樣，我一直把投資者看成是調查記者。凡是創立公司的人一般都有強烈的個性，都有歷史可供考證，都會留下一些蛛絲馬跡告訴大家他們是甚麼樣的人，他們做過甚麼，他們如何應對紛繁複雜的情況。做這些調查工作並不難，而你必須密切關注這些細節。大部分投資者根本不認為這些是生意的一部分；但你是那 5%（我希望你是，也許你壓根不是），假如你真想成為這 5%，你就該去做這些事：去這些人的社區、教會，拜訪他們周圍的人，把自己融入他們的家庭、朋友、鄰居，光靠打電話是不夠的，你要實地考察，甚至不惜花上幾個星期的時間。這是非常值得的。盡可能地投入你的時間精力去找到他們，看看他們為社區鄰里做了甚麼，朋友鄰居怎麼評價他們——這些能勾勒出一個人豐滿的形象，而不僅僅是片面的性格評估；

也去感受一下他們的家庭氛圍，等等。我當時就做了這些事，發現這個老闆只是高中畢業，沒上過大學，是個簡單的人，樂善好施，去教堂但不狂熱。更有趣的是他有個兒子，上過商學院，年齡跟我相仿（當時 30 多歲），已經被內定要繼任公司 CEO，他和他父親都是董事。同時我發現他也是另一家我朋友創建的公益組織（City Year）的董事，於是我就通過這位創始人朋友的關係也加入了這家組織的董事會，這段同在董事會的經歷令我倆成為了好友。我也真切感受到他們父子倆是我認識的最值得尊敬的家庭之一，為人極其正直優秀，同時也是非常聰明的生意人。做完這些研究後，我發現股價仍在 30 美元上下徘徊。講了這麼多，大家覺得我還有甚麼遺漏嗎？接下來你們會怎麼做？

同學：買。

買多少，假設你有 100 元的話？

同學：40 元。

同學：200 元。

你說甚麼？（笑）我很喜歡跟你們交流，因為你們還沒有被過度影響。去了基金公司，你們會發現他們會用「基點」（Basis Point）來計算，他們會這麼說，投資某某公司先來 25 個基點，好，不夠就再多一點，來 50 個基點，這聽起來是很大的投資啊，你看我們準備幹 50 個基點，大手筆啊！這就是他們的風格。所以請一定要保持你們的純真，你們現在的思維方式才是「常識」。想想看你們花了多少功夫才把這些細節拼湊起來，看清了事實的真相，這個機會是多麼不容錯失，幾乎沒有向下的風險，而且只有 5 倍的估值。接着我去了不同地區的很多家添柏嵐店舖去搞清楚為甚麼這幾年毛利率持續上升，結論是現在市中心貧民區的黑人孩子們把添柏嵐當成了時尚，都想擁有一雙添柏嵐的鞋子和一條添柏嵐的牛仔褲，那邊的門店銷售業績很好，供不應求，店長都抱怨總是缺貨。再看看國際業務這塊，國際業務佔到總比的 27%，而鞋子的亞洲銷售額在這 27% 中只佔到 10%，就算放棄這塊業務，損失也很有限。所以我下重金買了很多添柏嵐的股票。有人知道後面兩年發生了甚麼嗎？你們不是都能上網麼，可以去查一下。千萬不要人云亦云，別人説甚麼就聽信了，你必須只做自己想做的事，你是對的不是因為別人同意你，而是因為你必須這麼做，必須自己查證，這些事情用不了 5 分鐘就能查證；如果不去查證，你就不是一個好的研究員。如果你做不成一個好的研究員，就永遠不可能成為一個好的投資人。這些都是我的肺腑之言。你們必須訓練這些技能，培養一種非常有效的組織、消化信息的能力。好，我來告訴你們發生了甚麼，接下來兩年這家公司漲了 7 倍，更重要的是它的上漲與盈利增長是匹配的，所以這期間你沒有冒甚麼大的風險。你並沒有高位買入那些價格已經被哄抬過高的科技股。而添柏嵐這個公司從未超過 15 倍（P/E）。但假設你在 5 倍買的，估值翻了 3 倍，盈利每年 30% 的增長，就變成了 7 倍。再到後來，新的 CEO 對於如何經營公司開始發生觀念的轉變，開始接待投資者了。要知道當年第一次和分析師的見面會只有三個人：CEO、我，再加一個分析員，到了 2000 年那次來了五六十個人，會議室爆滿，主要的券商也都開始關注這家公司。那時我知道是時候賣出了。

布魯斯：你擔心（添柏嵐）1994–1996 年的事情重演嗎？

我確實擔心。那段時間正是股東訴訟案件冒出來的時候。他們的確在產品（的市場營銷方面）走錯了一步。添柏嵐公司的聲譽主要源於鞋子「防水」的概念，他們是這個行業裏第一個開始推廣防水概念的，但他們在市場營銷中犯了錯誤，混淆了防水和不防水的鞋子，誤導市場，混淆產品的性能，也令公司本身受損。但即使在這種情況下，那幾年的收入也依然在增長，只有一年是例外，下滑，但可以說大部分時候他們經營生意的方式還是很聰明的。

買得便宜是王道，買了之後就盡量長期持有，不要做傻事，因為好生意會自己照顧好自己，你的財富會隨着生意的發展而增長。

同學：這個投資你花了多少時間？

實際上不超過幾個星期，聽起來沒有想像中那麼久，但當機會出現時你需要夜以繼日地全身心投入。所以我很高興今天我太太來了，我總算有機會向我太太解釋那些消失的夜晚我幹嘛去了（笑）。這樣的機會不會經常出現，當它到來時，你必須抓緊它，盡你所能把事情做周全，而且要盡可能地快，這就是為甚麼你要堅持訓練自己的專業素養。平常沒機會的時候把錢放在銀行，甚麼也不買，這都沒問題，但當機會出現時，你必須跳起來撲上去集中研究 —— 我就是這樣做的。當你做完所有工作，會發現可能甚至不需要（幾個星期）這麼長時間，但這是經過短時間內集中、高強度的調查研究後，做出的投資決策。

同學：讀《手冊》（*Manual*）的動機是甚麼？

我喜歡讀《穆迪手冊》（*Moody's Manual*）是因為它讀起來很有樂趣。不是說去讀就一定能找到機會，但我邊讀邊學，我對各行各業的生意都很好奇。讀得多了你就能聞到機會的味道。怎麼培養這種敏銳的嗅覺呢，我覺得只能通過大量閱讀，每一頁都不放過。《價值線》非常棒，它從多個資源收集數據資料，並涵蓋多年，這是你們了解各種生意最簡單的途徑。

同學：你投資添柏嵐的時候，用了多少比例？

具體比例還是保密，但是我確實買了不少。

下一個案例是比較近的，發生在一年到一年半之前，它來自我手上這本書。所有的券商都有基於各個國家的證券手冊，標準普爾也有，當然對於美國公司我更喜歡用《價值線》，它提供了更實用的信息。當我一頁一頁翻看這本書的時候，有一頁引起了我的注意，就是你們手中的複印資料（圖 13）。你們從中看到了甚麼？

同學：便宜。

你說的便宜是甚麼意思？

同學：每股收益。

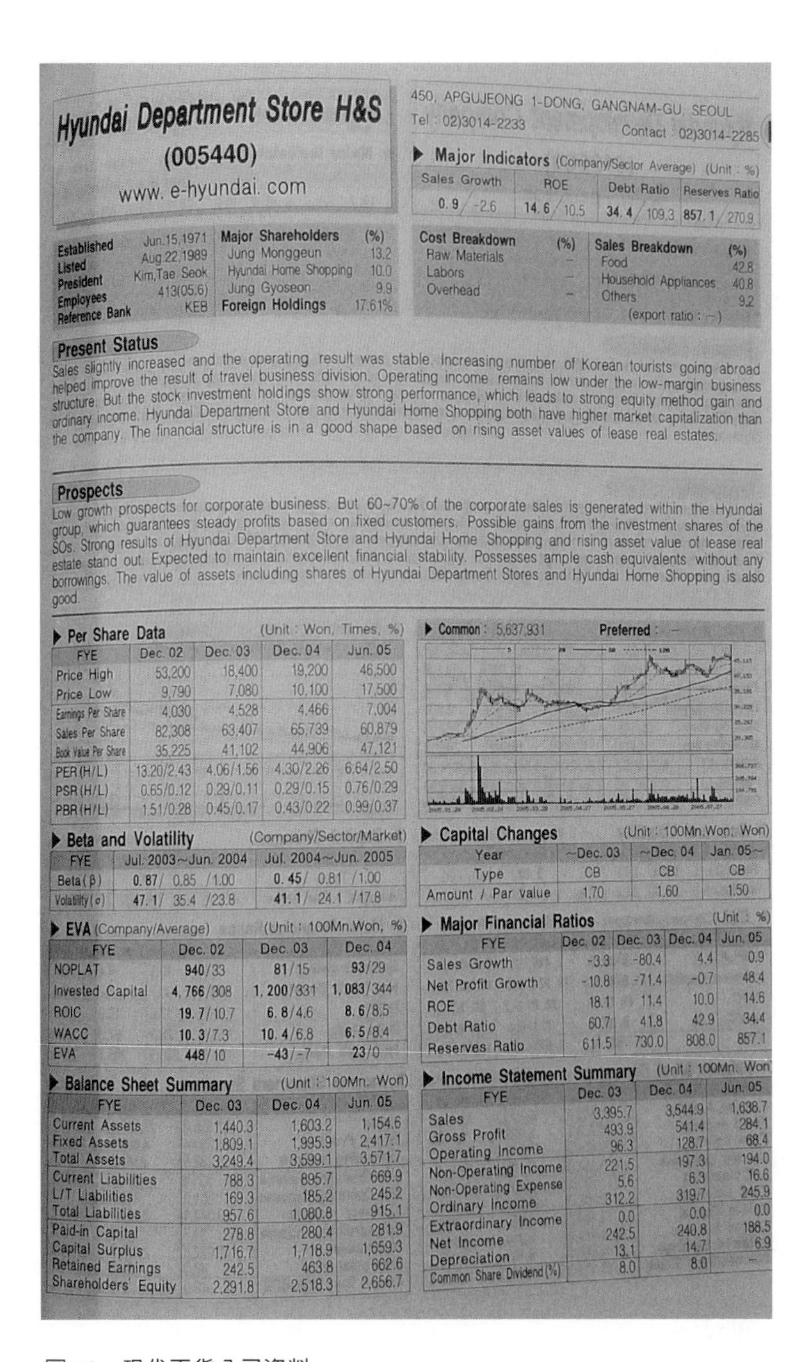

Hyundai Department Store H&S
(005440)
www. e-hyundai. com

450, APGUJEONG 1-DONG, GANGNAM-GU, SEOUL
Tel : 02)3014-2233
Contact : 02)3014-2285

Major Indicators (Company/Sector Average) (Unit : %)

Sales Growth	ROE	Debt Ratio	Reserves Ratio
0.9 / -2.6	14.6 / 10.5	34.4 / 109.3	857.1 / 270.9

Established	Jun.15,1971
Listed	Aug.22,1989
President	Kim,Tae Seok
Employees	413(05.6)
Reference Bank	KEB

Major Shareholders	(%)
Jung Monggeun	13.2
Hyundai Home Shopping	10.0
Jung Gyoseon	9.9
Foreign Holdings	17.61%

Cost Breakdown	(%)
Raw Materials	–
Labors	–
Overhead	–

Sales Breakdown	(%)
Food	42.8
Household Appliances	40.8
Others	9.2
(export ratio : –)	

Present Status

Sales slightly increased and the operating result was stable. Increasing number of Korean tourists going abroad helped improve the result of travel business division. Operating income remains low under the low-margin business structure. But the stock investment holdings show strong performance, which leads to strong equity method gain and ordinary income. Hyundai Department Store and Hyundai Home Shopping both have higher market capitalization than the company. The financial structure is in a good shape based on rising asset values of lease real estates.

Prospects

Low growth prospects for corporate business. But 60~70% of the corporate sales is generated within the Hyundai group, which guarantees steady profits based on fixed customers. Possible gains from the investment shares of the SOs. Strong results of Hyundai Department Store and Hyundai Home Shopping and rising asset value of lease real estate stand out. Expected to maintain excellent financial stability. Possesses ample cash equivalents without any borrowings. The value of assets including shares of Hyundai Department Stores and Hyundai Home Shopping is also good.

Per Share Data (Unit : Won, Times, %)

FYE	Dec. 02	Dec. 03	Dec. 04	Jun. 05
Price High	53,200	18,400	19,200	46,500
Price Low	9,790	7,080	10,100	17,500
Earnings Per Share	4,030	4,528	4,466	7,004
Sales Per Share	82,308	63,407	65,739	60,879
Book Value Per Share	35,225	41,102	44,906	47,121
PER(H/L)	13.20/2.43	4.06/1.56	4.30/2.26	6.64/2.50
PSR(H/L)	0.65/0.12	0.29/0.11	0.29/0.15	0.76/0.29
PBR(H/L)	1.51/0.28	0.45/0.17	0.43/0.22	0.99/0.37

Common : 5,637,931 Preferred : –

Beta and Volatility (Company/Sector/Market)

FYE	Jul. 2003~Jun. 2004	Jul. 2004~Jun. 2005
Beta(β)	0.87/ 0.85 /1.00	0.45/ 0.81 /1.00
Volatility(σ)	47.1/ 35.4 /23.8	41.1/ 24.1 /17.8

Capital Changes (Unit : 100Mn.Won, Won)

Year	~Dec. 03	~Dec. 04	Jan. 05~
Type	CB	CB	CB
Amount / Par value	1.70	1.60	1.50

EVA (Company/Average) (Unit : 100Mn.Won, %)

FYE	Dec. 02	Dec. 03	Dec. 04
NOPLAT	940/33	81/15	93/29
Invested Capital	4,766/308	1,200/331	1,083/344
ROIC	19.7/10.7	6.8/4.6	8.6/8.5
WACC	10.3/7.3	10.4/6.8	6.5/8.4
EVA	448/10	-43/-7	23/0

Major Financial Ratios (Unit : %)

FYE	Dec. 02	Dec. 03	Dec. 04	Jun. 05
Sales Growth	-3.3	-80.4	4.4	0.9
Net Profit Growth	-10.8	-71.4	-0.7	48.4
ROE	18.1	11.4	10.0	14.6
Debt Ratio	60.7	41.8	42.9	34.4
Reserves Ratio	611.5	730.0	808.0	857.1

Balance Sheet Summary (Unit : 100Mn. Won)

FYE	Dec. 03	Dec. 04	Jun. 05
Current Assets	1,440.3	1,603.2	1,154.6
Fixed Assets	1,809.1	1,995.9	2,417.1
Total Assets	3,249.4	3,599.1	3,571.7
Current Liabilities	788.3	895.7	669.9
L/T Liabilities	169.3	185.2	245.2
Total Liabilities	957.6	1,080.8	915.1
Paid-in Capital	278.8	280.4	281.9
Capital Surplus	1,716.7	1,718.9	1,659.3
Retained Earnings	242.5	463.8	662.6
Shareholders' Equity	2,291.8	2,518.3	2,656.7

Income Statement Summary (Unit : 100Mn. Won)

FYE	Dec. 03	Dec. 04	Jun. 05
Sales	3,395.7	3,544.9	1,638.7
Gross Profit	493.9	541.4	284.1
Operating Income	96.3	128.7	68.4
Non-Operating Income	221.5	197.3	194.0
Non-Operating Expense	5.6	6.3	16.6
Ordinary Income	312.2	319.7	245.9
Extraordinary Income	0.0	0.0	0.0
Net Income	242.5	240.8	188.5
Depreciation	13.1	14.7	6.9
Common Share Dividend(%)	8.0	8.0	–

圖 13　現代百貨公司資料

假如你真的把自己看成企業的所有者，就不會用所謂的每股收益這種概念，你要時時刻刻訓練自己不去用「每股」這個概念來思考問題，要想着你是企業所有者。市值是多少？（一段時間的沉默，要轉換匯率）加油啊！這很簡單，我以為你們都做了家庭作業，做了的舉個手。只有一個人？那你們怎麼能在這個行當裏立足啊！約翰（此同學舉手了），市值是多少？（此同學沉默，全場哄笑）這很簡單啊。市值是多少？（有同學回答說 8700 萬）8700 萬？12 一股，550 萬股，是多少？（有同學掏出了計算器）不要用計算器！你要習慣用自己的大腦！你要是想看很多公司的信息，這一本書有幾千頁，你留給每頁的時間不能超過 5 分鐘，所以你只能靠自己的大腦來思考，迅速瀏覽完一遍後就能大致知道公司的財務情況。

告訴我結果。6500 萬啊，差幾百萬沒有大礙。去年的利潤呢？（同學們長時間的沉默）給我稅前的數據。加油啊，你們可是哥倫比亞大學商學院的學生，你們是精英啊！你們可是奔着 15 萬美金底薪去的！（有同學報了個數）甚麼？給我稅前利潤？你往上看幾行啊。淨利潤呢？ 稅前 3100 萬，市值 6,000 萬，兩倍的估值。那運營資本呢？淨資產呢？加油啊，（長時間的沉默）加油，你們這樣可不行。布魯斯，不知道你教了他們甚麼……

加油啊，是 2.36 億啊，2.3 億淨資產，6,000 萬市值，2500 萬淨利潤，3100 萬稅前利潤。資產的具體組成是甚麼？（長時間的沉默）你們到底怎麼做投資？這些都是基本功啊。作為一名分析員，如何快速計算這些數據？如果讓你在 5 分鐘之內告訴我這個公司的基本財務狀況，你怎麼做？（Chase 同學回答了問題）就是這樣，很簡單啊。真正做生意的時候會用到甚麼？就是固定資產和運營資本，就這些。商譽（Good Will）不能算數。這些就是你運營生意的根基，你是企業的所有者，那麼你擁有的就是這些，你應該掃一眼數據就能告訴我。要是做不到，那可能是布魯斯沒教好(笑)，因為這是基本功。

現在我們有了這些基本數據，但它還沒有給你全貌。市值 6,000 萬，3,000 萬稅前利潤，7,000 萬運營資本，1.8 億固定資產，一共 2.4 億賬面價值 —— 這些數據能告訴你甚麼，接下來要做甚麼？（同學說去找出它便宜的原因）你怎麼知道它便宜？我們覺得它可能便宜，但還不能下定論。接下來你必須搞清楚它的真實盈利情況，賬上掛的資產到底是甚麼，運營資產實在不實在等等。我這裏用的都是常識和最基本的邏輯，這些是你必須認真思考的。假如各位能這麼思考和行動，證明你們還不錯。這也就是為甚麼我要雇的分析員可能從來沒上過商學院，沒在公募基金、對沖基金就職過，有的甚至連會計課也沒學過，但我發現訓練他們更加容易。剛剛發生的情況也恰恰證明了我的這個想法。好，回到這家公司的財務數據，7,000 萬流動資產，都可視為現金，6,000 萬現金和 1,000 萬可交易證券。1.8 億固定資產，百分之百持有一家酒店掛賬 3,000 萬，持有一家百貨商店的 13% 也掛賬 3,000 萬，恰巧這家百貨商店也在這本書裏，我看了一下發現其市值是 6 億，那麼 13% 是 8,000 萬，也就意味着被低估了 5,000 萬。它還持有三家有線電視公司和一些其他物業。再看看這家百貨公司，發現它的市值也接近現金和可交易證券的總和，2–3 倍的 P/E，持有很多不同種類的資產，他們還是第二大的有線電視運營商。接着我看到這個百貨商店的運營模式跟酒店類似，跟我們這兒不一樣，它沒有存貨，更像一個購物中心，他們靠從商場租客收入中抽成來營利。好，現在我們把整塊拼圖拼出來了，得出甚麼結論？你花 6,000 萬，換了 7,000 萬現金，沒有任何債務，1 億股票，這有多少了，1.7 億，3,000 萬的酒店已經 10 年沒有重估了，而韓國地產在這段時間漲了很多。於是我去了韓國，考察了這家酒店，也造訪了這家百貨商店，它們看起來都很高檔，位於中心位置。我找到周邊的物業成交情況，所有信息都顯示他們的真實價值是賬面的三四倍，這就會增加 1.5 億的資產值。現在多少了？3.2 億，這就是我花 6,000 萬換來的，此外還有每年 3,000 萬的利潤。我漏了甚麼嗎？（同學説公司治理）非常好。

大家講了這麼多，還沒有人提到本土投資者的想法。（當你考察了之後）會發現有很多事情與你的想法不一致，也有很多事情在驗證你的想法。你需要理性地把每個問題都仔細考慮一遍。本土投資者擔心的問題，你也不能忽略，因為作為一個外國投資者你可能不理解某些事情。假如你把這些都過一遍（當然我們現在沒有時間從頭開始），你會得到跟我一樣的結論，就是會大量買入。股票之後的情況呢？我這裏有兩張從彭博（Bloomberg）導的圖（圖 14），一張是這個百貨商店，從 22 漲到了 100，另一個從 12 漲到 70，都漲了五六倍。

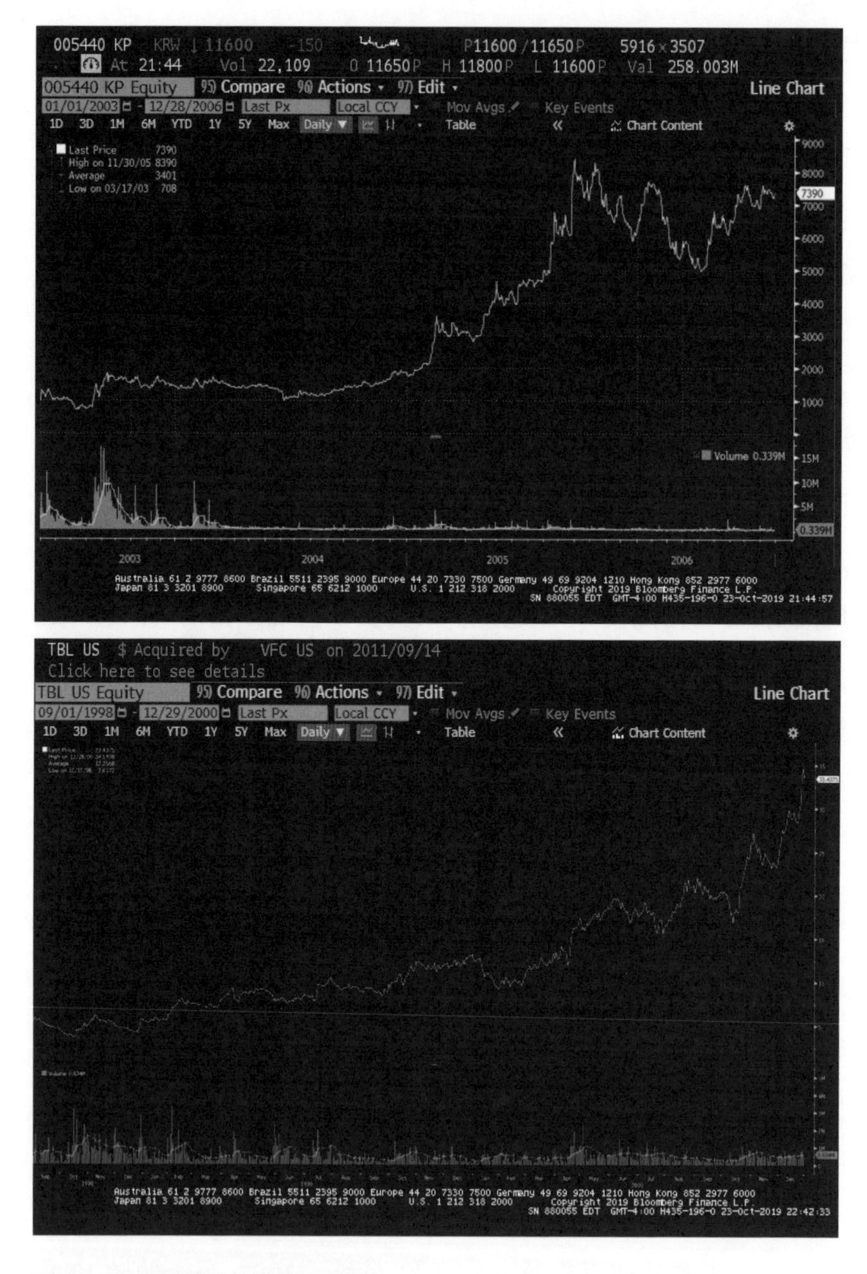

圖 14　現代百貨公司股票示意圖

注：上圖為復權股價，為示意。具體股價與講課當時查閱的股價有所不同。

總之，我給出這些例子是想告訴你們，這種研究方法並不是(大多數)投資者的本能，很可能也不是你的本能，但是如果出於某種原因你得出了跟我一樣的結論，而你的性格又恰好遇上罕見的基因突變，那價值投資很可能就是你在尋找的事業，我唯一可以補充的就是告訴你(價值投資)確實可以賺到很多錢。這一套方法已經被不斷驗證了，從格雷厄姆到巴菲特再到後來者。我從心底裏對這門課和布魯斯非常感恩，多年前進入商學院上了這門課徹底改變了我的人生。我對你們的忠告就是要腳踏實地地去做事。說實話我今天有些失望，你們做得太少了。我上這門課的短短時期內就賺到了十幾萬美金，也就是聽了 14 到 15 個人的講座。但是我確實做了很多具體的工作。我告訴你們，假如你全身心投入，可以賺很多錢，不要只是聽聽就算了，去真刀真槍地幹。你們現在上這課要花多少錢，商學院學費多少錢？(7 萬美金)總共 7 萬？你們至少要把這些錢賺回來吧，更何況你犧牲了兩年工作時間，也要把這些錢賺回來啊。怎麼賺？我剛才說的就是最好的方法。所以我最後想強調的一點就是，我回來講課唯一的原因(抱歉我不會談我現在的持倉，剛才說到的兩隻股票我都已經賣出了)，是我唸商學院的時候，那些來講課的人都會談他們當時的持倉，認真聽講之後我會切實研究並做出投資決定，我從中受益匪淺。不做是沒用的。那是 10−15 年前了，我賺了幾十萬，其中一個公司我就賺了 10 多萬，那時候學費還低一些，具體多少忘了，但肯定比 7 萬低。教授講的都是實際的案例啊(就是實實在在教你怎麼賺錢)。這也是這門課的獨特之處，這裏沒有不切實際的理論，談的都是已經被證明可行的東西；如果老師沒提到，你們就應該問，他們也應該不吝賜教。各位已經在很高的起點上了（能坐在布魯斯的課堂裏），前面有無數閃光的機會，要是你們沒抓住這些機會和利用好已有的資源，我會為你們感到羞愧，你們必須去好好學習和實踐。書中自有黃金屋，這幾本小書、《價值線》等等，你們都要好好利用啊。你們還這麼年輕，充滿精力，不要有所畏懼。

布魯斯：你願意再接受提問嗎？

當然。

同學：你做研究時首要看的是甚麼？

假如你是分析員，我一直告訴我的分析員，我從你這裏需要得到兩樣東西（當然你必須成為一個好的分析員，要不然你不可能成為一個好的投資者），準確的信息和完整的信息。絕大部分投資者的重大失敗都是因為這兩點做得不夠。為了得到準確和完整的信息，你就要付出更多的精力和時間。你做不到這兩點，你就無法在這行立足。因為絕大多數時候，你是寂寞的，你的判斷和大多數人相悖。如果對自己知道的東西不自信，對自己（基於研究）的判斷和預測不自信，當你看中的公司的股價一落千丈時，你不會有魄力去重金買入。看起來你是都賠光了，其他那些所謂的「聰明人」都在笑話你，但你就要有自信，這種自信背後的支柱就是準確和完整的信息。

第二點非常重要的是，絕大部分收益、你們一生中賺的大部分錢不會來自我們剛剛討論的這類公司，這些投資只會給你點麪包，讓基本業務得以開展，給一個中規中矩的回報率，它不會給你一騎絕塵的超高回報率。就算這兩個公司都漲了五六倍，也算不上是超高的回報率。假如你是真正的價值投資者，基本上會師從這兩個學派：特威迪•布朗（Tweedy Browne）、本傑明•格雷厄姆（Benjamin Graham）是一派；另一派就是巴菲特和芒格。後者也是我更感興趣的，你要是想走（巴菲特和芒格的）這條路，你的回報率會源自於幾個洞見，而且數量絕不會多，兩隻手就能數得過來。你窮盡畢生努力 50 年，可能也就得到那麼幾個真正有分量的洞見。但你獲得的這些洞見是獨一無二的，其他人都沒有的。這些洞見從何而來呢？只有一個途徑：懷着無窮的好奇心、強烈的求知慾，去不斷地學習、終生學習。你學習到的一切知識都是有用的。

布魯斯：有同學問在你的研究過程中有甚麼特別的失誤嗎？

只要我違背價值投資三條原則的任意一條，就會犯錯。當我獲得的信息不夠準確，或不夠完整，我就會犯錯；當我以為自己獲得了洞見但其實壓根就不是洞見的時候，就會犯錯。我也犯過很多錯誤。基本上我不願意沉浸在已經犯下的錯誤裏，說實話可能我最大的錯誤就是看準了一家公司後沒能買更多。另外一個錯誤就是事業初期走過的彎路。早年我剛成立公司後，業績很出色，但卻找不到客戶投錢，每次交流，客戶都無法理解，「我們要的是每個月甚至每星期都賺錢！我們要的是熊市也賺錢！這才是我們雇你的原因，我們要你像銀行一樣安全但是提供更高收益。你不是叫對沖基金嗎？」我也是沒辦法。所以有那麼兩年，所幸不算長，我也開始搞對沖交易，搬到了朱利安•羅伯遜的辦公室，開始學這些頂尖對沖基金經理的伎倆，也找了人來負責賣空。但其實你知道這套操作是毫無意義的，我自己也是忙得昏天黑地，因為賣空就必須交易，你沒法選擇，因為你的盈利上限就是賣空金額，而損失沒有下限。搞到後面我都要精神崩潰了，沒法專注於那些源自洞見的機會。正如查理說的，好像困住雙手來參加踢屁股比賽，確實就是這樣。那段時間我其實有幾個絕佳的機會，是幾家我了解很深的、具有自己獨特洞見的公司，而且這些公司的管理層我還認識，這些公司的市值低於淨現金，之後的市值增長了 50−100 倍，而我與機會失之交臂。因為那時我無法全身心投入。真知灼見和頻繁交易是互不相容的。這是我最大的錯誤，並不是說我少賺了多少錢，而是我錯過了機會。我當然也會犯錯誤，而且不時會犯錯誤。常見的錯誤是，當你還沒有徹底做完功課的時候，實在抗拒不了對這個想法的激動之情，像添柏嵐，我在 28 美元時就忍不住先買了一些，但其實研究還沒做完，只感覺大概率自己是對的。當然徹底做完研究後我又極大增加了購入額。也有可能研究完成後發現看錯了，這時可能已經掉了 20−30%，也沒甚麼大礙，接受自己的誤判，繼續尋找新的機會。只要留足安全邊際，贏的概率肯定很大，時間足夠長之後你的收益不會差的。這種損失不算甚麼。但如果在一個你富有洞見的領域，機會出現時卻不去下重注，這就是巨大的錯誤，我不能原諒自己犯這樣的錯誤。（布魯斯問：能說出這些公司名字嗎？）不能（全場笑），因為我以後可能還有機會投資它們。我向你們保證，你窮極一生可能也只會得到 5 個或 10 個洞見，要通過很多年的學習才可能產生一個。有些我今天在學習研究的東西，其實我早在 15 年前就開始學習了。我當時研究的是美國公司，現在發現了亞洲類似的公司，估值很好，處在我願意下重注的位置。但你要知道，我 15 年前就開始研究這個領域了，對這個領域的所有知識都了如指掌。你就需要建立這樣的洞見，才能對自己的判斷堅信無疑。假如你做不到，有可能是個性不合適，也可能是努力不夠，所以你沒有機會真正賺取巨額財富。你可以學習格雷厄姆和特威迪•布朗，拿到年化 10 到 15 的收益率，這樣的業績已經超越了絕大部分 (95%) 投資者，包括那些所謂的專業投資者在內，但你不可能取得像巴菲特那樣絕世獨立的業績。窮極一生也可能找不到這樣的機會，讓你的財富增長一千倍甚至一萬倍的機會，不用想也知道這樣的機會千載難逢，別想着你能輕易獲取。它要求你能綜合大量的因素，芒格把這種靈感命名為 Lollapalooza 效應，意識層面的、潛意識的、心理的、政治的……凡此種種綜合起來、融會貫通後，才會靈光一現，讓你成為唯一的洞見者，唯一有底氣下重注的人。用完整、準確的信息加上獨一無二的洞見來投資，這是真正吸引我進入這個行業的原因，它讓人興奮，而且是無比興奮。你必須無所不學。我開始唸書的時候學物理、數學，進入哥大後學習經濟、歷史、法律、政治等等，我對這些都很感興趣。你們也需要這種熱情。你們可能也需要一些生物學的知識和思維模式，我太太是一位生物學博士，我從她那兒學了很多生物學的知識，其中有一些也對我的投資起到了幫助，只是她可能不知道。你們必須無所不學，必須對一切事物充滿好奇心，在這個長期的過程中，你偶然會遇到一個很大的機會，而這些大機會之間，你還會時不時抓到像添柏嵐、現代百貨公司（Hyundai Department Store H&S）這樣的機會，獲得不錯的收益。

同學：你一年投資幾個公司？

看情況了，這麼統計可能沒甚麼意義。有可能好幾年都沒碰到機會，也有那麼幾年機會層出不窮，這要看哪些公司在你的能力圈裏而且估值也合適。但我能保證的是，機會不會均勻地出現，要保證每個季度或是每月有一個投資想法，這是不現實的，我的經歷也不是這樣。我 15 年前開始投資，那時還在哥大讀書，五六年的時間內，我大概有三到四個比較大的投資想法，這些投資收益豐厚但是平均值沒甚麼意義。之後我開始進步，投資學習這個過程是有積累效應的，你會發現自己的功力越來越爐火純青，可能看一頁《穆迪手冊》只要幾分鐘，就能判斷個大致。對機會的敏感度也是如此，所以越到後來也許能抓到的機會就越多；但也可能市場很不配合，一整年沒出現機會，這都沒關係。但我最不能接受的是虛度光陰，一年過去了甚麼也沒學到，一個洞見（哪怕是自認為的洞見）也沒產生，也沒推翻過去錯誤的洞見。這是我不能接受的。所以你們一定要每一天不停歇地學習，把它當成一種思維上的紀律來執行。

同學：剛到美國時你怎麼謀生？

我寫了本書，賺了點錢，又有人出錢把書改編成劇本拍了電影。但我的淨資產還是負的，因為我借了很多錢。好在我有一點現金。雖然資不抵債，但學生貸款不需要馬上還，所以我很幸運可以有現金（用來投資）。

如何尋找投資的點子呢？其實我在讀很多書的過程中都在尋找想法。我讀名人傳記，讀物理，讀我最喜歡的歷史，都能帶給我靈感，邊閱讀邊尋找機會，如果有機會來了（例如剛剛提到的《穆迪手冊》中有這麼一家公司引起了我的注意），我就會全力以赴去研究。空餘時間，主要是陪兩個女兒，當然還有我太太。我的女兒一個三歲半，一個一歲半，我也從她們身上學習，看看人的認知能力是怎麼發展起來的。回到我投資時的思考歷程：這樁生意便宜嗎？是不是好生意？誰在運營？還有哪些是我遺漏的？當考察到最後一項時，你會發現心理學、人類認知領域的知識尤其重要。沒有其他地方比孩子身上更能觀察到人類發展認知的過程了。所以陪我兩個女兒玩耍、觀察她們的成長和認知發展對投資也有益處。所有知識都對投資有作用。

我想再強調一點。之前我提到，價值投資者和其他投資者不同的地方在於，把自己看成企業的所有人，注重長期，尋求安全邊際，其實這三點都源自同一條：就是把自己看成企業的所有人。因為你是一個慎重的生意人，不能控制管理層，所以要保護自己，尋求很大的安全邊際；既然是生意的持有人，自然會更注重長期表現，等等，其實都是一回事。有人會問我，你既然是生意的所有人，你幹嘛還要買股票？股票市場就不是為生意持有人設立的，它是為了交易者設立的，吸引的就是交易者，這就是為甚麼那95%的人從來不會從這三點出發來思考和買賣。我們假設所有的投資者都是價值投資者（雖然由於人性的原因，現實中是不可能的），那還會有股市的存在嗎？當然不會有了，誰會去買IPO？沒有了一級市場（IPO）哪來二級市場？如果所有人都需要巨大的安全邊際，誰還會賣給你？這也是我為甚麼開篇就講這幾個基本點，你們（假如是價值投資者）從本質上來説就不屬於股票市場，你們必須時刻銘記這一點，找準自己的位置，不要被別人影響。再進一步假設，如果你真的天生是個生意人，那你遲早會被吸引，去成為成一個真正的生意人，運營一個企業。這也是為甚麼巴菲特離開了資產管理行當，芒格也離開了。他們搞了十多年的合夥人公司後，開始去收購企業，真正地運營企業。有這種思維的人也可能會去做私募。這其實是更實業的思維，是一種進化。擁有這種思維的價值投資者總能找到可獲利的事情來做，即使市場不是為他們所設立，他們也總能找到賺錢的機會。原因在於，市場是為那95%熱愛交易的人設立的，這些人本質上就有弱點，他們總想着交易，一旦你熱衷於交易，就必然會犯錯。你的七情六慾私心雜念都會暴露出來，恐懼、貪婪這些本性也會導致你犯錯。一旦他們犯錯，市場波動，你們的機會就來了（當然前提是你們屬於那5%的價值投資者）。

同學：你怎麼找到一個合適的賣出的時機？

這是一個非常有意思的問題，我自己在這個問題上也是逐步進化的。我曾經有一個原則，如果在某個價格我不打算買，我就可以賣。現在我覺得自己進化了一些，因為當我對某個領域、某家公司產生洞見的時候，我真覺得自己就是生意的所有人。即使有人說，你該賣了，價格已經很高了，而且這個價格確實我也不願意再買了，但從長期（譬如十年）來看，我的洞見、對這家公司這個行業的深刻理解都告訴我，贏面還是很大，這個生意會越來越好，好生意就是會越來越好，這些生意的管理人擁有巨大的資本優勢，在某些行業裏，這是絕對的優勢。所以這種時候我就有另一番考慮。首先，我要考慮賣了之後是否有機會再買回來；其次，還要交巨額的稅金（資本利得稅），這些應繳的稅其實相當於你從政府那裏拿的免息借款，只要不賣，這個免息槓桿就一直在，稅率可能在 30%，甚至高達 40－50%，你可以用 40－50% 的免息資金增強你的投資，不會收到催款電話，也沒有還款期限。假設企業善用手中的資本，他們回報可不止 15%，我發現很多卓越企業的回報率高達 50%-100%（ROIC），到了這一步，算數就變得更有意思了，你會發現增長的速度高出你的想像。所以說自信非常重要，而且你要有信心自己的判斷和預測會在很長一段時間內都正確。我再強調一次，你一生可能也就只會遇到幾次這樣的機會，你自信你能看準到十年之後，已經很出色了。那些在投行工作的人以為可以預測無止境的未來 —— 你覺得這可能嗎？根本就是天方夜譚！大家都知道，他們連明天都無法預知，怎麼可能預知未來五年、十年呢？還要預知永遠？他們做的都是毫無意義的。但是我保證，如果你天資還不錯，個性也合適，再加上努力，用一生來學習，也許在未來 50 年的投資生涯中你能找到 5－10 個機會，在這些機會中，你有自己獨特的洞見，能比別人更準確地預知之後十幾二十年的情況。到了這時候，你根本不會想賣。有甚麼理由要賣呢？政府免息借你錢，也不會把錢要回去，企業的年資本回報率（ROIC）高達 40－100%，這在稅務上是非常有效率的配置，所以你不會去賣。

同學：那為甚麼你賣掉了添柏嵐？

因為它沒有這些特徵，它不在卓越的企業之列。我現在的組合裏有一些公司是在這個行列中的，但我不會談這些公司。

布魯斯：你能概括一下這類卓越的公司的共同特徵嗎？

這些企業的競爭優勢（不管它是通過何種途徑建立起自己的優勢）會不斷增強、增強、再增強。大家可以試着找一些例子，你們花了那麼多錢來上商學院，必須要建立起自己的思維框架，至少養成一種習慣，怎麼來思考這些問題。是甚麼原因讓一家公司比其他同行優秀那麼多？競爭優勢在哪裏？為甚麼它們賺的錢越來越多？其他公司賺的錢卻越來越少或者會經歷起伏？原因是甚麼？你們需要研究那些已經建立起優勢的企業來培養自己的鑒別能力。（有同學提及菲利普•莫里斯）將菲利普•莫里斯（Philip Morris）跟其他牌子區分開的本質原因是甚麼？（同學回答說這個牌子建立很早）這是一個好的因素，但不是我最喜歡的因素。（有同學說可口可樂，它將品牌和快樂建立起一種聯繫，李录搖頭；Ebay，李录說是個不錯的例子；還有同學說到某卡車公司等等。）

布魯斯：你同意這些嗎？還是不同意？

他們基本上都在複述巴菲特的持倉，我不同意也不行。但我希望大家說一些巴菲特還沒有買的，一些你認為可能有潛力的公司。我不希望你們只從已經名載史冊的投資者的經典案例中挑例子，能不能給我一個公司的名字，是他們沒有買，但也有這些特徵的，不在伯克希爾的組合裏的？（有同學又說 Ebay，李录說不錯。另一同學提到通信塔，李录接着問為甚麼所有做無線通信塔的公司都倒閉了？）我在唸書的時候買過的三隻股票其中就有美國電塔（American Tower）。（同學們提了很多其他公司）怎麼沒有人提到大家每天研究中都在用的公司呢？（有同學提到價值線公司）不錯。（有人說電腦）你確定電腦能賺錢嗎？（有同學提到全球市場財智（Capital IQ））很好。我們來談談彭博（Bloomberg），在彭博之前有 Bridge 和路透（Reuters），為甚麼彭博最後勝出了？（同學說了很多原因，但最後有同學說到高的轉換成本，學了彭博不願意再學其他）舉這個例子是因為你們會發現幾乎所有行業都會面臨類似的變化，這個案例分析是可以舉一反三的。當你研究透了一個例子後，就能對其他行業的類似情況作出比較準確的預判。彭博的故事很典型，一個名不見經傳的公司冒出來，儘管有很多前輩公司在行業中建立已久，但它就是這樣一點點往前走，在某個節點發生了里程碑式的質變，最後成為了行業壟斷者。現在你去哪找 Bridge 和路透？它們都消失了。正如剛剛這位同學說的，你花了很長時間學會這個很難學但是每天都要用到的工具（彭博），所以你不願意再花時間去學別的工具。再加上你的同事、同行也在用彭博，你需要和他們溝通。所以在這個領域贏者通吃了。怎麼得到這個結論才是真正有意思的。假設你有機會觀察到這個行業早期發展的情況，假設你也確實觀察到彭博發生質變的節點——可能是他們將平台推廣到所有的商學院後，這樣你們畢業了只會用彭博，不願意再學其他。假設彭博上市，你有這樣的洞見，那你就坐在金山上了。這就是我所說的洞見。你會不斷發現類似彭博這樣的公司，這種現象在很多行業都會發生。想想看為甚麼微軟幹掉了蘋果，蘋果曾經是行業的龍頭老大，幾乎佔有百分之百的市場，而微軟一點點地蠶食最後跨過了那道坎。當你在面臨微軟和蘋果的選擇時，你會發現其實你沒甚麼選擇，只能用微軟，因為公司電腦的系統都是微軟。現在你連不使用彭博的機會都沒有，彭博有甚麼成本嗎？沒有，成本幾乎為零！他們的成本大部分用來支付公司員工的高薪了。他們需要幹甚麼？他們做研究嗎？根本不做甚麼研究。他們只不過隔段時間（每個月）來你公司拜訪一下，問問你有甚麼需求，每天工作中會用到甚麼。假如你是個喜歡交易的人，是那 95% 的投資者，就會對那些數字產生近乎迷信的狂熱。彭博就專門為這些人開發了一套系統。你們知道彭博有多少公式？幾萬個！彭博會給你操作手冊嗎？當然不會！他們要把你一對一的綁住！給你一堆公式，然後問你收幾十萬。因為你每天都要用，而且在這一行好像每筆輸贏都以幾百萬計，所以你不在乎三十萬一年的費用。哪怕彭博問你要幾個點的抽成，你可能也毫無選擇。他們會一直來找你，因為你就是個交易者，你每天都想要新消息和新功能，他們不斷給你新的功能，其實就是給你帶上一副枷鎖，把你越綁越緊到絕望的地步。他們絕不會給你提供手冊，也不會讓你知道他們的成本；這真是印鈔機啊，它用成本幾乎為零的產品把你們每個人都綁得死死的，然後付給供應商的錢也少得可憐——因為供應商也別無選擇。你們這些用戶被它綁住了，還心甘情願地給它提供反饋、幫助它改進，他們根本不需要做研究，問問你們有甚麼需求就好了。用戶轉換產品的成本如此之高，導致其他新產品完全不是它的對手，幾十萬從業者都被它綁架了，而且是一對一的綁架，其他產品怎麼跟它競爭呢？現在假設你對這些情況非常了解，彭博上市了，你也觀察到彭博發生質變的時間點，你會去投資彭博嗎？我會的。這就是我所謂的洞見。你研究所有的生意，它們都難免上下起伏，但彭博的可預測度是很高的。其他行業裏多少也會有這種可預見性。作為一個分析員，一個投資者，一個價值投資者，一個企業所有者，你們的工作就是堅持不懈地研究這些生意，觀察它們的變化趨勢，那麼你一生中也許能發現幾個類似的機會，這是一套實際可行的方法。我喜歡彭博，假如彭博要出售股份，其實它根本不要上市融資，為甚麼要融資呢？即使上市也會有很高的溢價，P/E 一直高居 30 倍，而我不會因為短期內的高價而賣掉它，這就是我自己哲學的進化，從以前的「不願買入就賣出」，發展到現在，會去長期持有一些公司，要是真能找到這樣的公司，你沒有必要賣。還有沒有其他問題？

同學：投資後你會直接介入公司的運營和管理嗎？

還是要看情況。我搞過很多早期創投，也曾經擔任兩家企業的董事會主席和許多企業的董事會成員，包括你們提到的全球市場財智（Capital IQ）。我是全球市場財智的第一個機構投資人，那時就只有創始人一個人。我們投資全球市場財智就是要效仿彭博的商業模式。在全球市場財智這個例子中我非常投入，開始時我是公司的最大外部股東，每天忙得焦頭爛額，要知道我連一個幫我接電話的秘書都沒有啊。我事必躬親，但無奈實在是分身乏術，後來公司賣給了標普（S&P）。之後我又投了一個工程師領域的數據軟件公司，希望把彭博的經驗搬到工程師領域，結果也不錯，任何高技能的領域都需要這類軟件。你在一個領域獲得的洞見是可以被借鑒到其他領域的。但總體來說，我是個求知慾很強的人，甚麼事都想去探究清楚，也非常願意去和公司管理層成為朋友。例如添柏嵐的老闆在我賣掉他公司的股票後成了我基金的投資人，這種跟企業家的關係是我想要的。我覺得就得有這種大膽嘗試、無所畏懼的精神。只有真正投身公司的日常運營，你才能從公司的每個決定中觀察到行業發展的特徵和發生質變的節點。沒有任何事情是一成不變的，這也是投資有意思的地方。所以我們要不斷地學習。比如彭博，也許多年後情況會發生變化，雖然我不知道具體甚麼原因會導致它巨變，但這是完全有可能的。我已經觀察到其他行業的例子，像微軟，它的處境就發生了變化，免費軟件的興起可能會完全改寫行業的遊戲規則。任何行業和公司都會發生變化，這是件好事，因為那些思維活躍的、時刻做好準備的人，一旦產生洞見就會看準時機行動，他們會在這些變化中創造巨大的財富。

投資是一個發現自己的過程*

一、關於如何做好投資

問：您投資風格的發展和巴菲特有何不同？

投資遊戲中很重要的一部分就是做自己。因為投資中多多少少總有一些「零和博弈」的元素，所以你必須在這個過程中找到一個與自己個性相合的方式，並通過長時間努力取得優勢。當你買入時，必然有人在賣出；反之亦然。兩方中必定有一個人做了錯誤的決定。你必須要確定你比對手知道得更多，預測得更準確。這是一個競爭激烈的遊戲，你會碰到很多既聰明又勤奮的人。

在投資這場競爭遊戲中取得優勢的唯一方法就是在正確的道路上堅持不懈地努力工作。假如做的是你所熱愛的事，你就會很自然地去做，即使是在放鬆狀態下，例如在公園散步時，你也無時無刻不在思考着它。如果你找到了適合自己的方式，並且堅持下去，到達這種自然、自發地學習和思考的境界，隨着時間的推移，你將會累積起巨大的優勢。投資其實是一個發現自己的過程：我是誰，我的興趣是甚麼，我擅長甚麼，喜歡做甚麼事，進而將這些

* 據 2013 年 3 月哥倫比亞大學商學院 Graham & Doddsville 雜誌採訪精編

優勢不斷強化放大，直到自己超越其他人，取得相當可觀的優勢。查理•芒格常說：「除非我能駁倒那些最聰明而和我持有相反觀點的人，否則我不敢聲稱自己有了一個觀點。」查理說的太對了！

投資是對於未來的預測，然而未來在本質上卻是無法預測的，所以預測就是概率。因此，你能比別人做得更好的唯一方式就是盡可能地掌握所有的事實，並且真正做到知己所知、知己所不知。這就是你的概率優勢。沒有甚麼事情是百分之百確定的，但是如果你每次揮桿（出手）時都擁有壓倒性的優勢，那麼久而久之，你就能做得非常好。

二、如何獲得投資的想法

問：能談談您投資的過程嗎？

我的想法來自生活的方方面面，最主要的還是來自於閱讀和談話。我不在乎它們是怎麼來的，只要是好的想法就行。你可以通過大量閱讀發現好的點子，研究很多公司，或者是向聰明的人學習 —— 最好是比你聰明，特別是在各自的領域特別突出的人。我盡可能地擴大閱讀量，研究所有我感興趣的、偉大的公司，和很多聰明的人聊天。然後你猜怎麼着，有時候在某些閱讀和談話裏，就會靈光一現，接下來就是更進一步的研究，有時候你發現更確信了，也有些時候是相反的情況。

問：您一般是和投資界的同行聊天，還是顧客、供貨商、管理層之類？

我會和所有人聊天，但更有興趣和實實在在做生意的人聊天，比如企業家、總經理或者優秀的商人。我會閱讀所有主要的新聞刊物，還有龍頭企業的年報，這些材料也讓我獲得很多靈感。

問：有甚麼行業是你絕對不會碰的嗎？

我不會在意識形態上排斥任何事情，我反對所有意識形態。世界上有很多我不懂的事情，但我對很多事情都有好奇心。有時候我可能只對一家公司的某一方面比較了解，但這正是促成投資最重要的方面。我也不確定，我不想排除這種可能性。不過有一點我是確定的，如果你給我展示一個想法，我能很快告訴你我會不會對這個想法說「不」。

基本上查理•芒格對所有想法的態度只有這三種：行，不行，太難了。有些想法可以很快分辨出來是行還是不行，但如果確實是太難了，那就離開。最終你還是得集中精力在那些你願意花時間、花心思研究的想法上，並且確保你比別人都懂得更多。

三、如何評估公司管理層

問：您如何評估公司的管理層是否誠實回答您的問題？與管理層交談有多大用處？

無論生意本身好壞與否，管理層永遠是公司成功等式的一部分，所以管理層的質量總是很重要。但是要評估管理層的質量並不容易。如果你無法判斷管理層的質量，那這本身也是一個結論，你可以將這個結論和其他因素（如生意的質量、公司的估值等）一起考慮，作為決定投資與否的依據。

如果你可以正確評估一個管理層的質量，說明要麼你非常敏銳，深諳人類心理學，要麼就是你和那些人有特殊關係。如果是這樣，你當然要把管理層的質量納入你決定的過程。它會提高你預測的準確性，因為管理層是構成公司的一個重要部分。

但是，要深入、準確地評估一個管理團隊絕非易事，鮮有人能真正做到。所以我也很佩服一種人，他們有勇氣說，「反正不管我得到多少信息，不管他們給我做多麼漂亮的展示，我對管理層的了解也就止步於此。我知道這是場秀，所以我乾脆完全不去考慮管理層的影響。」我很敬佩這種態度。

投資需要對知識的誠實，你需要知己所知，更重要的是需要知己所不知。如果對管理團隊的了解不是你手裏的一張牌，那它就不應該被納入你的考量。

四、是否按地區做投資分配

問：您如何分配（美國）國內和海外的投資？

對於投資的地區分配，我並沒有甚麼先入為主的標準，而是跟着機會和興趣走。恰巧我對亞洲和美國更感興趣，所以我的投資也在這兩個地方。相比之下，我對歐洲和非洲就沒有那麼感興趣，但還是以開放的心態關注它們。我的目標是找到那些由最優秀的人管理的最好的公司，並在市場上出現最好的價格時出手買入，長期持有。這些條件並不會總是同時滿足，但沒關係（你可以耐心等待）。

剛開始做投資時，你持有的是現金，現金的回報是一個不錯的機會成本，因為它不會造成本金的損失。當你找到一個投資機會時，它必須能夠提高整個投資組合風險調整後的回報率。接下來你可能會找到好幾個很有趣的投資機會，這樣你的投資組合裏就有了一些有趣的證券加上現金。這也是很好的機會成本。下次你再加入另一個證券，它最好能使你的投資組合（風險調整後的回報率）比現在的更好。這樣你就可以持續不斷地優化你的機會成本。投資組合的構建就是一個不斷優化機會成本的過程。

五、如何定義自己的能力圈

問：您如何定義自己的能力圈？

我根據自己的興趣來定義能力圈。顯然，我對中國、亞洲和美國都有着一定程度的了解，這些是我比較熟悉的領域。這些年來我也在逐漸拓展自己的眼界。

剛開始投資時，我就是尋找廉價的證券。因為那時候也沒甚麼其他選擇，沒有經驗，又不想賠錢，那怎麼辦？只能買最便宜的股票。但是時間長了，如果你發現自己除了對股票感興趣外，還對生意本身感興趣，那你自然就會去研究生意。

接下來你就開始去學習研究不同類型的生意。你會去學習生意的基因，它們如何演進，它們為甚麼如此強大。久而久之，我就愛上了那些強大（優質）的公司！於是我轉而開始尋找那些價格優惠的優質公司。當然我的天性中還是有尋找廉價證券的傾向。

但隨着時間的推移，尋找那些優質的公司對我更有吸引力了，這些公司更具有競爭力，更容易預測，並且有着強有力的管理團隊和良好的公司文化。只在二級市場做投資已經無法滿足我了。正如我之前所說，證券市場的一部分就是零和遊戲。我對這個部分無法產生共鳴。從本性上來說，我對雙贏的局面更感興趣。

我想要和所投公司的經營者和員工一同創造財富，這驅使我在我的基金公司早期時開始做風險投資（創業投資）。我盡量遵循聰明投資的原則，而最終事實證明我也能對公司的發展貢獻一些自己的力量，這就變成了雙贏的局面。

在我的職業生涯裏，我有幸參與創建了幾家不同的創業公司，其中有一些公司非常成功，在我們賣掉它們之後，依然經營得很好。你也許會説我們賣得太早了。我是全球市場財智（Capital IQ）的第一個投資人。如果當初沒賣的話，我們可能會比現在富有得多！並不是說我們沒在這個投資中賺到錢，我們還是賺到錢了（只是沒那麼多）。我覺得這樣的結果挺好。我喜歡創造對每個人都有益處的局面：我們製造了就業機會，開發出一個優秀的、可持續發展的產品，每個人都從中受益，包括最終從我們手中買下全球市場財智的人（標普 S&P）。

我喜歡這種雙贏局面。我從沒抱怨過全球市場財智賣得太早，我們在全球市場財智上賺了很多錢，而且我們對它的發展也做出了很大貢獻。更讓我開心的是，至今我和公司創始人還一直是朋友。然而風險投資的問題是很難做大，你必須要投入大量的努力。所以慢慢地，我開始轉向用一種不同的方式來幫助企業。我發現對那些上市公司，你也可以提供建設性的幫助。我就是這樣，還在不停地學習，對事物充滿興趣。我還很年輕，有着強烈的好奇心。我希望能一直保持這種學習的勁頭，繼續擴大我的能力圈。

六、關於比亞迪

問：伯克希爾通常不會投資科技類的公司，這種情況下您是如何讓查理·芒格投資比亞迪的呢？

我從不認為巴菲特和芒格在投資上是意識形態化的。我也不是。投資一家公司主要還是看你對公司了解的程度。比亞迪的故事很簡單。公司的創建人是一個極其優秀的工程師，他創辦這家公司只用了 30 萬美元的貸款，一直到公司上市都沒有其他外部投資人。他就這樣創建起一家年收入 80 億美元、擁有 17 萬員工和數萬名工程師的企業（注：2013 年數據）。在此過程中，他克服了各種艱難險阻。

比亞迪的成就是令人欽佩的。當然了，他們也恰好擁有天時地利人和，處在對的行業和環境中，在恰當的時候得到了政府的支持。公司的工程師文化讓比亞迪擁有解決重大難題的能力。投資比亞迪的時候，我們在價格上是有很大安全邊際的。

他們在一個充滿着可能的巨大領域裏施展着才華，並有相當大的機會成功。如我所説，沒有甚麼事情是絕對的，但是在我看來，在比亞迪所從事的行業裏，它成功的概率是極高的。芒格先生和我一樣也對這家公司印象深刻，因此最終決定投資。伯克希爾也並不是完全不投科技公司，他們只是不去投資他們不了解的公司。他們曾經花 110 億美金投資了 IBM。但我敢保證，這和 IBM 是不是技術公司沒半點關係，這不是伯克希爾考慮問題的依據。

問：您認為比亞迪在汽車質量上有所進步嗎？

比亞迪就像一台不斷學習的機器。你想想看，這個公司十年前才正式進入到（汽車製造）這個行業，八年前才生產出第一輛車。身處一個要和全球所有品牌激烈競爭的市場之中，他們不得不全力以赴，因為這個市場實在太龐大了。而且他們從來沒有甚麼所謂的本土競爭優勢，因為中國汽車行業從開始就是對所有國際品牌開放的。

然而，就是這家曾經不起眼的汽車公司，用少得可憐的資本和不到十年的時間，做到了年銷售 50 萬台汽車的成績，在市場中贏得一席之地。不得不説，這個成績是很不錯的，這家公司還是有兩下子的。他們憑着工程師文化和事在人為的精神，持續證明着自己在解決複雜的工程技術難題上的能力，並總是能夠比其他大多數人找出更高效、更省錢、更優化的解決方案。這點在製造業中是個優勢。

七、對投資高科技公司的看法

問：比亞迪是一家面臨着日新月異變化的高科技公司，您如何看待投資這類公司的回報和風險？您覺得自己能預測到它十年後的發展嗎？

如果你投資的時間足夠長，絕大多數公司都會發生變化。我從沒聽説過哪個生意是亙古不變的。這也正是生意的迷人之處。成功的生意（公司）具有一些特質，能讓它們在變化發生時應對更為從容。但每個案例的情況又各自不同。

從某種意義上來講，現今時代的每家公司都是科技公司，只不過有些公司用到的科技不是最前沿的科技，或者科技不是決定這個生意、這家公司成敗的最關鍵因素。

成功的科技公司具有不斷創新、自我演進和應對變化的能力。

英特爾公司就是一個很好的例子。英特爾所處的這個行業每 18 個月就會發生變化，一旦跟不上變化的節奏就會處於嚴重劣勢，但他們在不斷的變化中建立起自己獨特的文化。

再以三星為例，他們早期做的半導體內存芯片生意，價格每週降低 1%，然而他們卻發展出了精準應對這種變化的文化。所以當他們把這種文化應用到其他行業比如手機時，他們很快就超過了別人，現在三星的手機銷量已經超過了蘋果。所以企業文化在變化迅速的商業環境裏扮演着非常重要的角色，它讓某些公司在競爭中脱穎而出。

問：要充分研究高科技公司的風險和回報，是否需要對技術了解到工程師那樣的程度？

（研究科技公司時如果懂技術）當然是好事，但並不是必需的。如果你恰好是個熟悉這家公司產品的工程師，那當然是加分的，但對研究公司不是必需的。因為不管你在一方面有多擅長，總有其他的方面你沒那麼擅長。技術變化日新月異，現在你所專長的很快就會過時，但這並不影響你判斷一個公司是否能建立起應對變化的文化。成功的公司總能通過各種方法來應對變化，比如招賢納才，建設優秀的公司文化，比競爭對手先行一步等等。這些是讓公司成功的因素，同時也是相對容易預測的方面。

在一個行業、一個生意裏，總有些方面是無法預測的，也有些方面是可以預測的。兩者都會存在。但總體來説，我覺得你（關於高科技公司）的說法是對的。對一個變化迅速的生意，要作出可靠的預測確實要困難一些，這是毫無疑問的。但這並不表示投資者無法做出一些勝算較大的預測。你應該在覺得自己預測正確率很高的時候才出手。很多時候，你要去找那些通常很穩定但某些方面忽然發生了變化的生意。

以柯達公司為例，它曾經是世界上最好的公司之一，發明了照相機。但是今天如何？再看看貝爾實驗室和 AT&T，他們曾經無比強大，壟斷整個行業。而今天呢？也就只剩下了名稱而已。這就是殘酷的資本主義的本質，也是商業競爭的本質。那些看上去穩定、可預測的事情可能結果並非如此。相反看上去不穩定的最後卻很成功。

和做一個大概正確的決定相比，我覺得同等重要、甚至更為重要的是避免做錯誤的決定。如果你能盡可能不犯錯，那麼長期來看應該不錯。預測不容易，也不像科學那樣精準。你只能希望自己隨着時間不斷提高。

問：許多聰明人認為可再生能源是下一個大革命。您已經在電池技術和比亞迪方面做了很多研究，除了電池之外您對這個領域還有甚麼見解？您認為能源革命會如何發展？

我關注宏觀趨勢，也只是想明白這些大勢與我而言是順勢還是逆勢。作為一個關心時事的公民，我關心宏觀經濟，可這不等於說我能預知未來如何發展變化，事實上我並不知道。可是自由市場裏成千上萬的參與者為了實現自身的最大利益，卻總能找到自己的路。預測未來並不容易，好消息是你並不需要做到這點。

如果大環境和你是方向一致的，那最好不過了。但如果你是逆勢而行，那你最好再多研究一下。我就是這樣看待新能源的問題的。我知道到了一定時候，人類必須要找到石化燃料以外的其他能源，一方面我們並沒有足夠多的石化燃料，另一方面我們也需要為了農業發展和人類食物供給安全的原因儲存它們。（因為到目前為止，還沒有材料能替代以石化資源為基礎的化肥。）而且如果氣候像過去幾十年一樣繼續惡化下去，我們承擔不了那樣的後果，遲早要付出代價。

所以有很多原因讓我相信人類必須找到可替代石化燃料的能源，但基於這個判斷我就可以做出有把握的投資決定了嗎，恐怕也不一定。但如果這是大勢所趨，我願意全力一試。

八、關於投資基金的報酬機制

問：目前您的基金對新投資人開放嗎？

我的基金對新投資人一般是關閉的。只有在我們看到的機會比我們手頭的資金更多的情況下，我們才會對新投資人開放，但這樣的機會非常罕見。我並不想要擴張規模。我從來沒有野心要經營最大的基金，也從來沒想從一個基金裏賺到最多的錢。我只希望在職業生涯要結束之際，我的基金經風險調整後的業績能成為業內最好的之一。

如果我能做到這點，那我就對自己很滿意了。這是我的目標，所以我的基金的報酬制度也反映了這一點。我認為我們的報酬機制是合理的，也就是原汁原味的「巴菲特合夥人模式」。我們不收取任何管理費，累進複利年收益的6%也全部歸投資者，我們從剩下的收益裏提取25%。在我的基金之外我沒有任何投資，我把自己和家人所有的投資資金都放在我的基金裏。我們公司只經營一支基金。所以這是真正的合夥人關係，普通合夥人和有限合夥人之間幾乎沒有任何利益衝突。

這樣我們就都在同一條船上了。我沒有任何理由只為募資而募資，因為我沒法通過增加資金規模來賺錢。只要有新的錢加入，我就要支付投資人每年6%的複利，所以我最好能夠找到一些值得投資且回報更好的機會。這樣當我掙錢的時候，我能感覺這是我辛勤工作賺來的；當我的投資者掙錢時，他們也感覺這是他們應得的。這種公司結構優於其他結構，因為每個人的成功都是應得的。正是這種精神讓巴菲特和芒格與眾不同，他們都信奉腳踏實地贏來的成功。這也是為甚麼他們獲得了如此巨大的成功，卻沒甚麼人對他們有微詞。如果你給投資人股東創造了數百億、數千億的財富，而自己四十年如一日，每年只拿10萬美元薪水，別人就沒有甚麼理由來批評你了。

九、關於賣出的時機

問：您如何作出賣出股票的決定？

在三種情況下，你需要做賣出的決定。第一，如果你犯了個錯誤，那就盡快出手，哪怕這是一個正確的錯誤。那甚麼叫正確的錯誤？投資是一個概率遊戲。我們假設情況是你有 90% 的把握，但是還有 10% 的其他可能性，結果那 10% 就是發生了，這就是正確的錯誤，此時你應該賣出。當然也可能你的思考分析完全錯誤了，你認為自己有 90% 的勝算，實際上剛好相反，一旦意識到是這種情況，你也應該馬上賣出，最好這時還沒有太大損失，但即便已經有了損失也不重要，因為你必須賣掉。

第二種情況是股票的估值突然波動到了另一個極端。如果估值一下子高到了瘋狂的程度，我也會考慮賣掉。我並不會賣掉一個略微被高估的股票。如果你的判斷是正確的，且持有一個公司的股票已有了相當長的時間，你已經積累了很大一部分非兑現的收益。這些收益的很大一部分就像是從政府合法拿到的無息貸款，所以如果在這種情況下賣出了，你把（政府給你提供的）槓桿取消了，再抽出一部分資本，那麼你的股本回報率就會略微下降。（這是因為資本升值稅的原因。）

第三種要賣出的情況是你發現了更好的機會。說到底，投資組合就是機會成本，我之前也有提到。作為一個投資經理，你的工作就是不斷改進你的投資組合。你從很高的標準開始，並且不斷繼續提高這個標準。實現這個目標的方法就是不斷發現更好的投資機會，不斷優化機會成本。這就是我會賣出的三種可能性。

十、關於做空

問：喜馬拉雅基金會做空股票嗎？

我在九年前（2003 年）就放棄了這個做法。可以說做空是我所犯過的最大錯誤之一。

問：是因為你想對所投資的公司帶來建設性的幫助嗎？

是的。但還有一個原因是在做空的過程中，你即使是百分百正確，也可能把自己弄得破產，這一點是我最不喜歡的地方。

做空的三個特點決定了它會是一個很悲慘的生意：第一，如果做多，你下跌的空間是百分之百，而上漲的空間是無限的。如果做空的話，你上漲的空間只有百分之百，而下跌的空間是無限的。我很不喜歡這種算術。第二，那些最好的做空機會往往有着做假的元素在裏面，作假很可能會長期存在。因為做空一定要通過借債（股票），這一點就足夠把你拖垮。這就是為甚麼我說即使你在百分百正確的情況下也可能會破產。而且通常你在確定自己正確之前就已經破產了！最後一點，它會把你的思維都打亂。做空的想法會牢牢地佔據你的大腦，分散你做多投資本該有的專注。所以，出於這三點原因，我就再也不去做空了。

做空是我曾犯過的一個錯誤。我是有過兩年做空經歷的。我並不鄙視做空做得很好的人，只不過我不是這樣的人。如果要我再加上一點原因，那就是，近 200 到 300 年內，自現代科技時代開啟以來，人類的經濟總體一直在複利式地持續增長，所以經濟的發展趨勢自然更有利於做多而不是做空。

當然人在一生中不可能不犯錯，我只是想能從所犯的錯誤中學到一些東西。

十一、關於金融危機

問：在管理喜馬拉雅基金的 16 年內，您經歷了三次重大的金融危機：1997 年亞洲金融危機，2000 年互聯網泡沫破裂和 2008 年金融危機。您是如何掌舵基金渡過這些危機？從這些經歷中您學到了甚麼？

每一次金融危機都被說成是「百年一遇」，雖然我的職業生涯中好像每五年就會碰到一次。這些危機的有趣之處在於它們可以檢驗你對知識誠實的程度。

在我們這個行業裏，最重要的就是對知識的誠實，所謂對知識的誠實包含四個方面：清楚你知道甚麼，清楚你不知道甚麼，清楚你不需要知道甚麼，意識到總有你不知道自己不知道的情況。這四點不太一樣，在經濟危機來臨時，投資者在這四個方面都會受到考驗。

比如說，亞洲金融危機發生時，一夜之間所有人都在問：「這些公司到底有多少負債？天吶，它們居然負債這麼多！整個國家都要完蛋了！」每個人都持續處在危機模式中，那些你平時不太在意或並不關注的事情一下子全冒出來了。要是往常，你會覺得：「這些問題和我投資的公司一點關係也沒有。」身處危機之中，你會突然說：「天吶，這簡直和我投資的公司息息相關啊！」當然，你可能是對的，可能是錯的，危機自會檢驗。

這就是為甚麼人們都會在危機中不知所措，因為他們之前對知識不夠誠實。他們沒有認真區分不同的問題，把它們放進合適的類別裏。比方說，如果你要對美國經濟的走勢做一個整體的判斷，你應該知道歷史上有發生過更糟糕的情況，而且這些情況是可能再次發生的。這個可能性也許很小，但它一旦發生了，就勢不可擋。到那時候真正的問題是：「這種情況是我不知道的未知嗎？」或者「你知道自己並不需要知道這些嗎？」你一定會面對這些問題的。

是的，危機來臨時，整個金融系統都可能遇到麻煩。是的，企業需要融資，但是我能確定的是只要日子還繼續，我的生意就還在，危機總是會結束的。這時候要問的問題是：「我需要搞清楚金融系統如何解決自身問題之後才能預測我的生意嗎？」這才是真正的問題，是你在金融危機影響到你之前就需要回答的問題。

如果你能誠實並正確地回答這個問題，那麼在危機到來之後你會有更多作為。克里斯托弗•戴維斯（Christopher Davis）的祖父曾經説過：「在熊市的恐慌中能賺到最多的錢，只是你當時意識不到罷了。」事實總是如此。那些不夠聰明的投資者就會被淘汰出局。而聰明的投資者是那些一直對知識保持誠實態度的投資者。他們清楚地認識到自己知道甚麼，不知道甚麼，不需要知道甚麼，和總有一些自己不知道的未知。只要你總能把問題正確地劃分到這四類裏，你就能通過考驗。否則你就會陷入困境。

市場是一個發現人性弱點的機制，在金融危機到來時尤其如此。只有對知識完全誠實，才可能在市場中生存、發展、壯大。

十二、關於中國

問：您在 2010 年哥倫比亞商學院論壇中提到亞洲在全球金融系統中會扮演越來越重要的角色。可以再詳述一下這個觀點嗎？

亞洲會成為重要的經濟力量，這不只是在金融領域。金融的部分只是亞洲整體經濟實力的一個衍生物。亞洲，尤其是中國，由於它的規模和目前發展的道路，正在成為全球市場中一支重要力量。

中國正走在發展現代化經濟的歷史道路上，前路還很長，但是它從起點出發也已經走了很遠很遠。考慮到中國龐大的規模，它必然會對亞洲和世界產生巨大的影響。中美兩國會形成一個環太平洋經濟中心，就像曾經聯結美洲和歐洲的環大西洋經濟中心。這裏蘊含很多商機，但不會是條單行道，也不會一帆風順。各種各樣的情況都有可能發生，你也不是百分之百能賺到錢。但對於那些能夠掌握這一發展的人來說，有很多的機會在等待他們。中國的重要性不容忽視。

問：您會擔心中國的房地產泡沫嗎？我們看到一段 60 分鐘的有關中國「鬼城」的視頻，非常觸目驚心。

中國實在是太大了，所以存在各種極端的現象。是的，中國有一些「鬼城」，有人擔心房地產泡沫，但中國也有一些城市人滿為患，我說的是那種所有空間都被佔滿的擁擠。也有些曾經不為人知的城市，轉眼就高樓雲集，越來越多的人入住。我記得二十年前，上海浦東也算是半個鬼城吧，但今天你不禁為它繁榮的經濟所驚歎。

我們現在住在曼哈頓，曼哈頓恐怕是除了上海以外全世界高樓密度最大的地方。但是想想看，上海有 6,000 多座超過 20 層的高樓，是曼哈頓高樓數量的好幾倍。更可怕的是，中國還在繼續發展中。所以我說中國是個矛盾體，一直都是，以後也會是。你想證明任何理論，都能在中國找到論據。

但是總體來說，中國經濟還有很長的路要走。中國知道現在還是屬於自己的時代，但這並不意味着它沒有任何問題，它的問題也很多。美國也一樣有一堆問題，200 年來，美國一直都是如此，有着很多問題。如果你了解美國內戰的歷史，就會知道當時美國在內戰中損失了 2% 的人口。但是美國還是以驚人的速度得以重建。之後美國還經歷了兩次世界大戰。同樣地，如果你覺得二戰之後的日本和德國會衰落，那你就大錯特錯了。

十三、給投資初學者的建議

問：您可以給那些想從事投資管理的學生一些建議嗎？

一定要向最優秀的人學習：聆聽、研究、閱讀。但是理解投資最好的辦法就是實踐，沒有比這更好的辦法了。最好的實踐方法是選一家公司，以要投資的心態把它徹頭徹尾研究個透，雖然你可能並不會真放錢進去。但是從假設自己擁有公司 100% 股權的角度去徹底研究一家公司的過程是非常有價值的。

作為初學者，你可以選擇一家容易理解的公司，可以是家很小的公司，比如街頭便利店，一家餐廳，或者是一個小的上市公司，都無所謂。試着去理解一家公司，明白它是如何運轉的：它如何盈利，如何組織財務結構，管理層如何作出決策，和同行業內競爭對手相比有何異同，如何根據大環境調整自身，如何投資盈餘的現金，如何融資等等。

如果你擁有一家公司 100% 的股權，哪怕你不是經營者，你也會竭盡所能去了解這家公司的方方面面來保護你的投資。這樣，你就知道怎樣做好投資了。這樣你才能真正看懂生意和投資。巴菲特常說，想成為好的投資人，你必須先成為一個好的生意人；

想成為好的生意人，你也必須成為一個好的投資者來分配你的資本。

從選擇一家自己能力圈內的公司並透徹地研究它做起，這對初學者來說是個非常好的起點。如果你能從這個基礎開始，你就走上成為一名優秀的證券分析師的正確道路了。

投資、投機與股市*

非常感謝會議組織者為今天這個活動所做的傑出工作。我今天上午從其他演講嘉賓那裏聽到了很多有趣的東西，也聽了一些奇怪的想法，很高興能來到哈佛商學院校園。

這個場合讓我回憶起了自己職業生涯早期的經歷。大概三十年前，我從中國來到美國，剛剛在哥倫比亞大學就讀，幾乎不會説英語，巨額的學生貸款令我目瞪口呆。所以，我開始向身邊的同學請教在這個國家謀生的辦法。有一天，一位同學遞給我一張傳單，説這個講座是關於如何賺錢的，你應該去聽聽。這之前我去過其他的講座，有的講座會提供免費的食物。我看到傳單上説這個講座也會提供食物，所以就決定去聽一下。

我去了之後發現，那個教室就和現在這個差不多，我當時很驚訝那個教室居然這麼大，但是當我環顧四周時，根本沒有食物！我問別人自助餐（buffet）在哪裏？後來發現原來是那個站在講台上的人，他的名字叫巴菲特（Buffett）。你們看，那時的我還無法分辨出一個 T 和兩個 T 的區別！

* 2018 年 3 月在哈佛商學院投資會議上的主旨演講

「既來之，則安之」，於是我就決定留下來聽聽看這個人會講些甚麼比免費食物更好的東西。我留下了，沃倫•巴菲特講了價值投資的基本理念。不知何故，他講的那些東西令我有一種醍醐灌頂的感受。那次講座改變了我的人生。在那之後，我研究了整整一年巴菲特、芒格和伯克希爾公司，之後用借來的錢買了我的第一隻股票。在過去的二十五六年裏，我再也沒有想過改行。

因此，我想今天也許我也應該說一些對同學們有幫助的東西，特別是要回答上午某些演講嘉賓，他們聲稱市場的未來就是量化交易，基本面投資沒有存在的必要。

既然今天上午我們討論了許多基本問題，我想我也應該花一點時間從最根本的角度來討論市場。甚麼是股票市場？它是一種將小儲戶的資金集中起來投資企業的機制。市場的設計意味着它會慢慢成為一種美妙的、不斷自我強化的雙贏機制——如果企業盈利好，那麼同時作為員工、股東和消費者的小儲戶就得益。作為員工，他們的工資增加，儲蓄增加，隨着儲戶越來越富裕，他們將消費更多企業生產的產品，同時將更多的資金投入到企業中，企業得到成長。如果這種現象大規模地發生，從根本上來說對社會是有益的。這就是股市的初衷。

當然，最大的問題在於絕大部分的小儲戶並不懂得如何給股票定價。股票會隨着企業的失敗而貶值，所以對小儲戶來說，投資股票市場天然有風險。從某種意義上說，需要到達一個「臨界點」，這種自我強化的雙贏機制才會發生。需要大多數儲戶（假設不是全部)，並且大多數企業(假設不是全部)都參與到這個交換體系來，才能使這種機制有效。股票市場的發展歷史正是如此。

這個過程具體是如何發生的呢？所有股票市場剛開始的時候，都有這樣一個特徵，就是它允許人們在購買股票(對企業的部分所有權合同)後可以隨時賣出。這個特徵直接迎合了人性中一個基本的天性。無論人類如何標榜自己，我們的天性中都有懶惰、貪婪和投機心理。如果有一種做法能讓我們獲得比所付價格更多的東西，我們一定會去這樣做；如果有一種做法讓我們能花更少的時間獲得更多，我們一定會去這樣做。股票市場的可交易的特徵剛好契合人性中的懶惰、貪婪和投機心理。這就是市場機制形成的關鍵。越來越多的人受到吸引進入股票市場，隨着越來越多的人進入市場，越來越多的企業進入市場，形成了一種正向反饋循環。

每個地方的股票市場剛開始都是充滿了泡沫，充滿了投機，充滿了交易、博弈，充滿了起伏。你不禁開始思考，為甚麼如此瘋狂的東西最終卻能經受住時間的考驗？因為它有一個根本要素——有那麼一些真正的儲戶想要投資給成長的企業，也有那麼一些真正的好企業需要資金來發展。一旦這些儲戶和企業的數量達到臨界點，市場整體就變得更有效了。這就是我們所看到的事實。從一開始，股市就有兩種基本力量(要素)。一個要素是投資，是在合適的價格用資金支持合適的企業；另一個要素是投機賭博，通過短期交易，「輕鬆」地賺快錢，正是這個投機要素吸引越來越多的人來參與股市，所有人的買賣供需就決定了股票的交易價格。

經過一段時間後，短期交易的力量就會變得越來越強大。那麼市場上哪種人更多呢？你們猜對了，是投機的人。以至於有些人甚至聲稱市場根本不需要第一股力量（投資），只要讓機器交易就行了！

真的是這樣嗎？我覺得不是。如果是這樣的話，可以看看另一個類似的東西，那就是賭場。賭場之所以不能大規模存在的原因就是它沒有為社會提供任何基本的功用。市場存在的首要任務是為社會提供非常有用的功能。如果你時刻謹記這一點，你就知道那些基本面投資者總會有他們的角色。只不過市場上這股基本的投資力量相對較小。據哥倫比亞大學法學院路易斯•洛溫斯坦（Louis Lowenstein）教授的研究估計，這部分投資人可能只佔市場上所有投資人的 5%。市場被那些喜歡交易的人所主導着。甚至有些聲稱自己是基本面投資者的人也都會説出他們的投資策略必須要適應市場這樣的話。這種觀念很快將他們轉入另一陣營，在那裏他們會極度關注市場上發生的事情。他們的判斷受到市場起伏的影響，有時是按年度、季度、月度或每週表現，有時甚至到了分秒必究的程度。這就是我們今天看到的市場行為。當然，你也可以説這些行為是有諾貝爾獲獎理論的支撐的，甚麼市場總是有效的，供求關係是由理性的人所驅動的，諸如此類。但想想你們今天早上聽到的荒唐事——在最成功的量化交易對沖基金公司裏，雇傭着上千名數學、物理博士，但竟然沒有一個人能懂得怎麼讀財務報表！看吧，這就是所謂的市場有效理論。事實上，短期內股票價格與經典經濟學中的商品價格規律通常剛好相反。比如，在經典經濟學中，商品價格上升，大家買得就少些；商品大甩賣，買的人就會多些。但是在股市中，股價上漲，大家反而會去買，上漲越快買的人越多；股價下跌時，大家就會賣出，熊市越厲害，賣得也越厲害。

在我從事投資行業的 26 年中，我從未看到過市場在對那些我略知一二的企業股票定價方面是完全有效的。儘管歷盡波瀾，但我認為市場最終的進化方向還是由那股最初促使市場形成的基本力量所決定的。這是因為儘管從事基本面投資的人數和所管理的基金在市場上幾乎永遠是少數，但他們才是資產價格的最終決定者。股市長期來看是個稱重機，而股市價格發現機制是通過基本面價值投資人實現的。只不過這個過程比較長。也只有通過基本面價值投資人，市場才會在長期內具有價格發現機制。

同時，也只有具有合理價格發現機制的市場才可能不斷發展壯大。當市場大到一個臨界點後，上市公司能夠代表經濟體內所有較具規模的公司時，指數基金投資才會成為可能。因為在現代經濟中，經濟可以實現長期數百年的複合增長，對於超過臨界點的股票市場，指數基金的回報代表着經濟體內平均股權投資的回報，長期來看也會和經濟體一樣出現複合增長的趨勢。所以儘管指數基金看起來只是機器交易而已，它存在的前提卻是基本面投資者的存在。沒有他們的存在，市場就沒有存在的經濟理由，也不可能形成規模，這樣指數投資長期就不會有效。

由此我們看到，基本面投資人儘管在市場上佔比稀少，卻起着重大的作用。那麼我們稱之為價值投資的基本面投資的要素是甚麼？它只有四個基本概念。前三個是本傑明•格雷厄姆在一百多年前所闡述的，最後一個概念是巴菲特、芒格和伯克希爾•哈撒韋所闡述和例證的。首先，股票是一張紙，你可以交易它，但這張紙也表示你對公司的所有權；擁有一隻股票就是擁有公司生意的一部分。再者，股票代表公司，因此公司的表現將決定股票的價值。然而未來很難預測，因此你需要有安全邊際。正如塞斯•克拉曼（Seth Klarman）今天早上所講內容，他的一整套投資理念、方法和經驗，比其他大多數人都能更好地説明安全邊際的重要性。然後我們還需要一個描述市場上大多數參與者行為的理論。它被稱為市場先生，你可以把整個市場想像成一個精力充沛的傢伙，他每天早上一醒來就向你隨口大聲吆喝着價錢。大多數時候，你可以簡單地忽略他。有時這個傢伙變得非常瘋狂，帶着一種神經質的情緒波動，這時他會向你扔一個可以買也可以賣的荒謬價格，這就是你可以利用它的大好時機。

這是本傑明•格雷厄姆所闡述的價值投資的三個基本概念。那麼問題來了，在現實世界中，你會發現市場先生是真實的人，也許就是坐在這個教室裏的人，你的同學，甚至是今天的討論嘉賓、演講嘉賓。他們看起來可不像瘋子，他們中還有數學博士呢，他們獲得了這項、那項殊榮，他們都是非常聰明的人。這時候大多數人都會懷疑自己，這些人真的是市場先生嗎？難道 99% 的人都錯了，只有我是對的？這有可能嗎？

然後你又想到，這些人還有着諾貝爾獲獎的有效市場理論撐腰呢。更重要的是，人性的另一方面開始發揮作用，那就是我們的趨同心理。如果有足夠多我們敬重的人、認識的人、其人格和道德準則受我們欽佩的人都在用同樣的方式思考，都在擔心供求關係的變化，突然間，我們會開始質疑自己。我真的懂嗎？也許他們是正確的，每天的市場走勢的確是很重要的。也許我們也應該加入這場猜測供需變化和價格走勢的遊戲。這可能才是我們的工作重心。這就是為甚麼，無論你一開始有多少好的想法，隨着你工作的年數增加，你會丟掉一半的想法，加入到這股巨大的交易力量中去。你耗費所有的時間、金錢和精力來猜測供求關係和價格走勢。你開始使用計算機、最前沿的技術、人工智能（AI）、大數據，窮盡所能地猜測價格將如何變動。以前可能還是猜測每年的變化，兩年、三年的變化；現在要猜測每分鐘、兩分鐘、三分鐘，甚至還得研究天氣變化對價格的影響！

這時候，價值投資的第四個概念就顯得特別重要。這個概念是巴菲特和芒格闡述的，也就是能力圈。我們這個行業要做的事情是預測未來。而未來本身就是無法預測的。你只能得到一個概率。有些概率高，有些概率低一些。通過長時間的堅持和努力，你可以把一些事情研究得非常透徹，在預測某個公司未來最有可能發生的事情上，或者預測以某個價格買了某隻股票後未來最可能發生的事情上，你會比其他所有人做得更好。這是你的優勢。一旦你成為某個領域的專家，形成能力圈，你就可以充滿自信地行動。這意味着，即使其他人都不同意你的觀點，你也很可能是正確的，因為最終代表着公司所有權的基本面力量仍會牢牢扎根。這可以追溯到格雷厄姆的說法，在短期內股市是一場人氣競賽，但從長期來看，它是一台稱重機。基本面的力量終將獲勝。

能力圈概念中最重要的部分是如何定義它的邊界。換句話說，沒有邊界就沒有一個圈。這意味着你必須知道自己不知道甚麼。如果你不知道自己不知道甚麼，你必然對你所聲稱、所認為自己知道的東西其實毫無所知。再換句話說，如果你對一個問題有了個答案，你得有辦法證明在甚麼情況下這個答案就不對了。當新的事實出現時，你的答案還要能經得住考驗。這是一個持續學習的過程。是的，它很難，它一點兒也不簡單。但通過長期的耐心和不懈的努力，你可以達到對一些事情的深刻了解。你的能力圈開始會很小，然後逐漸擴大。一個真正偉大的價值投資者，他的一生是一段學無止境的旅程。但好處是你學習到的知識不會被浪費。不同的知識會相互累積，產生複利效應，就像你的財富一樣。事實上，知識產生複利的速度比財富更快。對我而言，這是一段精彩的旅程和有價值的人生。我可以保證，26 年後的今天，如果我現在還是只知道當初我知道的那些，我不可能會站在這裏給大家演講，你們也不可能想要聽我演講。

現在再回到重要的一點。要定義能力圈，你需要對知識的誠實（Intellectual Honesty）。你需要知道自己不知道甚麼。這是最重要的事情。對知識的誠實也可以延伸到你如何看待自己的工作職責，以及從更廣的角度如何看待自己的職業。

資產管理作為一種職業，最困難的地方之一就是它有太多似是而非的所謂可以賺錢的理論和方法。很抱歉，這裏面很多是假貨。資產管理是一個服務行業，就像餐館或酒店一樣。但不同的是，在大多數服務行業，顧客是服務質量的最佳判斷者。如果你去住一家酒店，我保證你立刻可以判斷優劣，或者如果酒店質量平平，你可以立刻對其收取的價格是合理還是離譜有個判斷。如果你去一家餐館吃飯，你甚至都不用動筷子，聞一下味道就知道食物是好還是壞。如果你去一家乾洗店，等等，例子數不勝數。在大多數服務行業中，顧客是最好的判斷者，服務對象是服務優劣的最佳判斷者。

但資管行業不是這樣的。對於大多數人而言，如果有人來向你推銷幫你管錢的服務，判斷此人是好還是壞是極其困難的事。推銷者可以拿自己上個月的業績、或者去年的業績、五年的業績來佐證。但你還是無法分辨，因為有很多東西會影響業績。你永遠無法確定好業績的原因是運氣還是能力。你需要看到一個足夠長期的業績，你還需要知道管理者是如何實現它的。如果此人是投資個股的（stock-picker），在你判斷他是個好的投資者之前，你需要了解其中的幾隻股票才能真正理解他的投資過程。這點是很難做到的，而且不是甚麼人都適合。這為「含糊賬目」創造了巨大的空間。這就是為甚麼如果你仔細思考絕大多數的所謂「理論」，其實都是「屁股決定腦袋」。這一切背後的邏輯非常簡單——如果它對我有利的話，它必然是對客戶有利的。這也是為甚麼這個職業收入很高。凡是和「含糊賬目」相關的行業，薪水總是很高。

我總是說，如果你真的對自己誠實，那麼就把你從客戶那裏得到的每一塊錢，想像成是來自你的父母，他們是中產階級，一生都在努力工作，為了把你送到哈佛讀書，他們把幾乎所有的錢都花在了你的教育上，只剩下僅有的這一點錢。現在你從哈佛商學院畢業了，他們把錢託付給你，覺得你能夠幫助他們增長一些財富。那你會怎麼做？我不認為你會把他們的錢通過交易虧掉。你會對受託人責任（Fiduciary Duty）的概念有不同的理解。你會對你做的事情更加專注。

你會從根本上思考每一塊錢花費在哪裏，它是如何支持社會和經濟生活的基本方面。你會去尋找一個雙贏的局面。你會花很長時間去耐心地研究一些事情，直到你確定自己可以對一家公司很多年以後的狀況進行高準確概率的預測，特別是在股票價格下跌的情況下。如果在股票價格下跌的情況下你不會出現永久性虧損，那股票價格上升賺錢便是自然而然的事。你不會抱怨市場太瘋狂，抱怨市場先生和每個人的神經質。不會。你只會說我不懂。你可以放心地說我不懂。我只懂一小部分，其餘都是在我的能力圈之外的。只要我真正了解自己能力圈內的東西，我對能力圈外的東西一無所知也沒關係。

順便說一句，想要獲得成功，你的能力圈裏並不需要那麼多東西，真的不需要。正如沃倫和查理所說，在他們五六十年的職業生涯中，如果把他們最成功的 15 個主意剔除，他們的業績就會變得稀松平常。伯克希爾•哈撒韋的市值從一兩千萬美元，沒有發行任何真正意義上的新股，現在到達 5,000 億美元。這 15 個主意可真是賺得盆滿缽滿！

再看看我自己。我從負數淨值開始，現在可以說做得還不錯，可以衣食無憂。同樣的，我的成功可能也就是來自 26 年裏不超過 10 個主意。所以你真的不需要那麼多主意。但是，你要產生投資行動的主意必須是你真正理解的。大多數時候你不需要去投資，這是對知識誠實的真諦。能做到這點的人天生有一種特質，可以安心處在主流之外，處在輿論之外，可以忽略大眾的意見。這種忽略不是說他人太瘋狂，而是說「我不懂」。

說你不懂是沒關係的。實際上，說數據可以預測任何證券交易卻是危險的。甚麼是數據？數據是對過去發生的事情的記錄。量化交易、AI 交易聲稱數據是萬能的，相當於說過去發生的事情可以萬無一失地預測未來。這樣的事發生過嗎？我不這麼認為。但重要的是，如果你花了這麼多時間來理解一些事情，專注地研究它們，那麼隨着時間的累積你對這些事情的預測準確率會更高。在有較高概率成功而下行風險最低的情況下投資，那無論市場如何變化，你都可以安全地獲得不錯的回報。這就是大多數成功的價值投資者，或基本面投資者，不管你怎麼稱呼，他們一直在做的事情。不幸的是，這些人是極少數的存在。但這些少數的人很重要，因為他們代表了市場最初存在的原因。如果市場不是因為這個原因而存在，那麼市場就只是個放大的賭場了。我不認為我們的社會需要那麼大的賭場。你們覺得呢？現實生活中，我們花了這麼多交易成本，只是為了買進賣出。如果為了贏錢進行短線交易，那麼你基本上是在玩一個零和遊戲，在一羣固定的人中贏或輸。它對社會、對人類這樣的先進文明有甚麼益處？我不知道。這是一個很好的問題。

但如果你是一個基本面投資者，你支持一家值得你支持的公司，你了解的公司，你可以安全地預測這家公司隨着時間的推移會變得更好、成長得更大，它的價值會增加，你可以按你投資的份額得到回報。這簡直太棒了！它會帶給你成就感。你所做的事對社會有益，對父母有益，對自己有益。

這就是我今天對基本面投資（價值投資）的「佈道」！謝謝！

2018 年 3 月 24 日

從外國投資人角度看中國經濟的未來*

今天我想談談我們通常不談論的話題。我們是自下而上的投資者，主要關注公司、估值、生意和行業。但在過去的幾年裏，特別是去年，很多人對中國宏觀環境憂心忡忡，悲觀情緒蔓延。我猜這也是在座有些人千里迢迢來到這兒的原因。所以我們今天就破例談談宏觀環境。說到底，當我們投資一個國家的一家企業時，從某種意義而言，我們也是在投資這個國家。我們需要對這個國家有大致的了解。

另外需要說明的是，作為投資人，我們關注的是對未來大概率正確的預測。我們的分析盡量保持客觀理性，摒棄任何意識形態及情感帶來的偏見。我們要描述的是「真實」，而不是「理想」或「希望」。

下面是我今天演講的提綱，分為五個部分：

一、中西方的歷史文化差異；

二、中國的現代化歷程及近四十年的經濟奇跡；

* 2019 年 1 月在國際投資人會議上的主旨演講

三、當前投資人尤其是海外投資人對中國的悲觀情緒；

四、經濟發展的三個不同階段：今天中國與西方的位置；

五、中國經濟的增長潛力。

首先我們會討論中國和西方有何差異，各自有何獨特之處，是甚麼原因導致了這些差異和獨特之處。大多數西方人都是以西方眼光看中國，而大多數中國人都是以中國眼光看其他國家。這種差異性導致了許多迷茫和誤解。如果你不了解中西方的歷史差異和這些差異性的根源所在，你就無法真正深入理解並對它們的發展進行預測。第二部分，我們會簡述中國的現代化歷程，並解釋近四十年中國經歷的經濟奇跡，即超長期的經濟超高速增長。第三部分，我們會討論今天投資人普遍關注的中國政治經濟環境，當下這個時代到底有甚麼特徵，意味着甚麼。第四部分，我們會討論經濟發展的三個不同階段。最後，在這些討論的基礎之上，我們就可以估測未來五年、十年甚至二十年中國經濟的增長前景。

我知道這是一個很宏大的議程，涵蓋了相當多領域。很抱歉因為時間關係我只能快速地過一遍，這種求快的方式與我們日常工作的方式可謂背道而馳。我的目的是給出一個大致的框架，幫助大家開始理解這些問題。今天討論的大部分內容都是我過去四十年思考的產物。我從少年時代就開始沉迷於思考其中的一些問題。如果想要更深入的討論，我可以給大家提供更多參考資料。

一、中西方的歷史文化差異

首先我們來討論到底是甚麼原因導致了中國和西方的差異和獨特之處。自古代社會直到近代，中國和西方，或者簡單地說東西方，都被喜馬拉雅山脈和廣袤的蒙古草原分隔成兩塊，兩者幾乎沒有甚麼交流。因此東西方文明各自獨立地進行發展。一些偶然的歷史事件讓東西方分別在不同時期走上了不同的道路，因此他們也在對待事物的方式和建立的體系中體現出不同的傾向性。當然，中國人和西方人都是人類，都有人性共通之處。但他們產生了不同的發展走向，這是由於人性在不同的外界因素影響下展現出不同的方面所導致的。我會講述一些導致了這些差異的基本事件，其中地理環境是最重要的原因。

先來看中國的地理環境。中國的西面是世界屋脊喜馬拉雅山脈，一道人類幾乎無法逾越的屏障，北面是遼闊、冰冷的蒙古大草原，東面和南面臨海。非常有意思的是兩條同樣發源於喜馬拉雅山的大河，長江和黃河，朝着同一個方向奔流入海。在人類發現美洲大陸以前，長江和黃河之間形成的這塊沖積平原是地球上最肥沃、最廣闊、最適合農耕的土地之一，可謂天賜之地。因此，農業很早就在這裏萌芽。這兩個大河道再加上一些支流，為平原上各個地區之間的交通提供了經濟、便利的方式。所以只要某一個地方能聚集起足夠大的力量，征服這一整片土地便不是難事。

農業文明的基礎是光合作用，它把太陽能轉化成農作物和可畜養動物，而動植物都依賴土地。這就意味着土地的大小決定了農業產出和所能負擔的人口數量。在整個農業文明的歷史中，土地的稀缺性是貫穿始終的主題。某個社會一旦擁有更多的土地，就會產生更多的人口，當人口多到一定程度，超過土地大小所能承載的極限，就會陷入馬爾薩斯陷阱。戰爭、瘟疫、饑荒紛至沓來，人口急劇減少，又開始新一輪的循環。農業文明的經濟是短缺經濟，也即農業經濟不足以維持人口的正常增長規模，在到達土地產出極限時，人類的總人口只能減少。減少的人口通常以民族、種族和國家劃線。佔據了最大片土地的族羣通常能生存下來，而代價是其他族羣的衰亡。農業文明中的戰爭通常是為了爭奪更多土地。

中華文明 5000 年歷史上，這樣的爭戰數不勝數。最終的勝者是那些發明出一種大規模動員人民的方式的社會，也就是政治組織形式比較完善的社會。人類非常有趣，既有高度的個體性，又有高度的社會性。在這點上，人類在所有物種中可謂獨一無二。而中國人最先探索出一種大規模動員社會的方法。

大約 2400 年前，地處中國西邊的一個小國 —— 秦國實行了商鞅變法。商鞅變法的重要意義在於它掀起了社會組織方式的一場翻天覆地的創新革命。在此之前，因為人從動物進化而來，所以自然都是以血緣關係為核心來向外延伸人和人的關係。秦國首次打破了這種血緣關係，規定財產可以傳代，但政治權力不可以傳代。政治權力的分配僅以一代之內的功績和能力為依據。在此之前的中國，以及一直到現代以前的西方，以血緣關係為基礎的封建制度一直是主體。如果上一代封爵，子孫數代都可以封爵。政治權力是以血緣關係來分配和傳承的，社會高度固化，很少有上下自由浮動的機會。

秦國的商鞅變法開創了任人唯賢的制度，根據功績、學識和能力進行人才選擇和政治權力分配。而且這種選擇和分配只限於一代人之內。秦國這個小國，因其為社會中的每一個人提供了不論出身、可以靠自身努力獲得政治權力的上升通道，因而動員起所有人的力量，最終征服了整個中華領土，建立起一個龐大的帝國。此後的 2000 多年間，中國各朝各代都是以相似的方式組織社會，也因此在農業文明時代中國一直非常強大，其政治體系高度精密、完善。中國人在歷史上首先發明了以賢能制為基礎的官僚體制，在某種程度上這種傳統今天仍在繼續，吸引着最卓越、最聰明能幹的人進入政府工作。西方在歷史上則從未有過這樣的傳統。中國是最早發明政治賢能制（Political Meritocracy）的國家，從而得以釋放出集體的巨大潛力。這一直也是中華文明的標識。

我們再來看西方，主要是歐洲，因為歐洲在現代史中的角色更為重要。歐洲的地理環境有一個重要的特徵，就是佈滿了許多流向紛亂的小河流。歐洲整個區域並不大，卻被山脈和複雜的河道分割成許多小塊，易守難攻。再加上大部分歷史時期內，歐洲仍被濃密的原始森林所覆蓋。因此，在羅馬帝國時期，歐洲幾乎還處在荒蠻時代。直至西羅馬帝國滅亡，原始森林被慢慢砍伐，農業才開始蓬勃發展。但因地理條件所限，歐洲的土地無法支撐一個統一的大帝國，以至於羅馬帝國之後所有重新統一歐洲的努力皆以失敗告終。要管理好所有這些小國，只需依靠以國王和貴族為核心的血緣關係和國與國之間的血緣、地緣關係便足夠了。所有政治權力都是可繼承的。因此，在現代以前，西方的政治權力從未像中國那樣向着平等主義、任人唯賢的方向發展。

然而，西方在地理上有一項決定性的優勢，這一優勢在近代500年的歷史中被證明是非常關鍵的。為了理解這一優勢，我們先看一下歐洲和中國與美洲之間的距離（圖15）。圖15中的上下兩張圖片不是完全比例一致的，但我們大致可以看出歐洲和中國與美洲之間的距離差異之大。歐洲和美洲之間的距離約為3,000英里，中國和美洲之間的距離約為6,000英里。再考慮到洋流的因素，中國和美洲之間的距離實際上遠大於6,000英里。因此，當歐洲的商人開始航海時，他們到達和發現美洲大陸的概率要遠高於中國的商人。在現代科技文明出現以前，想從中國航海到達美洲簡直是天方夜譚。鄭和下的只能是「西洋」，而不是「東洋」。而從歐洲航海到達美洲卻是完全有可能的。這就是為甚麼歐洲人「偶然」發現了美洲大陸，這一偶然之中蘊含了地理位置優勢之必然。

這次地理大發現的意義非比尋常。首先，歐洲人藉此暫時逃脫了馬爾薩斯陷阱，因為北美洲的土地比長江和黃河之間的沖積平原更廣闊、更肥沃。由於北美農業的自然稟賦（主要是指農業所需要的原生動植物物種）過於貧乏，而且在地理上與歐亞大陸自冰川紀後就一直處於隔絕狀態，因此農業還未得到發展，所以這一區

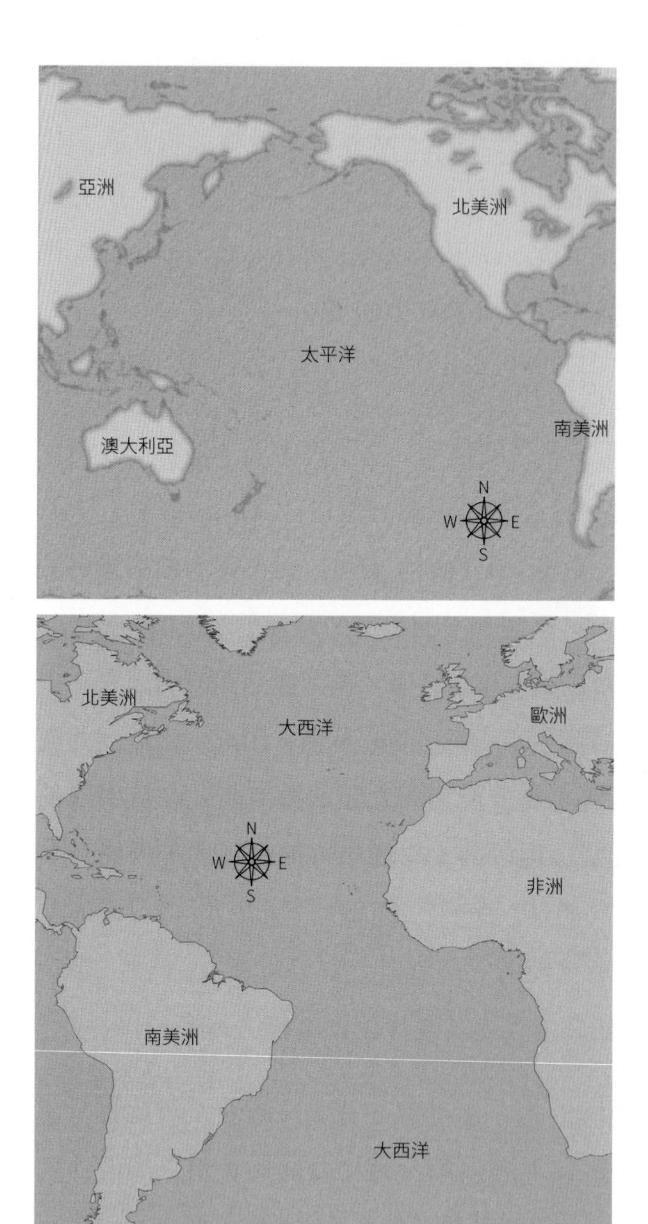

圖 15　歐洲和中國與美洲之間的距離

來源：Encyclopaedia Britannica, Inc. 2012.

域人口稀少、文明極其落後。歐洲人踏上美洲大陸後，輕而易舉就征服了本地的原住民，其中絕大部分原住民死於歐洲人帶去的病菌。忽然之間，歐洲繼承了一塊巨大的、肥沃的土地，幾乎可以支持無限多的人口，由此得以在跨大西洋領域內形成了持續數百年的自由貿易與經濟繁榮。當然，如果人口一直增長下去，土地最終也將無法支持，還是會陷入馬爾薩斯陷阱。但在此之前，另一重大事件發生了。新一輪的持續經濟增長同時引爆了社會思想和自然科學兩個領域的劇變，最終導致了啟蒙運動和偉大的科學革命。此後，自由市場經濟與現代科技的結合引發了文明範式的轉變，真正將人類文明帶入了全新的階段。這個時代的定義是持續的、複利式的、無限的經濟增長。這種現象在人類歷史上前所未有。

如前所述，農業文明是由光合作用原理決定的，光合作用對能量轉換的極限受制於土地的大小。土地的大小有自然的上限，因此農業文明的經濟是短缺經濟。而以現代科學技術為基礎的文明能夠釋放出持續的、複利式的經濟增長的動力，將農業時代的短缺經濟轉變為富足經濟。這種區別是劃時代的。

這種新制度是經濟賢能制（Economic Meritocracy）的結果。在歐洲，人們忽然發現，無論你是誰，出身如何，你在經濟層面上有了自由上升的通道，可以通過努力飛黃騰達。這種體系有助於釋放個人和小集體（公司）的潛力，它吸引着人性的另一個方面，即個體性力量的釋放。這是過去幾百年間的現代史上才發生的現象，歐洲（西方）分裂的小諸侯國及美洲大陸上特別是北美的小殖民國，正是形成這種新文明的政治、地理土壤，而在西方個體和小集體的強大是現代文明的產物。

這就是為甚麼西方看中國、中國看西方時，都常常不得其法。他們總是從自己的偏見和自身的成功經驗出發。例如，西方是因為個體和小集體（公司）的力量而成功的，他們對政府的干預就不免總有深入骨髓的懷疑。所以我今天演講的第一部分就是要給大家做好鋪墊，講述一下中西方之間這些有着長期歷史淵源的、深刻的、根本性的差異。

二、中國的現代化歷程及近四十年的經濟奇跡

1840 年，中國和現代的西方以鴉片戰爭的形式相遇了，中國被迫開放通商口岸，同時也不得不面對殘酷的現實——當他們還沉浸在農業文明時期的輝煌中時，已經完全錯過了工業革命和科技文明。西方已經在這個過程中先行了幾百年。此後的一百多年裏，中國在半殖民地狀態下跌跌撞撞、舉步維艱。1949 年，中國在共產黨的領導下重新建立起統一的國家，在開始階段走上了計劃經濟的道路，至少部分原因是計劃經濟的特點與中國人組織集體、釋放集體潛力的本能恰好吻合。對中國政府來說，這也是很自然的選擇。當一個國家選擇自己的命運和發展道路時，會受到根深蒂固的歷史偏見的影響。後來計劃經濟的結果如何，大家也都知道了。

1978 年，鄧小平上台，那時他並不知道帶領中國走向繁榮的正確路線是甚麼。但鄧小平有一個非常實際的觀察。據其翻譯李慎之在回憶錄中所述，鄧小平曾告訴李慎之，據他觀察，二戰後凡是與美國好的國家都富了，凡是與蘇聯好的國家都變得非常貧窮。這是鄧小平在 1978 年第一次訪美時告訴李慎之的。此次訪美後，在吉米・卡特（Jimmy Carter）總統當政時中美建立了外交關係。從此，鄧小平衝破中國傳統歷史偏見的藩籬，轉而學習美國的道路，開始倡導市場經濟，開放國門，如飢似渴地向美國及西方學習現代科學技術及市場經濟道路。

自此，我們見證了中國近四十年的經濟超高速增長。圖 16 顯示了中國 1978 年到 2018 年通貨膨脹調整後的實際經濟增長率。這四十年的複合增長率平均約為 9.4%。按實際價值計算，中國四十年來國內生產總值翻了 37 倍。這個世界第一人口大國實現了超長時期內經濟持續超高速的增長，這絕對是一個奇跡，是史無前例的。

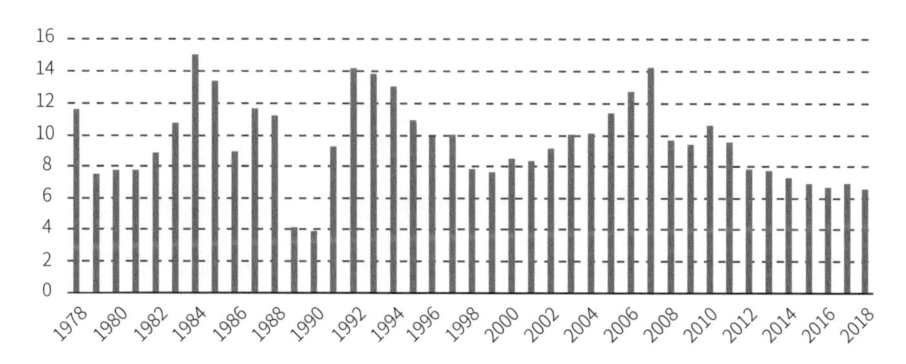

圖 16　中國 1978 年到 2018 年通貨膨脹調整後的實際經濟增長率

來源：世界銀行。

現在我們來解釋一下這四十年超級增長的原因。首先是一些常規的解釋。鄧小平的改革開放政策讓中國人真切地觀察到美國的成功，也即西方成功的一個典範。在中國實行開放政策的時候，美國相對來説還非常自信、胸懷寬廣，願意幫助中國。美國願意幫助中國，首先是因為兩者同為反對蘇聯的盟友，其次美國還帶有一種傳教士般的熱情，想引領中國走入現代化，這也是美國一貫以來的歷史。另外，當時的世界大環境比較和平，美國的消費也為中國的經濟增長助力，世界處於大規模全球化的進程中，中國加入了 WTO 等等。中國的經濟增長離不開這些順風車。另外因為中國曾經太落後，要奮起直追，所以通過借鑒他國成功經驗，謹慎規劃未來的道路，總體來説規劃得更好。中國人還有努力工作、重視教育、富有創業精神等文化傳統。之前幾十年的經歷促使他們更加珍惜改革開放政策帶來的機會去努力工作。在人口方面，通過全球化、加入 WTO，中國數億年輕勞動力得以迅速融入全球經濟。這些年輕人在很短的時間內就能創造出巨大的產出。而恰好這些產出還能被全世界吸收。所有這些因素都在一定程度上解釋了中國幾十年的高速增長，但它們還不是全部。

下面我來談談非常規的解釋。首先，現代文明的本質並非政治制度，而是自由市場經濟與現代科學技術的結合。中國人已經在各種不同的方向上跌跌撞撞地走了 150 多年，直到 1978 年他們才真正達到了這種結合。那時，中國已經存在一個潛在的統一市場，還有着統一、穩定的政治環境。一旦真正開始接受現代文明的精髓，中國就像其他現代國家一樣開始蓬勃發展。歷史上其他國家的經濟起飛也是遵循相同的道路。國際上最流行的一種觀念認為政治民主是實現現代化的必要條件，但中國的成功恰恰是一個反例。政治民主並不是現代化的先決條件。

另一個原因是中國的獨特政治經濟體系，也被一些學者稱為「三合一市場機制」。我們在第一部分說過，中國人最早探索出通過政治賢能制來釋放集體力量和潛力的方法。在過去的四十年裏，中國又通過組織市場經濟的獨特方式將這一歷史傳統發揮得淋漓盡致。所謂「三合一市場機制」，就是中央政府、地方政府和企業之間的密切合作。中央政府制定戰略，提供資源支持，調節經濟週期——這一點和美國聯邦政府相似。中國的獨特之處在於地方政府之間的競爭。中國地方政府的行為更像是企業行為，這些「公司式地方政府」為真正的商業公司提供總部式服務。如果公司去某地投資設廠，當地政府可以為它們提供土地，修路造橋，組織勞動力，改變稅收制度，甚至可以購買公司生產出的第一批產品。地方政府竭盡所能幫助公司在當地落腳並取得成功。公司只需要牢牢抓住市場機遇。作為交換，公司大量雇傭本土勞工，貢獻 GDP，並向地方政府支付稅收，但從某種意義上說，這更像是支付租金，因為相當於租用了一個現成的公司總部。與此同時，不同的地方政府相互競爭，為商業公司提供更好的服務，和中央政府一起促成了經濟的長期增長。從圖 16 中可以看出，多年來中國經濟增長率的起伏非常小。這種獨特的模式在超長的時間內產生了超高的增長率，且週期性變化非常小。當然週期性變化很小也離不開溫和的國際環境和開放的自由交易系統。

然而最近幾年，情況發生了變化。首先，當地方政府像企業一樣提供商業服務時，它們會要求租金，有些官員甚至會以權謀私，要求企業直接把租金支付給個人。因此，這種模式在創造了超高速經濟增長的同時，也催生了嚴重的貪腐、尋租、環境污染惡化、不同地區之間的惡性競爭、不可持續的貧富分化，和高度依賴債務的經濟，因為債務是中央政府用來緩和經濟週期起伏的主要方式之一。這些是三合一市場機制的缺點。

在此期間，國際環境也發生了變化。當中國成為世界第二大經濟體、世界上最大的貿易國和最大的工業國時，其他國家和地區的經濟沒有達到 9% 的增速來適應這麼多的產出。此外，全球化的結果之一是，那些原本發達的工業大國正在失去其工業上的優勢基礎。而全球化為發達國家帶來的好處又集中地過度分配給了科技與金融領域中的精英們，貧富分化日益嚴重，中產階級的生活水平停滯不前。於是反全球化運動和各種民粹主義政治運動開始聚集力量。

在中國經濟持續增長了四十年後，它的獨特發展模式也遇到了困難。

三、當前投資人尤其是海外投資人對中國的悲觀情緒

十八大以來，中國政府發起了一場可能是最全面、最持久的反腐運動，這場運動持續了整整六年多，至今還在進行。政府發

佈了一系列改革計劃，同時推行兩個並行的政策目標。一個目標是通過全面從嚴治黨來加強對整個國家社會的掌控；另一個目標是同時為中國繼續創造中高速（相對於超高速）的、可持續的經濟增長。

但大多數人都把問題的重點放在了第一個目標，因為它帶來的變化很大，影響到了所有官僚機構，影響到了所有知識分子、商人，也影響到了每個公民。在過去一段時間內，很多人都感到難以適應。它導致了某些政府官員的不作為和亂作為，甚至使部分企業和消費者對未來失去了信心，金融市場大幅下跌。這就是 2018 年中國接二連三產生「黑天鵝事件」的背景。

中美貿易戰在這個時期爆發無異於雪上加霜。國際上，新一輪「中國即將崩塌」的理論又開始流行。這句話最早出自章家敦（Gordon Chang）2001 年所寫的《中國即將崩塌》（*The Coming Collapse of China*）。這句預言此後多次興盛，每過幾年都會被外國知名報刊雜誌、企業家和政客一再重提。在中國國內，持這一觀點的也不乏其人。最近我們又迎來了新一波的悲觀情緒，出現對中國即將崩塌的新一輪預測。持這一觀點的人懷疑全面從嚴治黨政策的最終目標，甚至懷疑政府推動市場經濟改革發展的決心，這是否預示着中國超高速增長的終結？

但是反過來想，加強黨的領導也帶來了更加穩定的政府、穩定的國家，和穩定、持續、共同、單一的大市場。反腐運動還有效地遏制了貪腐和尋租行為，將一些根深蒂固的利益集團連根拔除，從而使一些原本很難推行的經濟改革成為可能。我們還看到中國對技術、教育、環境都在持續地加大投資，中國經濟也在從出口和投資導向向最終消費導向轉型。這幾年，我們看到了社會的很多變化，在某些方面，輿論空間收窄，但在另一些方面，這些政策也卓有成效，比如扶貧、環保等，效果可以說立竿見影。這就是這幾年中國國內環境發生的變化。

國際上，我們再談談貿易戰，很多人問到這場貿易戰是否預示着中國增長週期的終止。我們來看一下數據。圖 17 顯示的是中國商品及服務淨出口佔國內生產總值的百分比，它的計算公式是用商品及服務的出口值減去商品及服務的進口值，再除以國內生產總值。歷史上的一些時期，中國的淨出口曾經非常高，接近國內生產總值的 9%。也曾經低到 -4%。但在過去的五年裏，中國的淨出口平均值在 2% 左右。

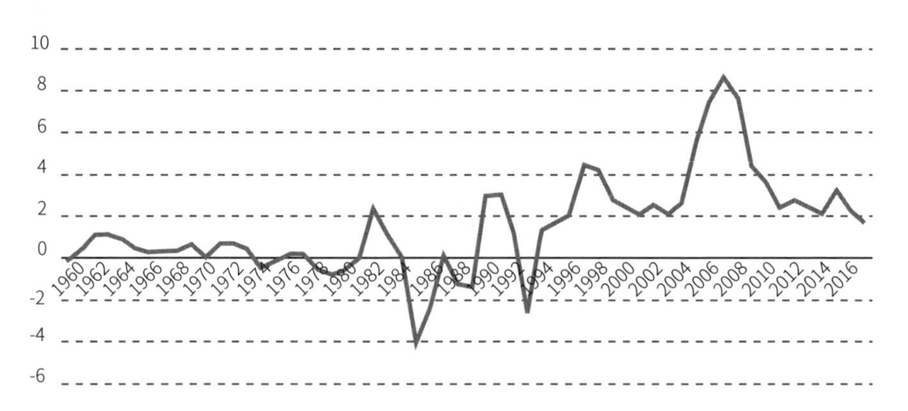

圖 17　中國 1960－2017 年商品及服務淨出口佔國內生產總值的百分比

來源：世界銀行（1960－2017 年數據）。

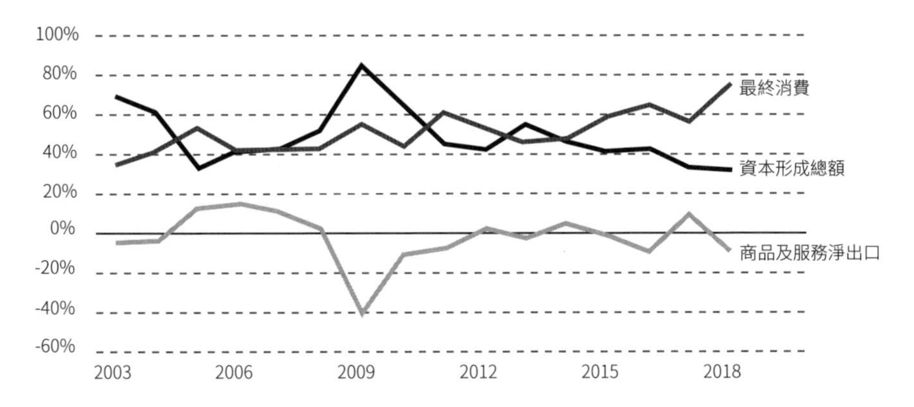

圖 18　中國 2003–2018 年最終消費、投資和商品及服務淨出口對 GDP 增長的貢獻率

來源：CEIC Data.

再看上圖 18，你就會明白近些年來國際貿易對中國經濟增長影響力的變化了。圖 18 顯示的是 2003 年以來最終消費、投資和商品及服務淨出口對中國國內生產總值增長的貢獻率。十幾年前，淨出口對中國 GDP 的貢獻很大，2008 年和 2009 年開始下降（當時中國是支撐全球其他經濟體的主要進口國）。過去五年，最終消費的貢獻在持續增長，資本形成總額（即投資）相對降低，而淨出口顯著降低，換句話說，中國經濟對國外市場的依賴性顯著降低。中國供給側的經濟改革產生了實際的成效。籠罩在林林總總的擔憂、恐懼、抱怨和預言中，中國經濟實際上正在悄然發生變化，2018 年最終消費對 GDP 增長的貢獻率達到 76.2%，資本形成總額貢獻率 32.4%，貨物和服務淨出口貢獻率為–8.6%。[2] 中美貿易衝

2　來源：國家統計局，2018 年國民經濟和社會發展統計公報。

突固然會對中國經濟造成損害和諸多負面影響，但是已不足以阻止中國經濟的持續增長。

四、經濟發展的三個不同階段：今天中國與西方的位置

在發展經濟學中，劉易斯拐點是一個重要的概念。在工業化早期，農村的剩餘勞動人口不斷被吸引到城市工業中，但是隨着工業發展到一定的規模之後，農村剩餘勞動人口從過剩變到短缺——這個拐點就被稱為劉易斯拐點。這一觀察最早由英國經濟學家威廉•阿瑟•劉易斯（W. Arthur Lewis）在 50 年代提出。

在劉易斯拐點到來之前，也即早期城鎮工業化過程中，資本擁有絕對的掌控力，勞工一般很難有定價權和討價還價的能力，但是因為農村裏有很多剩餘人口，找工作的人很多，企業自然就會剝削工人。

過了劉易斯拐點之後，進入到經濟發展的成熟階段，這時候企業需要通過提高對生產設備的投資以提高產出，同時迎合滿足僱員的需求，增加工資，改善工作環境和生產設備等等。在這個時期，因為勞動人口已經開始短缺，經濟發展會導致工資水平不斷上升，工資上升又引起消費水平上升，儲蓄水平和投資水平也會上升，這樣公司的利潤也會上升，形成了一個互相作用、向上的正向循環。這個階段中，幾乎社會中的每個人都能享受到經濟發展的成果，同時會形成一個以中產階級為主的消費社會，整

個國家進入經濟發展的黃金時期。所以這個階段也被稱為黃金時代。

今天的經濟是一個全球化的經濟。當黃金狀態持續一段時間，工資增長到一定水平後，對企業來説，在海外其他新興經濟中生產會變得更有吸引力。此時企業開始慢慢將投資轉移到發展中國家，這些發展中國家開始進入自己的工業化過程。如果這種情況在本國大規模發生，本國投資就會減少，本國的勞工，尤其是那些低技能勞工的工資水平會停止上升甚至下降。這一階段，經濟仍然在發展，但是經濟發展的成果對社會中的各個階層已經不再均衡。勞工需要靠自己生存。那些技術含量比較高的工作，比如科學技術、金融、國際市場類的工作回報會很高，資本的海外回報也會很高。但是社會的總體工資水平會停滯不前，國內投資機會大大減少。美籍經濟學家辜朝明（Richard Koo）先生稱這一階段為後劉易斯拐點的被追趕階段。

今天主要的西方國家大概都在 70 年代慢慢進入了上述的第三個階段（被追趕階段）。而作為曾經在追趕中的新興國家，例如日本也在 90 年代以後開始進入了被追趕階段。對中國來說，雖然不同觀察者提出的具體時間不同，但大體上中國應該是在過去幾年中已經越過了劉易斯拐點，開始進入到成熟的經濟發展狀態。如下面幾張圖所示，中國近些年的工資水平、消費水平、投資水平都開始呈現出加速增長的趨勢。

在經濟發展的不同階段，政府的宏觀政策會有不同的功用。

在早期工業化過程中，政府的財政政策會發揮巨大的作用，投資基礎設施、資源、出口相關服務等都有助於新興國家迅速進入工業化狀態。進入到後劉易斯拐點的成熟階段以後，經濟發展主要依靠國內消費，處在市場前沿的私人部門企業家更能把握市場瞬息萬變的商機。此時依靠財政政策的進一步投資就開始和私營部門的投資互相衝突、互相競爭資源。這一時期，貨幣政策更能有效地調動私營部門的積極性，促進經濟發展。到了被追趕階段，因為國內投資環境惡化，投資機會減少，私營部門因海外投資收益更高，而不願意投資國內。此時政府的財政政策又變得更為重要，它可以彌補國內的私營部門投資不足，居民儲蓄過多而消費不足。反而貨幣政策在這一階段會常常失靈。

但是因為政府的慣性比較強，所以常常當經濟發展階段發生變化時，政策的執行仍然停留在上一個發展階段的成功經驗中。比如說，在今天的西方，宏觀政策還是主要依靠在黃金時代比較有效的貨幣政策，但從實際的結果來看，這些政策有效性很低，以至於到今天很多西方國家，尤其是歐洲和日本在貨幣超發、零利率甚至負利率的情況下，通貨膨脹率還仍然很低，經濟增長仍然極其緩慢。同樣地，當中國經濟已經開始進入到後劉易斯拐點的成熟階段後，政府的財政政策還是很強勢，政府對貨幣政策的使用仍然相對較弱。過去幾年，私營企業在一定程度上受到各種財政政策和國企的擠壓，在某些領域空間有縮窄的趨勢。這些宏觀政策和經濟發展階段錯位的現象在各個國家各個階段都有發生。

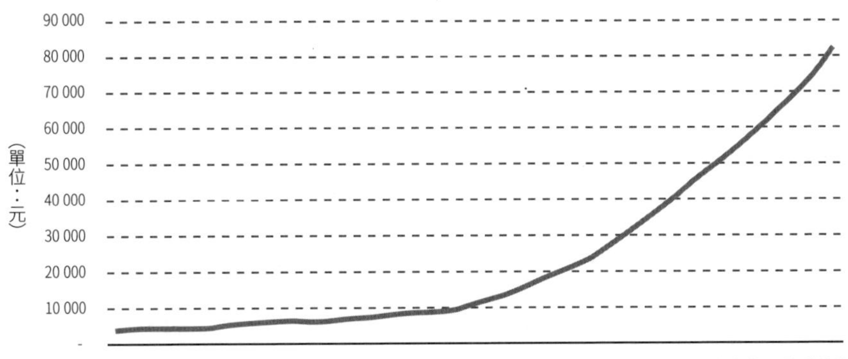

圖 19　城鎮單位就業人員平均工資

來源：國家統計局，人民銀行（已調整價格因素）。

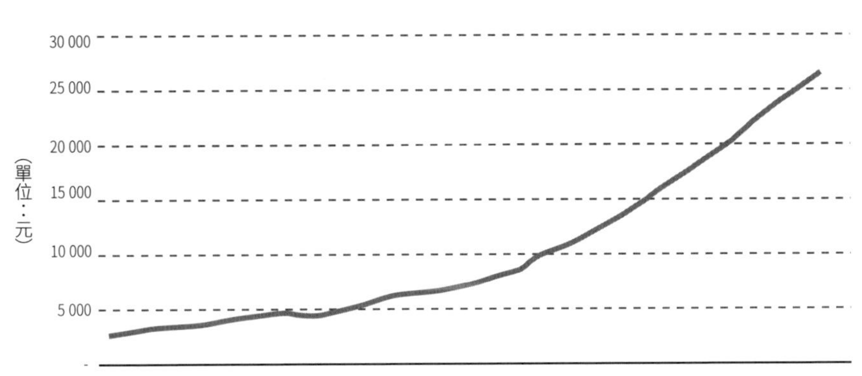

圖 20　城鎮居民家庭人均消費支出

來源：國家統計局，人民銀行（已調整價格因素）。

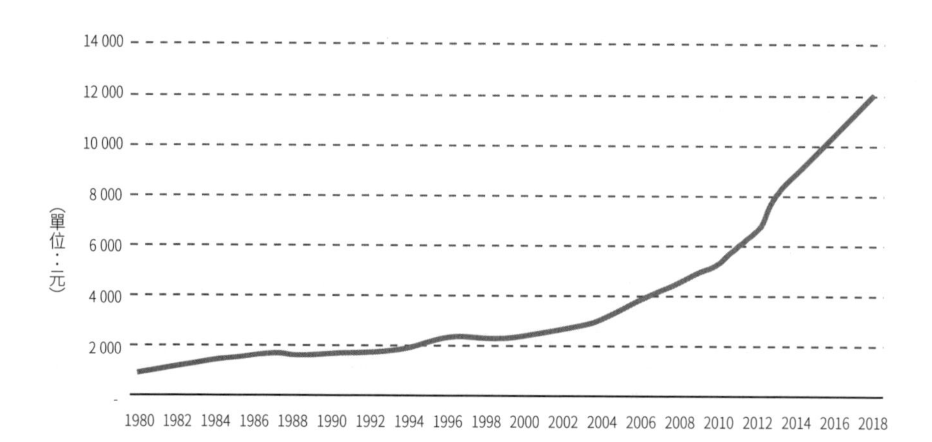

圖 21　農村居民家庭人均消費支出

來源：國家統計局，人民銀行（已調整價格因素）。

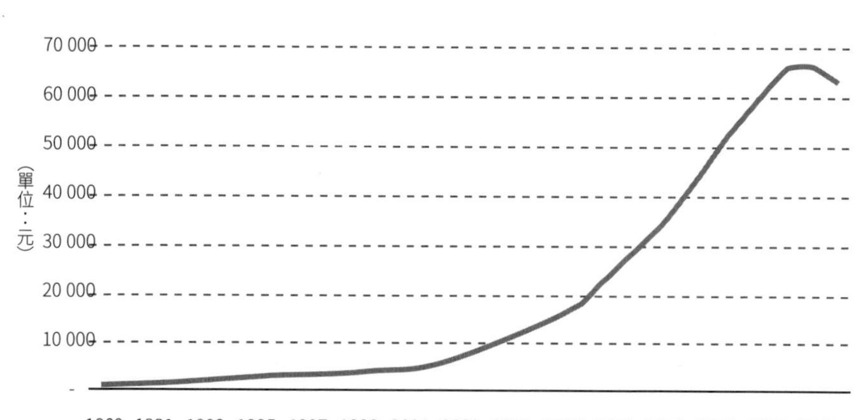

圖 22　固定資產投資（不含農戶）

來源：國家統計局，人民銀行（已調整價格因素）。

然而不容否認，中國仍然處於經濟發展的黃金時代，對西方發達國家仍然有成本優勢，而後面的其他新興發展中國家（如印度等）還沒有形成系統性的競爭優勢。今後若干年，中國的工資水平、儲蓄水平、投資水平和消費水平還會呈現相互追趕的、螺旋上升的狀態，處在一個互相促進的正向循環中，投資機會仍然非常豐富、優異。如果政府能在這一階段中運用更多的宏觀貨幣政策，支持私營企業，對於這一階段的經濟發展將會大有益處。

五、中國經濟的增長潛力

有了以上基礎，我們就可以嘗試着回答這個問題：該如何估測未來五年、十年、十五年、二十年甚至更長期的中國經濟增長潛力？我想從五個方面來回答這個問題。

1. 首先，如前所述，現代文明的基礎是現代科技和自由市場經濟的結合，與政治組織方式關係不大。而技術密度卻與經濟增長直接相關。考慮到中國的高等教育現狀，考慮到中國的人均 GDP 和人均研發費用時，你就會發現中國潛力很大。中國去年畢業了 750 萬大學生，其中 470 萬是 STEM 專業（STEM 是科學（Science）、技術（Technology）、工程（Engineering）及數學（Math）四個學科的首字母縮略字）。對比之下，美國大學 STEM 專業的畢業生人數，大約在 50 萬左右，只有中國的十分之一，兩年後，中國預計總共會有近兩億大學生，已經接近整個美國的工作人口。中國即將享受到巨大的工程師紅利。類似的情況發生在 1978 年初，當時來自中國農村的數億年輕人搬遷到大城市，不管工作難易，薪水高低，他們都願意全力去打拼。中國這幾十年的經濟起飛正是得利於勞動力紅利以及全球化帶來的工作機會。

今天我們即將迎來工程師紅利的時代，享受工程師紅利帶來的經濟轉型升級和富足社會。華為就是一個很好的例子，他們雇傭了約 15 萬名工程師，這些工程師都至少擁有工程學學士學位，其中大多數還有碩士以上學位。華為支付給他們的工資報酬大概只相當於西雅圖或舊金山硅谷同等職位的一小部分，但華為的工程師都以刻苦敬業聞名於行業。他們的聰明程度、所受的專業訓練絕不亞於那些西雅圖或舊金山硅谷的工程師。中國即將釋放出的競爭潛力就在於此。

我們進一步討論工程師紅利的問題。圖 23 中顯示的是一些國家、地區人均 GDP 和研發支出佔 GDP 的比例。2017 年，中國人均 GDP 接近 9,000 美元（2018 年中國人均 GDP 已接近 10,000 美元）。就人均 GDP 而言，中國與巴西、墨西哥和泰國相當。但中國的研發支出所佔 GDP 的比例要遠高於這些國家，達到 2.13%。相比之下，巴西為 1.27%，泰國為 0.78%，而墨西哥只有 0.49%。中國研發支出佔 GDP 的比例甚至比西班牙、葡萄牙這些國家都高。西班牙的人均 GDP 是中國的三倍，葡萄牙的人均 GDP 是中國的兩倍。也就是說，中國的研發支出佔 GDP 的比例高出了那些人均 GDP 是其兩倍、三倍的國家，而且遠遠高出那些和中國擁有同等水平人均 GDP 的國家。

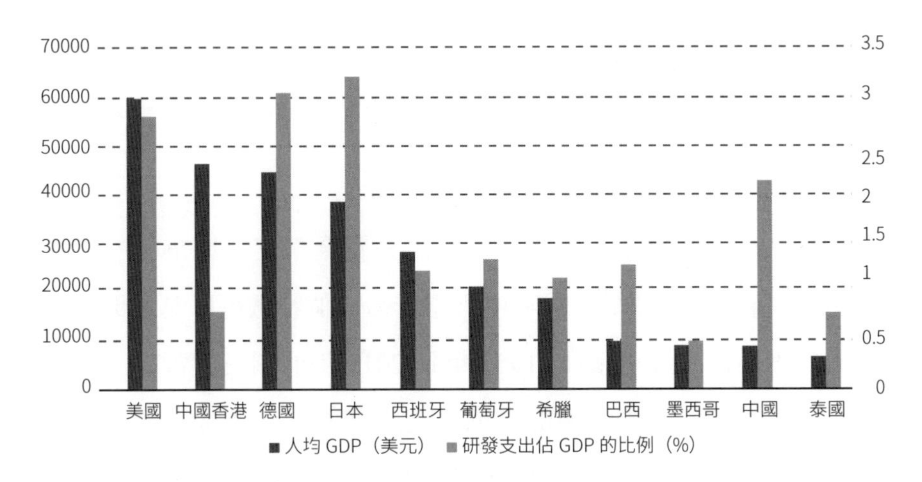

圖 23　不同國家（地區）人均 GDP 和人均研發支出對比

來源：世界銀行。人均 GDP 為 2017 年名義美元數據。研發支出佔比數據除巴西、墨西哥、泰國為 2016 年數據以外，其他國家為 2017 年數據。

2. 那麼如何釋放中國人均 GDP 的潛能呢？城市化率是另一個重要因素。所有那些人均 GDP 較高且研發支出較高的國家的城市化率都在 70% 左右，而今天中國的城市化率僅有 55%。而且這個數字還有些誇大了，因為其中包括了 1.8 億農民工，這些農民工雖然在城市生活，但沒有城市戶口。只有那些有戶口的人才有權享受一系列社會福利，包括教育、退休和醫療福利。有了這些保障後，減少了後顧之憂，人們才會更願意去消費。因此，這 1.8 億農民工並不是城市生活的完全參與者。更不用提那些完全生活在城市之外的 45% 農村人口了。

然而，中國政府計劃在未來二十年內將以每年 1% 的速度開展城市化進程，這意味着在未來二十年內，大約有 3 億人成為新的消費者。這正是參與城市化進程的全部意義所在 —— 成為消費者。

一旦你真正加入城市生活，有了基本的社會保障，你就會像身邊的所有公民一樣開始消費，開始賺錢，開始進入到經濟循環中去。結果就是可持續的經濟增長。

3. 另一個問題是：中國是否有足夠資金來支持城市化、支持建設、支持製造業升級？恰巧中國還有另一個特徵可以為此助力。如圖 24 所示，這是中國從 1952 年到 2017 年的國民儲蓄率。即使在改革開放前，中國的儲蓄率也一直居高不下。非常有趣的是近年來消費水平大幅上漲的同時，儲蓄率也在升高。去年，中國作為世界第二大經濟體，其儲蓄率仍高達 45%。高儲蓄率就是支持進一步消費和投資的資源。

高儲蓄率還能解決讓許多人擔憂的一件事 —— 高債務水平。中國的債務水平自 2008 年以來一直不斷升高，當時中國為應對美國次貸危機引發的全球經濟大衰退開始持續大量投資，主要通過

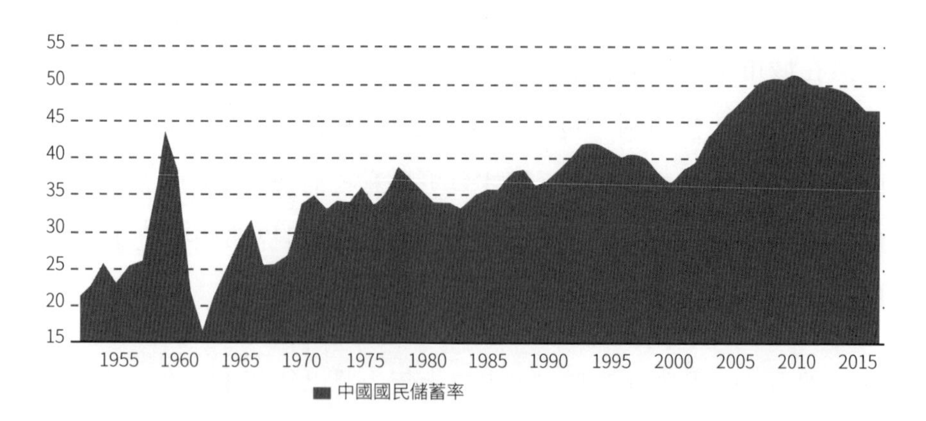

圖 24　中國 1952–2017 年國民儲蓄率

來源：CEIC DATA.

發行貨幣，依靠債務融資。傳統上，中國社會融資主要來自銀行債務，比例有時可高達 80−90%。股票市場及股權融資佔整體融資比例很低。但無論是債務還是股票，它們的來源都是一樣的，它們不是從美國或任何其他國家來的，而是直接來自於本國儲戶。幾乎所有中國債務的債主都是中國人自己，並以本幣發行。所以儘管債務佔比較高，但是因此引發金融危機的可能性至少目前並不高。

下一步中國政府想做的就是通過資本市場改革從根本上改變中國的融資結構，大大增加股權的權重，減少債務所佔比例。就在昨天，我們看到了中國將在滬市推出「科創板」的新聞。「科創板」會採用與美國相同的模式，即以信息披露為基礎的註冊制資本發行，而非以前的審批制。這意味着任何想要上市的公司，都可以在較短的時間內，以較為自由的方式進入資本市場，以自由競爭方式獲取資本。當然政府會在事後對其進行監控。這一模式和美國是相同的。從註冊制改革開始，中國會慢慢調整社會融資結構，將銀行債務從 80−90% 的高比例逐步調低。一個複雜成熟的經濟體是不應該有這麼高的銀行債務比例的。因此，資本市場改革將成為解鎖高債務比問題和提高融資效率的關鍵。

但中國可以不依賴於外國資本。資本可以直接取自本國的儲蓄。在中國家庭變得富裕時，儲蓄率還一直保持在較高水平，這是中國文化的產物。圖 24 明確地顯示出中國人還不滿足，他們想要投資更多，他們不想坐吃山空。如果中國資本市場改革能夠將這種欲求轉化成有效的投資，通過對教育、技術的持續投資實現經濟的轉型升級，從而實現經濟增長、個人財富增長、消費升級、投資增加的持續正向循環，就能實現中國經濟的長期可持續增長。

4. 理解中國經濟未來的另一個維度是中國政府在處理重大問題、危機時的靈活性和實用性。今天中國政府的兩個目標，即全面從嚴治黨治國與保持經濟中高速可持續增長之間既統一又有一定矛盾，有時處理得不好甚至可能演化成危機。但是在應對危機時，我們也看到中國政府表現出足夠的彈性和實用主義精神，可以在兩大目標中調整輕重緩急。比如中國政府在中美貿易衝突問題上已經調整了與美國談判的策略，也改變了之前對私營企業家的一些處理方式和對私營企業的借貸政策，尤其是在證券市場暴跌中對私營企業金融股權的處理等等。當然，已經造成的損失難以逆轉，傷口癒合也需要一定時間。

另外，全面從嚴治黨治國的結果可能是政治愈發穩定而非相反，這一點可能會讓同情西方模型的國內、國外觀察家感到難以理解、難以接受。但是現實確實如此，過去和當代也都有很多案例可以佐證。在這種情況下，人們會想方設法進行適應性調整。無論人們對今天的局面有多少不滿，大多數人並不願意離開中國。他們既帶不走財富，更帶不走事業。隨着政策改善，時間推移，一切又回歸常態。商人會繼續經營生意。這些財富不會從中國流走，生產性資產不會丟失。社會上的大多數人，甚至包括中國政府，都會學着去調整。如果中國政府都具有靈活性和適應性，我想整個中國社會必然也是靈活的、具有適應性的。當矛盾爆發時，我們會看到兩個目標之間的優先順序不斷地切換。只要政府不改變經濟改革發展目標，中國經濟就會在一個穩定單一的大市場中持續發展下去。

5. 那麼在現有的政治經濟模式下，中國經濟還能走多遠呢？當然沒有人能夠對此作出確切的回答。所以，要預測中國經濟的未來，最好參考一下以類似政治、文化組織起來的國家和地區的發展經驗。

東亞同樣受儒教影響的國家、地區，比如日本、韓國、新加坡、中國香港、中國台灣，儘管無論是政府管控程度還是人口數量上都與中國大陸有很大不同，他們的發展歷程仍對預測中國經濟前景具有啟發意義。

日本在 1962 年首次達到 10,000 美元人均 GDP 水平（2010 年不變價美元）。隨後的 24 年裏，其 GDP 平均複合增長率約為 6.1%，一直持續到 30,000 美元人均 GDP 水平（圖 25）。然後增長率開始放緩。韓國在 1993 年突破了 10,000 美元大關。隨後 24 年，GDP 平均複合增長率為 4.7%，直至達到 25,000 美元以上（圖 26）。新加坡的複合增長率高達 8.2%，並在較短的時間內從人均 10,000 美元一直增長到 30,000 美元（圖 27）。中國香港也是類似，有 28 年 10% 的增長率（圖 28）。當然，新加坡和中國香港都是很小的經濟體，因此不太具有可比性。韓國和日本的數據更具預測性。他們在政治上的組織方式和中國類似，也和中國一樣重視教育、技術、產業升級並且強調國內消費，日本尤其如此。韓國的經濟仍然非常依賴外國。但他們都多多少少轉移了一些重心到消費上。

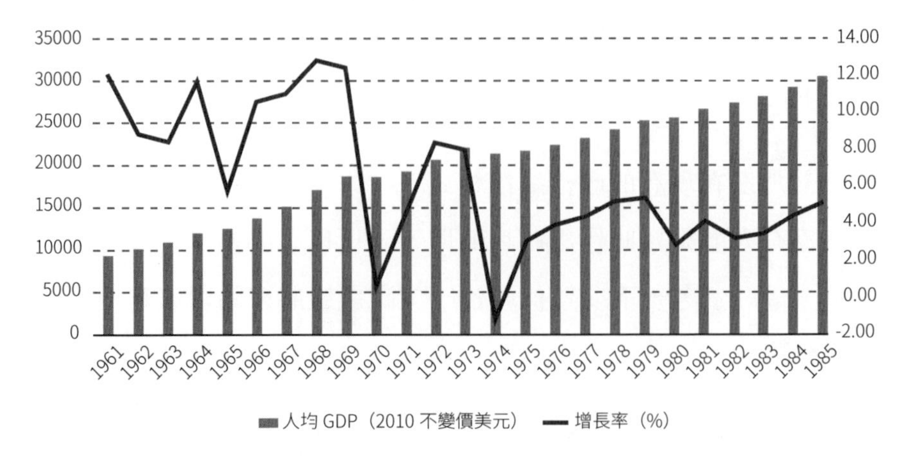

圖 25　日本 1961–1985 年經濟增長率及人均 GDP（2010 不變價美元）

來源：世界銀行。

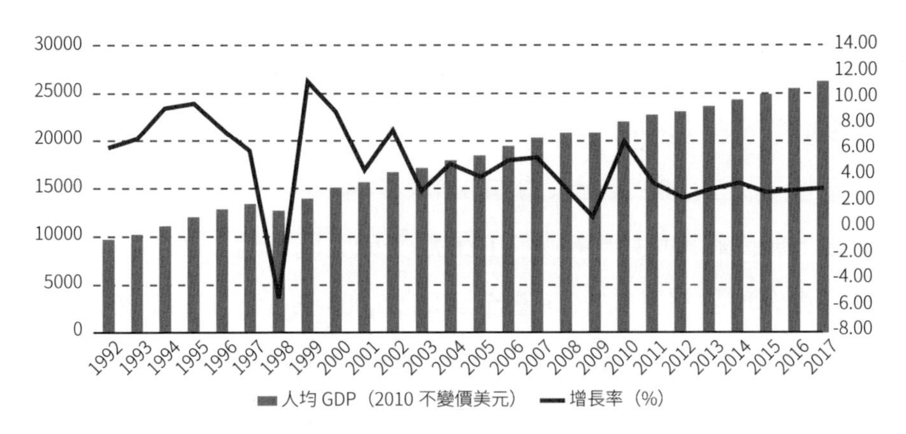

圖 26　韓國 1992–2017 年經濟增長率及人均 GDP（2010 不變價美元）

來源：世界銀行。

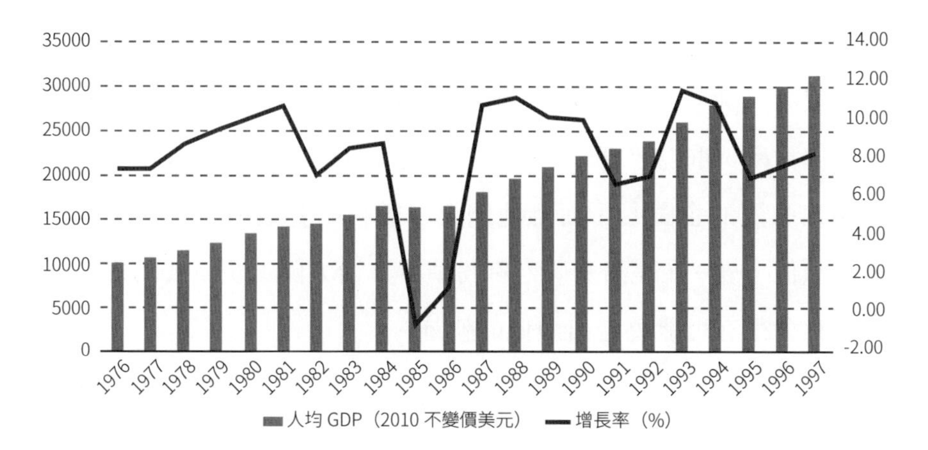

圖 27　新加坡 1976－1997 年經濟增長率及人均 GDP（2010 不變價美元）

來源：世界銀行。

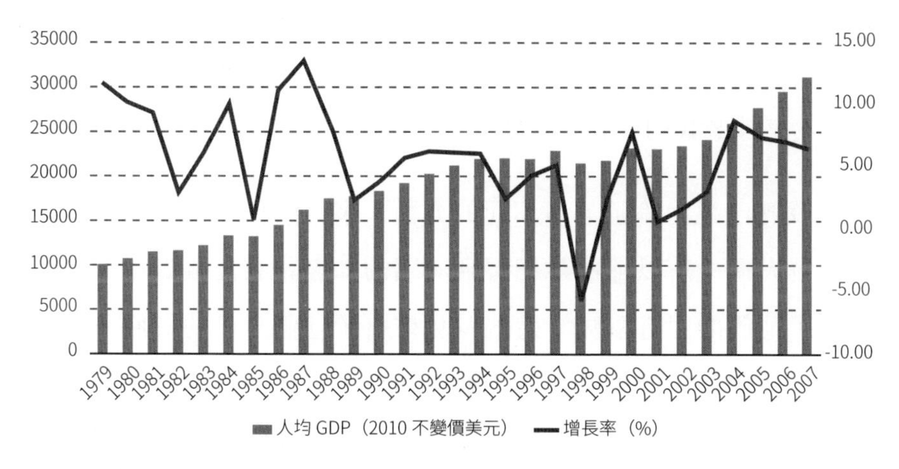

圖 28　中國香港 1979－2007 年經濟增長率及人均 GDP（2010 年不變價美元）

來源：世界銀行。

這些東亞儒教國家的經歷可以幫助我們估測中國的增長潛力，很有幫助。大家都相信賢能制（Meritocracy）的文化，都有很高的儲蓄率，重視教育、科技，在到達 10,000 美元人均 GDP 時還表現出強烈的企圖心，而且他們大多數在社會組織方式上也和中國有類似之處，在經濟上政府都扮演着比西方國家更重要的角色。中國社會很有可能會走出類似的軌跡。

但我們是自下而上的投資者。我們的投資一般不受整體宏觀環境的影響。今天我們之所以要討論這些問題，是因為我們所投資的公司在某種程度上與它們所在國家的命運也是息息相關的。所以我們要對這個國家有一個粗略的認知。這種認知不一定要非常精確，也不需要時時正確。我們只需要對所投資的國家未來二十年或三十年的情況有個大致的推測。這就是為甚麼我們要做這些分析，為甚麼我們要思考這些問題。

我們已經討論了許多不同的方面，來幫助你更加公允、客觀地了解大局。所以下次你們看到美國的知名報刊談論到中國時，別忘了他們的固有偏見。這些偏見來自於他們自己的經歷和成功經驗。他們傾向於由此去評判那些和自己不同的東西。當你看到中國對某個問題做出回應時，通常也是源於他們自己的經歷、自己的成功經驗和自己的偏見。你要有撥雲見日的能力。

最後總結一下，地理位置的不同決定了中國和西方的發展走出了不同的道路，政府在兩種文化中扮演了非常不同的角色。中國在歷史上發明了政治上的賢能制，使得中國在農業文明時期的絕大部分時間領先於歐洲。同樣，也是地理因素幫助歐洲最先發現了新大陸，並促使西方發明了經濟上的賢能制，從而把人類帶入了新的現代文明。

經過了一百多年的挫折，中國終於在過去四十年裏發現了現代文明的精髓，也即現代科技和市場經濟的結合，從而在四十年中創造出超長期的、高速的經濟增長奇跡，而這其中中國獨特的文化和社會治理優勢也不可或缺。在今天的環境下，執政黨和政府對於社會的管控更加嚴格，但是社會治理的根本目標並未發生變化，就是要在未來幾十年裏繼續為中國創造一個可持續的中高速經濟增長。儘管和美國的貿易衝突加大了國際經濟的不確定性，但是今天中國已經不再是一個完全依賴出口的國家，而正在迅速成長為世界上增長速度最快的進口大國。中國和美國出於對各自自身利益的考慮，極有可能會在貿易和經濟的一系列問題上形成妥協。今天的中國已經通過了劉易斯拐點，進入到了經濟發展成熟的黃金期，工資水平、消費水平、儲蓄和投資水平，都進入了互相追趕式的螺旋增長，為創造中產階級消費社會提供了良好的環境。中國的文化和國策使它有可能避免中等收入陷阱，而進入到高度發達國家的行列，這其中有各種因素的作用。這些因素包括在科研上持續的高投入，受過高等教育的勞動力人口數量，尤其是工程師羣體的迅速擴大，日益推進的城市化進程，居民的高儲蓄和高投資，穩定的政治環境和巨大的國內市場等等。我們也看到和中國具有同樣儒教傳統的其他一些東亞國家，都在達到中等收入水平之後又持續了很長時間的經濟增長，最終成為了高收入國家。

最後，作為基本面投資人，我們為甚麼現在投資中國呢？因為在那裏我們仍然能夠發現一些優秀龍頭企業，它們比西方的同類公司更便宜，而且增長速度更快。這就是我們在中國投資的邏輯。

謝謝大家！

2019 年 1 月 24 日

*

閱讀、思考與感悟

書中自有黃金屋

——《窮查理寶典：查理‧芒格的智慧箴言錄》中文版序

二十多年前，作為一名年輕的中國學生隻身來到美國，我怎麼也沒有想到後來竟然從事了投資行業，更沒有想到由於種種機緣巧合有幸結識了當代投資大師查理‧芒格先生。2004 年，芒格先生成為我的投資合夥人，自此就成為我終生的良師益友。這樣的機遇恐怕是過去做夢也不敢想的。

像全世界成千上萬的巴菲特 / 芒格崇拜者一樣，兩位老師的教導，伯克希爾‧哈撒韋公司的神奇業績，對我個人的投資事業起了塑造式的影響。這些年受益於芒格恩師的近距離言傳身教，又讓我更為深刻地體會到他思想的博大精深。一直以來，我都希望將這些學習的心得與更多的同道分享。彼得‧考夫曼的這本書是這方面最好的努力。彼得是查理多年的朋友，他本人又是極其優秀的企業家、「職業書蟲」。由他編輯的《窮查理寶典》最為全面地囊括了查理的思想精華。彼得既是我的好友，又是我的投資合夥人，所以我一直都很關注這本書的整個出版過程。2005 年第一版問世時，我如獲至寶，反覆研讀，每讀一次都有新的收穫。那時我就想把這本書認真地翻譯介紹給中國的讀者。不想這個願望又過了五年才得以實現。2009 年，查理 85 歲。經一位朋友提醒，我意識到把這本書翻譯成中文應該是對恩師最好的報答，同時也完成我多年希望與同胞分享芒格智慧的心願。

現在這本書出版了，我也想在此奉獻我個人學習、實踐芒格思想與人格的心路歷程、心得體會，希望能對讀者們更好地領會本書所包含的智慧有所裨益。

一

第一次接觸巴菲特/ 芒格的價值投資體系可以追溯到二十年前。那時候我剛到美國，舉目無親，文化不熟，語言不通。僥倖進入哥倫比亞大學就讀本科，立刻便面臨學費、生活費昂貴的問題。雖然有些獎學金以及貸款，然而對一個身無分文的學生而言，那筆貸款是天文數字的債務，不知何時可以還清，對前途一片迷茫焦慮。相信很多來美國讀書的中國學生，尤其是要靠借債和打工支付學費和生活費的學生都有過這種經歷。

由於在上世紀七八十年代的中國長大，我那時對經商幾乎沒有概念。在那個年代，商業在中國還不是很要緊的事。一天，一位同學告訴我：「你要是想了解在美國怎麼能賺錢，商學院有個演講一定要去聽。」那個演講人的名字有點怪，叫巴菲特（Buffett），聽上去很像「自助餐」（Buffet）。我一聽這個名字滿有趣，就去了。那時巴菲特還不像今天這麼出名，去的人不多，但那次演講於我而言卻是一次醍醐灌頂的經歷。

巴菲特講的是如何在股市投資。在此之前，股市在我腦子裏的印象還停留在曹禺的話劇《日出》裏所描繪的 20 世紀 30 年代上海的十里洋場，充滿了狡詐、運氣與血腥。然而這位據説在股市上賺了很多錢的美國成功商人看上去卻顯然是一個好人，友善而聰明，頗有些學究氣，完全同我想像中的那些冷酷無情、投機鑽營的商人南轅北轍。

巴菲特的演講措辭簡潔、條理清晰、內容可信。一個多鐘頭的演講把股票市場的道理説得清晰明瞭。巴菲特説股票本質上是公司的部分所有權，股票的價格就是由股票的價值，也就是公司的價值所決定的。而公司的價值又是由公司的盈利情況及淨資產決定的。雖然股票價格上上下下的波動在短期內很難預測，但長期而言一定是由公司的價值決定的。而聰明的投資者只要在股票的價格遠低於公司實際價值的時候買進，又在價格接近或者高於價值時賣出，就能夠在風險很小的情況下賺很多錢。

聽完這番演講，我覺得好像撈到了一根救命稻草。難道一個聰明、正直、博學的人，不需要家庭的支持，也不需要精熟公司管理，或者發明、創造新產品，創立新公司，在美國就可以白手起家地成功致富嗎？我眼前就有這麼一位活生生的榜樣！那時我自認為不適合做管理，因為對美國的社會和文化不了解，創業也沒有把握。但是如果説去研究公司的價值，去研究一些比較複雜的商業數據、財務報告，卻是我的專長。果真如此的話，像我這樣一個不名一文、舉目無親、毫無社會根基和經驗的外國人不也可以在股票投資領域有一番作為了嗎？這實在太誘人了。

聽完演講後，我回去立刻找來了有關巴菲特的所有圖書，包括他致伯克希爾股東的年信及各種關於他的研究，也了解到芒格先生是巴菲特先生幾十年來形影不離的合夥人，然後整整花了一兩年的時間來徹底地研究他們，所有的研究都印證了我當時聽演講時的印象。完成了這個調研過程，我便真正自信這個行業是可為的。

一兩年後，我買了有生以來的第一隻股票。那時雖然我個人的淨資產仍然是負數，但積蓄了一些現金可以用來投資。當時正逢 1990 年代初全球化的過程剛剛開始，美國各行業的公司都處於一個長期上升的狀態，市場上有很多被低估的股票。到 1996 年我從哥大畢業的時候，已經從股市投資上獲取了相當可觀的回報。

畢業後我一邊在投資銀行工作，一邊繼續自己在股票上投資。一年後辭職離開投行，開始了職業投資生涯。當時家人和朋友都頗為不解和擔心，我自己對前途也沒有十分的把握。坦白說，創業的勇氣也是來自巴菲特和芒格的影響。

1998 年 1 月，我創立了自己的公司，支持者寡，幾個老朋友友情客串投資人湊了一小筆錢，我自己身兼數職，既是董事長、基金經理，又是秘書、分析員。全部的家當就是一部手機和一台筆記本電腦。其時適逢 1997 年的亞洲金融危機，石油的價格跌破了每桶十美元。我於是開始大量地買進一些亞洲優秀企業的股票，同時也買入了大量美國及加拿大的石油公司股票。但隨後的股票波動令當年就產生了 19% 的賬面損失。這使得有些投資者開始擔心以後的運作情況，不敢再投錢了。其中一個最大的投資者第二年就撤資了。再加上昂貴的前期營運成本，公司一度面臨生存的危機。

出師不利讓我倍受壓力，覺得辜負了投資人的信任。而這些心理負擔又的確會影響到投資決策，比如在碰到好的機會時也不敢行動。而那時恰恰又是最好的投資時機。這時，巴菲特和芒格的理念和榜樣對我起了很大的支持作用，在 1973－1974 年美國經濟衰退中，他們兩位都有過類似的經歷。在我最失落的時候，我就以巴菲特和芒格為榜樣勉勵自己，始終堅持凡事看長遠。

隨後，在 1998 年的下半年裏，我頂住壓力、鼓起勇氣，連續做出了當時我最重要的三四個投資決定。恰恰是這幾個投資在以後的兩年裏給我和我的投資者帶來了豐厚的回報。現在回過頭來想，在時間上我是幸運的，但巴菲特和芒格的榜樣以及他們的書籍和思想，對我的確起了至關重要的影響。

但是，當時乃至現在華爾街上絕大多數個人投資者，尤其是機構投資者，在投資理念上所遵從的理論與巴菲特 / 芒格的價值投資理念是格格不入的。比如他們相信市場完全有效理論，因而相信股價的波動就等同真實的風險，判斷你的表現最看重你業績的波動性如何。在價值投資者看來，投資股市最大的風險其實並不是價格的上下起伏，而是你的投資未來會不會出現永久性的虧損。

單純的股價下跌不僅不是風險，其實還是機會。不然哪裏去找便宜的股票呢？就像如果你最喜歡的餐館裏牛排的價格下跌了一半，你會吃得更香才對。買進下跌的股票時是賣家難受，作為買家你應該高興才對。然而，雖然巴菲特和芒格很成功，大多數個人投資者和機構投資者的實際做法卻與巴菲特 / 芒格的投資理念完全相反。表面上華爾街那些成名的基金經理對他們表現出極大的尊重，但在實際操作上卻根本是南轅北轍，因為他們的客戶也是南轅北轍。他們接受的還是一套「波動性就是風險」、「市場總是對的」這樣的理論。而這在我看來完全是誤人子弟的謬論。

但為了留住並吸引到更多投資者，我也不得不作了一段時間的妥協。有兩三年的時間，我也不得不通過做長短倉（LONG-SHORT）對沖，去管理旗下基金的波動性。和做多（LONG）相比，做空交易（SHORT）就很難被用於長期投資。原因有三：第一，做空的利潤上限只有 100%，但損失空間幾乎是無窮的，這正好是同做多相反的。第二，做空要通過借債完成，所以即使做空的決定完全正確，但如果時機不對，操作者也會面臨損失，甚至破產。第三，最好的做空投資機會一般是各種各樣的舞弊情況，但舞弊作假往往被掩蓋得很好，需要很長時間才會敗露。例如麥道夫的騙局持續幾十年才被發現。基於這三點原因，做空需要隨時關注市場的起落，不斷交易。

這樣做了幾年，投資組合的波動性倒是小了許多，在 2001–2002 年由互聯網泡沫引發的金融危機中我們並沒有賬面損失，並小有斬獲，管理的基金也增加了許多。表面上看起來還蠻不錯，但其實我內心很痛苦。如果同時去做空和做多，要控制做空的風險，就必須要不停地交易。但若是不停地交易的話，就根本沒有時間真正去研究一些長期的投資機會。這段時期的回報從波動性上而言比過去好，結果卻乏善可陳。但實際上，那段時間出現了許多一流的投資機會。坦白地説，我職業生涯中最大的失敗並不是由我錯誤決定造成的損失（當然我的這類錯誤也絕不在少數），而是在這一段時間裏不能夠大量買進我喜歡的幾隻最優秀的股票。

這段時間是我職業生涯的一個低潮。我甚至一度萌生了退意，花大量的時間在本不是我主業的風險投資基金上。

在前行道路的十字交叉路口，一個偶然的契機，我遇到了終生的良師益友查理•芒格先生。

初識查理是我大學剛畢業在洛杉磯投行工作的時候，在一位共同朋友的家裏第一次見到查理。記得他給人的第一印象總是拒人於千里之外，他對談話者常常心不在焉，非常專注於自己的話題。但這位老先生説話言簡意賅，話語中充滿了讓你回味無窮的智慧。初次見面，查理對我而言是高不可及的前輩，他大概對我也沒甚麼印象。

之後陸續見過幾次，有過一些交談，直到我們認識的第七年，在 2003 年一個感恩節的聚會中，我們進行了一次長時間推心置腹的交談。我將我投資的所有公司、我研究過的公司以及引起我興趣的公司一一介紹給查理，他則逐一點評。我也向他請教我遇到的煩惱。談到最後，他告訴我，我所遇到的問題幾乎就是華爾街的全部問題。整個華爾街的思維方式都有問題，雖然伯克希爾已經取得了這麼大的成功，但在華爾街上卻找不到任何一家真正模仿它的公司。如果我繼續這樣走下去的話，我的那些煩惱永遠也不會消除。但我如果願意放棄現在的路子，想走出與華爾街不同的道路，他願意給我投資。這真讓我受寵若驚。

在查理的幫助下，我把公司進行了徹底的改組。在結構上完全改變成早期巴菲特的合夥人公司和芒格的合夥人公司（注：巴菲特和芒格早期各自有一個合夥人公司來管理他們自己的投資組合）那樣的結構，同時也除去了典型對沖基金的所有弊端。願意留下的投資者作出了長期投資的保證。而我們也不再吸收新的投資人。作為基金經理，我無需再受華爾街那些投資者各式各樣的限制，而完成機構改造之後的投資結果本身也證實了這一決定的正確性。不僅公司的業績表現良好，而且這些年來我的工作也順暢了許多。我無須糾纏於股市沉浮，不斷交易，不斷做空。相反，我可以把所有的時間都花在對公司的研究和了解上。我的投資經歷已經清楚地證明：按照巴菲特 / 芒格的體系來投資必定會受益各方。但因為投資機構本身的限制，絕大部分的機構投資者不採用這種方式，因此，它給了那些用這種方式的投資者一個絕好的競爭優勢。而這個優勢在未來很長的一段時間內都不會消失。

二

巴菲特說他一生遇人無數，從來沒有遇到過像查理這樣的人。在我同查理交往的這些年裏，我有幸能近距離了解查理，也對這一點深信不疑。甚至我在所閱讀過的古今中外人物傳記中也沒有發現類似的人。查理就是如此獨特的人，他的獨特性既表現在他的思想上，也表現在他的人格上。

比如說，查理思考問題總是從逆向開始。如果要明白人生如何得到幸福，查理首先是研究人生如何才能變得痛苦；要研究企業如何做強做大，查理首先研究企業是如何衰敗的；大部分人更關心如何在股市投資上成功，查理最關心的是為甚麼在股市投資上大部分人都失敗了。他的這種思考方法來源於下面這句農夫諺語中所蘊含的哲理：我只想知道將來我會死在甚麼地方，這樣我就不去那兒了。

查理在他漫長的一生中，持續不斷地研究收集關於各種各樣的人物、各行各業的企業以及政府管治、學術研究等各領域中的人類失敗之著名案例，並把那些失敗的原因排列成正確決策的檢查清單，使他在人生、事業的決策上幾乎從不犯重大錯誤。這點對巴菲特及伯克希爾五十年業績的重要性是再強調也不為過的。

查理的頭腦是原創性的，從來不受任何條條框框的束縛，也沒有任何教條。他有兒童一樣的好奇心，又有第一流的科學家所具備的研究素質和科學研究方法，一生都有強烈的求知慾和好奇心，幾乎對所有的問題都感興趣。任何一個問題在他看來都可以使用正確的方法通過自學完全掌握，並可以在前人的基礎上創新。這點上他和富蘭克林非常相似，類似於一位 18、19 世紀百科全書式的人物。

近代很多第一流的專家學者能夠在自己狹小的研究領域內做到相對客觀，一旦離開自己的領域不遠，就開始變得主觀、教條、僵化，或者乾脆就失去了自我學習的能力，所以大都免不了瞎子摸象的局限。查理的腦子就從來沒有任何學科的條條框框。他的思想輻射到事業、人生、知識的每一個角落。在他看來，世間宇宙萬物都是一個相互作用的整體，人類所有的知識都是對這一整體研究的部分嘗試，只有把這些知識結合起來，並貫穿在一個思想框架中，才能對正確的認知和決策起到幫助作用。所以他提倡要學習在所有學科中真正重要的理論，並在此基礎上形成所謂的「普世智慧」，以此為利器去研究商業投資領域的重要問題。查理在本書中詳細地闡述了如何才能獲得這樣的「普世智慧」。

查理這種思維方式的基礎是基於對知識的誠實。他認為，這個世界複雜多變，人類的認知永遠存在着限制，所以你必須要使用所有的工具，同時要注重收集各種新的可以證否的證據，並隨時修正，即所謂「知之為知之，不知為不知」。事實上，所有的人都存在思想上的盲點。我們對於自己的專業、旁人或是某一件事情或許能夠做到客觀，但是對於天下萬事萬物都秉持客觀的態度卻是很難的，甚至可以說是有違人之本性的。但是查理卻可以做到凡事客觀。在這本書裏，查理也講到了通過後天的訓練是可以培養客觀的精神的。而這種思維方式的養成將使你看到別人看不到的東西，預測到別人預測不到的未來，從而過上更幸福、自由和成功的生活。

但即使這樣，一個人在一生中可以真正得到的真見卓識仍然非常有限，所以正確的決策必須局限在自己的「能力圈」以內。一種不能夠界定其邊界的能力當然不能稱為真正的能力。怎麼才能界定自己的能力圈呢？查理説，如果我要擁有一種觀點，如果我不能夠比全世界最聰明、最有能力、最有資格反駁這個觀點的人更能夠證否自己，我就不配擁有這個觀點。所以當查理真正地持有某個觀點時，他的想法既原創、獨特又幾乎從不犯錯。

一次，查理鄰座一位漂亮的女士堅持讓查理用一個詞來總結他的成功，查理説是「理性」。然而查理講的「理性」卻不是我們一般人理解的理性。查理對理性有更苛刻的定義。正是這樣的「理性」，讓查理具有敏鋭獨到的眼光和洞察力，即使對於完全陌生的領域，他也能一眼看到事物的本質。巴菲特就把查理的這個特點稱作「兩分鐘效應」——他説查理比世界上任何人更能在最短時間之內把一個複雜商業的本質説清楚。伯克希爾投資比亞迪的經過就是一個例證。記得 2003 年我第一次同查理談到比亞迪時，他雖然從來沒有見過王傳福本人，也從未參觀過比亞迪的工廠，甚至對中國的市場和文化也相對陌生，可是他當時對比亞迪提出的問題和評論，今天看來仍然是投資比亞迪最實質的問題。

人人都有盲點，再優秀的人也不例外。巴菲特說：「本傑明•格雷厄姆曾經教我只買便宜的股票，查理讓我改變了這種想法。這是查理對我真正的影響。要讓我從格雷厄姆的局限理論中走出來，需要一股強大的力量。查理的思想就是那股力量，他擴大了我的視野。」對此，我自己也有深切的體會。至少在兩個重大問題上，查理幫我指出了我思維上的盲點，如果不是他的幫助，我現在還在從猿到人的進化過程中慢慢爬行。巴菲特五十年來在不同的場合反覆強調，查理對他本人和伯克希爾的影響完全無人可以取代。

查理一輩子研究人類災難性的錯誤，對於由於人類心理傾向引起的災難性錯誤尤其情有獨鍾。最具貢獻的是他預測金融衍生產品的泛濫和會計審計制度的漏洞即將給人類帶來的災難。早在1990年代末期，他和巴菲特先生已經提出了金融衍生產品可能造成災難性的影響，隨着金融衍生產品的泛濫愈演愈烈，他們的警告也不斷升級，甚至指出金融衍生產品是金融式的大規模殺傷武器，如果不能得到及時有效的制止，將會給現代文明社會帶來災難性的影響。2008年和2009年的金融海嘯及全球經濟大蕭條不幸驗證了查理的遠見。從另一方面講，他對這些問題的研究也為防範類似災難的出現提供了寶貴的經驗和知識，特別值得政府、金融界、企業界和學術界的重視。

與巴菲特相比，查理的興趣更為廣泛。比如他對科學和軟科學幾乎所有的領域都有強烈的興趣和廣泛的研究，通過融會貫通，形成了原創性的、獨特的芒格思想體系。相對於任何來自象牙塔內的思想體系，芒格主義完全為解決實際問題而生。比如說，據我所知，查理最早提出並系統研究人類心理傾向在投資和商業決策中的巨大影響。十幾年後的今天，行為金融學已經成為經濟學中最熱門的研究領域，行為經濟學也獲得了諾貝爾經濟學獎的認可。而查理在本書最後一講「人類誤判心理學」中所展現出的理論框架，在未來也很可能得到人們更廣泛的理解和應用。

查理的興趣不僅限於思考，凡事也喜歡親力親為，並注重細節。他有一艘世界上最大的私人雙體遊艇，而這艘遊艇就是他自己設計的。他還是個出色的建築師。他按自己的喜好建造房子，從最初的圖紙設計到之後的每一個細節，他都全程參與。比如他捐助的所有建築物都是他自己親自設計的，這包括了斯坦福大學研究生院宿舍樓、哈佛高中科學館以及亨廷頓圖書館與園林的稀有圖書研究館。

查理天生精力充沛。我認識查理是在 1996 年，那時他 72 歲。到今年查理 87 歲，已經過了十幾年了。在這十幾年裏，查理的精力完全沒有變化。他永遠是精力旺盛，很早起身。早餐會議永遠是七點半開始。同時由於某些晚宴應酬的緣故，他的睡眠時間可能要比常人少，但這些都不妨礙他旺盛的精力。而且他記憶力驚人，我很多年前跟他講的比亞迪的營運數字，我都已經記憶模糊了，他還記得。87 歲的他記憶比我這個年輕人還好。這些都是他天生的優勢，但使他異常成功的特質卻都是他後天努力獲得的。

查理對我而言，不僅是合夥人，是長輩，是老師，是朋友，是事業成功的典範，也是人生的楷模。我從他的身上不僅學到了價值投資的道理，也學到了很多做人的道理。他讓我明白，一個人的成功並不是偶然的，時機固然重要，但人的內在品質更重要。

查理喜歡與人早餐約會，時間通常是七點半。記得第一次與查理吃早餐時，我準時趕到，發現查理已經坐在那裏把當天的報紙都看完了。雖然離七點半還差幾分鐘，讓一位德高望重的老人等我令我心裏很不好受。第二次約會，我大約提前了一刻鐘到達，發現查理還是已經坐在那裏看報紙了。到第三次約會，我提前半小時到達，結果查理還是在那裏看報紙，彷彿他從未離開過那個座位，終年守候。直到第四次，我狠狠心提前一個鐘頭到達，六點半坐那裏等候，到六點四十五的時候，查理悠悠地走進來了，手裏拿着一摞報紙，頭也不抬地坐下，完全沒有注意到我的存在。以後我逐漸了解，查理與人約會一定早到。到了以後也不浪費時間，會拿出準備好的報紙翻閱。自從知道查理的這個習慣後，以後我倆再約會，我都會提前到場，也拿一份報紙看，互不打擾，等七點半之後再一起吃早飯聊天。

偶然查理也會遲到。有一次我帶一位來自中國的青年創業者去見查理。查理因為從一個午餐會上趕來而遲到了半個小時。一到之後，查理先向我們兩個年輕人鄭重道歉，並詳細解釋他遲到的原因，甚至提出午餐會的代客泊車（valet park）應如何改進才不會耽誤客人四十五分鐘的等候時間。那位中國青年既驚訝又感動，因為在全世界恐怕也找不到一位地位如查理一般的長者會因遲到向小輩反覆道歉。

跟查理交往中，還有另一件事對我影響很大。有一年查理和我共同參加了一個外地的聚會。活動結束後，我要趕回紐約，沒想到卻在機場的候機廳遇見查理。他龐大的身體在過安檢檢測器的時候，不知甚麼原因不斷鳴叫示警。而查理就一次又一次地折返接受安檢，如此折騰半天，好不容易過了安檢，他的飛機已經起飛了。

可查理也不着急，他抽出隨身攜帶的書籍坐下來閱讀，靜等下一班飛機。那天正好我的飛機也誤點了，我就陪他一起等。

我問查理：「你有自己的私人飛機，伯克希爾也有專機，你為甚麼要到商用客機機場去經受這麼多的麻煩呢？」

查理答：「第一，我一個人坐專機太浪費油了。第二，我覺得坐商用飛機更安全。」但查理想說的真正理由是第三條：「我一輩子想要的就是融入生活（engage life），而不希望自己被孤立（isolate）。」

查理最受不了的就是因為擁有了錢財而失去與世界的聯繫，把自己隔絕在一個單間，佔地一層的巨型辦公室裏，見面要層層通報，過五關斬六將，誰都不能輕易接觸到。這樣就與現實生活脫節了。

「我手裏只要有一本書，就不會覺得浪費時間。」查理任何時候都隨身攜帶一本書，即使坐在經濟艙的中間座位上，他只要拿着書，就安之若素。有一次他去西雅圖參加一個董事會，依舊按慣例坐經濟艙，他身邊坐着一位中國小女孩，飛行途中一直在做微積分的功課。他對這個中國小女孩印象深刻，因為他很難想像同齡的美國女孩能有這樣的定力，在飛機的嘈雜聲中專心學習。如果他乘坐私人飛機，他就永遠不會有機會近距離接觸這些普通人的故事。

而查理雖然嚴於律己，卻非常寬厚地對待他真正關心和愛的人，不吝金錢，總希望他人多受益。他一個人的旅行，無論公務私務都搭乘經濟艙，但與太太和家人一起旅行時，查理便會乘搭自己的私人飛機。他解釋說：太太一輩子為我撫育這麼多孩子，付出甚多，身體又不好，我一定要照顧好她。

查理雖不是斯坦福大學畢業的，但因他太太是斯坦福校友，又是大學董事會成員，查理便向斯坦福大學捐款 6,000 萬美金。

查理一旦確定了做一件事情，他可以去做一輩子。比如說他在哈佛高中及洛杉磯一間慈善醫院的董事會任職長達四十年之久。對於他所參與的慈善機構而言，查理是非常慷慨的贊助人。但查理投入的不只是錢，他還投入了大量的時間和精力，以確保這些機構的成功運行。

查理一生研究人類失敗的原因，所以對人性的弱點有着深刻的理解。基於此，他認為人對自己要嚴格要求，一生不斷提高修養，以克服人性本身的弱點。這種生活方式對查理而言是一種道德要求。在外人看來，查理可能像個苦行僧，但在查理看來，這個過程卻是既理性又愉快，能夠讓人過上成功、幸福的人生。

查理就是這麼獨特。但是想想看，如果芒格和巴菲特不是如此獨特的話，他們也不可能一起在五十年間為伯克希爾創造了在人類投資史上前無古人、或許也後無來者的業績。近二十年來，全世界範圍內對巴菲特、芒格研究的興趣愈發地強烈，將來可能還會愈演愈烈，中英文的書籍汗牛充棟，其中也不乏很多獨到的見解。說實話，由我目前的能力來評價芒格的思想其實為時尚早，因為直到今天，我每次和查理談話，每次重讀他的演講，都會有新的收穫。這另一方面也說明，我對他的思想的理解還是不夠。但這些年來查理對我的言傳身教，使我有幸對查理的思想和人格有更直觀的了解，我這裏只想跟讀者分享我自己近距離的觀察和親身體會。我衷心希望讀者在仔細地研讀了本書之後，能夠比我更深地領會芒格主義的精要，從而對自己的事業和人生有更大的幫助。

我知道查理本人很喜歡這本書，認為它收集了他一生的思想精華和人生體驗。其中不僅包含了他對於商業世界的深刻洞見，也匯集了他對於人生智慧的終身思考，並用幽默、有趣的方式表達出來，對於幾乎任何讀者都會有益處。比如，有人問查理如何才能找到一個優秀的配偶。查理說最好的方式就是讓自己配得上她 / 他，因為優秀配偶都不是傻瓜。晚年的查理時常引用下面這句出自《天路歷程》中真理劍客的話來結束他的演講：「我的劍留給能夠揮舞它的人。」通過這本書的出版，我希望更多的讀者能有機會學習和了解芒格的智慧和人格，我相信每位讀者都有可能通過學習實踐成為幸運的劍客。

三

與查理交往的這些年，我常常會忘記他是一個美國人。他更接近於我理解的中國傳統士大夫。旅美的二十年期間，作為一個華人，我常常自問：中國文化的靈魂和精華到底是甚麼？客觀地講，作為「五四」之後成長的中國人，我們對於中國的傳統基本上是持否定的態度的。到了美國之後，我有幸在哥大求學期間系統地學習了對西方文明史起到塑造性作用的一百多部原典著作，其中涵蓋文學、哲學、科學、宗教與藝術等各個領域，以希臘文明為起點，延伸到歐洲，直至現代文明。後來又得益於哥大同時提供的一些關於儒教文化和伊斯蘭文明的課程，對於中國的儒教文化有了嶄新的了解和認識。只是當時的閱讀課本都是英文的，由於古文修養不夠，很多索求原典的路途只能由閱讀英文的翻譯來達成，這也是頗為無奈的一件事。

在整個閱讀與思考的過程中，我自己愈發地覺得，中國文明的靈魂其實就是士大夫文明，士大夫的價值觀所體現的就是一個如何提高自我修養，自我超越的過程。《大學》曰：正心，修身，齊家，治國，平天下。這套價值系統在之後的儒家各派中都得到了廣泛的闡述。這應該說是中國文明最核心的靈魂價值所在。士大夫文明的載體是科舉制度。科舉制度不僅幫助儒家的追隨者塑造自身的人格，而且還提供了他們發揮才能的平台，使得他們能夠通過科舉考試進入到政府為官，乃至社會的最上層，從而學有所用，實現自我價值。

而科舉制度結束後，在過去的上百年裏，士大夫精神失去了具體的現實依託，變得無所適從，尤其到了今天商業高度發展的社會，具有士大夫情懷的中國讀書人，對於自身的存在及其價值理想往往更加困惑。在一個傳統盡失的商業社會，士大夫的精神是否仍然適用呢？

從工業革命開始，市場經濟和科學技術逐漸成為政府之外影響人類生活最重要的兩股力量。近幾十年來，藉由全球化的浪潮，市場與科技已經突破國家和地域的限制，在全世界範圍同步塑造人類共同的命運。對於當代的儒家，「國」與「天下」的概念必然有了全新的含義。而市場經濟本身內在的競爭機制，也如古老的科舉考試制度一般為優秀人才提供了廣闊的空間。然而，真正的儒者對於自身的道德追求，對於社會的責任感，以及對人類命運的終極關懷，卻隨着千年的沉澱而愈加厚重。

晚明時期，資本主義開始在中國萌芽，當時的商人曾經提出過「商才士魂」以彰顯其理想。在全球化的今天，「治國」與「平天下」的當代解讀早已遠遠超出政府的範疇，市場與科技已經成為社會的主導，為懷有士大夫情懷的讀書人提供了前所未有的舞台。

查理可以說是一個「商才士魂」的最好典範。首先，查理在商業領域極為成功，他和巴菲特所取得的成就可以說是前無古人，後無來者。然而在與查理的深度接觸中，我卻發現查理的靈魂本質是一個道德哲學家，一個學者。他閱讀廣泛，知識淵博，真正關注的是自身道德的修養與社會的終極關懷。與孔子一樣，查理的價值系統是內滲而外，倡導通過自身的修行以達到聖人的境界，從而幫助他人。

正如前面所提到的，查理對自身要求很嚴。他雖然十分富有，過的卻是苦行僧般的生活。他現在居住的房子還是幾十年前買的一套普通房子，外出旅行時永遠只坐經濟艙，而約會總是早到四十五分鐘，還會為了偶爾的遲到而專門致歉。在取得事業與財富的巨大成功之後，查理又致力於慈善事業，造福天下人。

查理是一個完全憑借智慧取得成功的人，這對於中國的讀書人來講無疑是一個令人振奮的例子。他的成功完全靠投資，而投資的成功又完全靠自我修養和學習，這與我們在當今社會上所看到的權錢交易、潛規則、商業欺詐、造假等毫無關係。作為一個正直善良的人，他用最乾淨的方法，充分運用自己的智慧，取得了這個商業社會中的巨大成功。在市場經濟下的今天，滿懷士大夫情懷的中國讀書人是否也可以通過學習與自身修養的鍛煉同樣取得世俗社會的成功並實現自身的價值及幫助他人的理想呢？

我衷心地希望中國的讀者能夠對查理感興趣，對這本書感興趣。查理很欣賞孔子，尤其是孔子授業解惑的為師精神。查理本人很樂於也很善於教導別人，誨人不倦。而這本書則匯集了查理的一生所學與智慧，將它毫無保留地與大家分享。查理對中國的未來充滿信心，對中國的文化也很欽佩。近幾十年來儒教文明在亞洲取得的巨大商業成就也讓多的人對中國文明的復興更具信心。在「五四」近百年之後，今天我們也許不必再糾纏於「中學」「西學」的「體用」之爭，只需要一方面坦然地學習和接受全世界所有有用的知識，另一方面心平氣和地將吾心歸屬於中國人數千年來共敬共守、安身立命的道德價值體系之內。

我有時會想，若孔子重生在今天的美國，查理大概會是其最好的化身。若孔子返回到 2000 年後今天的商業中國，他倡導的大概會是：正心、修身、齊家、治業、助天下吧！

四

本書第一至三章介紹查理的生平、著名的語錄並總結了他關於生活、事業和學習的主要思想，第四章收錄了查理最有代表性的十一篇演講。其中大多數讀者最感興趣的演講可能包含下面四篇：第一篇演講用幽默的方式概述了人生如何避免過上痛苦的生活。第二、三篇演講闡述了如何獲得普世智慧，如何將這些普世智慧應用到成功的投資實踐中。第十一篇演講，記錄了查理最具有原創性的心理學體系，詳細闡述了造成人類誤判的二十三個最重要的心理學成因。《貝西克蘭興衰記》和《「貪無厭」「高財技」

「黑心腸」和「腦殘」國的悲劇》是查理分別於 2010 年 2 月 11 日和 2011 年 7 月 6 日在《石板》雜誌（Slate Magazine）上發表的文章，文章用寓言的方式記錄了賭博性的金融衍生品交易如何使一個國家陷入經濟崩潰的過程。查理和巴菲特先生早在 1990 年代就提出的金融衍生產品可能對經濟造成災難性影響的預言不幸在 2008 至 2009 年的全球金融危機中得到驗證。

在本書大陸版付諸出版的一年之內，又發生了很多的事情，使我更加深了對查理的敬意。2010 年年初，與查理相濡以沫五十年的太太南希不幸病逝。幾個月之後，一次意外事故又導致查理僅存的右眼喪失了 90% 的視力，致使他幾乎一度雙目失明。對於一位 86 歲視讀書思考勝於生命的老人而言，兩件事情的連番打擊可想而知。然而我所看到的查理卻依然是那樣理性、客觀、積極與睿智。他既不怨天尤人，也不消極放棄，在平靜中積極地尋求應對方法。他嘗試過幾種閱讀機器，甚至一度考慮過學習盲文。後來奇跡般的，他的右眼又恢復了 70% 的視力。我們大家都為之雀躍！然而我同時也堅信：即使查理喪失了全部的視力，他依然會找到方法讓自己的生活既有意義又充滿效率。

無論順境、逆境，都保持客觀積極的心態——這就是查理。

2010 年 3 月原稿

2011 年 11 月修改於美國帕薩迪納市

附：台灣版《窮查理的普通常識》序言

我於 90 年代初曾經兩次到過台灣，對這裏的山水風情，尤其是淳樸的民風，存有很深的印象。中國文化在上個世紀的大陸遭到了極大的破壞，但在台灣我卻真切感受到中國傳統文化的魅力。

查理對於真正傳統的中國文化一直十分尊崇。甚至於有時我會想：如果孔子在世，生活在今天的商業社會，他是否會與查理十分相像呢？

Poor Charlie's Almanack 終於要在台灣問世了。我內心異常地高興。多年來，我一直想把我認識了解的查理介紹給中文世界的讀者。現繼大陸版《窮查理寶典》問世之後，台灣版也相繼出版，我相信會有很多台灣的讀者喜歡這本書的。

在本書大陸版付諸出版的一年之內，又發生了很多的事情，使我更加深了對查理的敬意。2010 年年初，與查理相濡以沫五十年的太太南茜不幸病世。幾個月之後，一次意外事故又導致查理僅存的右眼喪失了 90% 的視力，致使他幾乎一度雙目失明。對於一位 86 歲視讀書思考勝於生命的老人而言，兩件事情的連番打擊可想而知。然而我所看到的查理卻依然是那樣理性、客觀、積極與睿智。他既不怨天尤人，也不消極放棄，在平靜中積極地尋求應對方法。他嘗試過幾種閱讀機器，甚至一度考慮過學習盲文。後來奇跡般的，他的右眼又恢復了 70% 的視力。我們大家都為之雀躍！然而我同時也堅信：即使查理喪失了全部的視力，他依然會找到方法讓自己的生活既有意義又充滿效率。

無論順境、逆境，都保持客觀積極的心態——這就是查理。台灣版的書名定為《窮查理的普通常識》，正是最恰當的詮釋！在本書的出版過程中，我要特別感謝商業周刊出版部的余幸娟女士與羅惠萍女士，她們的敬業精神和高超的專業水準給我留下了深刻的印象。好友王致棠小姐最先建議本書在台灣出版，並承擔了聯繫出版社與本書編輯付梓的討論與協調工作，在推動本書在台灣的順利出版上起了至關重要的作用。最後，謹向關心本書華文版問世的朋友及價值投資界的同道們致以最誠摯的謝意。

2011 年 4 月 11 日於洛杉磯

獲取智慧是人類的道德責任

—— 2017 年年度書評及感悟

2017 年，中英文都出了一批好書，這裏選出兩本推薦給大家。

一、《為甚麼佛學是真實的》

第一本是羅伯特•賴特（Robert Wright）的《為甚麼佛學是真實的》（*Why Buddhism is True*），副標題是「關於冥修和覺悟的科學與哲學」（*The Science and Philosophy of Meditation and Enlightenment*）。羅伯特•賴特是普林斯頓大學的進化心理學教授。我之前看過羅伯特•賴特的其他著作，其中最有名的是《道德動物》（*The Moral Animal*），另外還有《神的演化》(*The Evolution of God*)和《非零年代》（*Nonzero*）。他是我很喜歡的一位作者，在我看來他還是一位哲學家，更具體來説是一位道德哲學家。他的《道德動物》一書對我影響非常大，這也是我今年很重視他這本《為甚麼佛學是真實的》的原因之一。

先給大家介紹一下這本書的由來。作者是一位進化心理學教授，進化心理學研究的是自然選擇如何設計人類大腦。我們的大腦是幾億年自然選擇的結果，而這種自然選擇的設計常常會誤導、甚至會奴役我們，讓我們看不清世界和自我，限於桎梏之中——也是很多人類痛苦的來源。但我們對此大多無能為力，因為自然的選擇和進化，不是我們人類的自主選擇，先天的「動物性」深刻地影響着人類。即使明白這些問題，也不能立即給我們帶來解決方案。

2003年，羅伯特•賴特第一次參加了靜默正念冥修之旅（Silent Mindful Meditation Retreat）。這種冥修的實踐在過去二、三十年的美國及西方世界越來越流行。這次旅行開啟了隨後十幾年作者對佛教（佛學）全部經義的系統性研究、對冥修（Meditation）的不斷實踐和修行，並在此過程中與現代心理學、進化心理學、現代腦科學之間相互印證。本書正是作者這十幾年研討實踐的成果。這本書的書名是甚麼意思呢？「佛學是真實的」這一陳述並不包括佛學中宗教性的內容，它指的是釋迦牟尼最早對於人類狀況（Human Condition）最基礎的洞見和理解。在2500年前幾乎沒有現代科學知識的背景下，釋迦牟尼通過冥修對人性根本狀況進行了深刻洞察，而在此洞察基礎上提出的一系列主張，和現代科學對人腦的認識、對進化心理學的理解竟是完全可以印證的。因此，佛學幾千年前提出的道德主張、精神追求不是憑空而來，而是基於和現代科學一致的對人性的洞察，它沒有過時，對現代人同樣意義深遠。這就是此書的主旨。

這本書的前半部分主要闡述佛學對人腦基本狀況的觀察、理解、洞見，指明人痛苦的來源以及解脱方式，把這些與現代科學對人腦的基本認知互相印證。後半部分則着重於講述這些洞見對人的道德主張、精神追求的意義。

首先，本書談到關於人的認知。人類的大腦是經過幾十億年生物進化、達爾文式自然選擇設計的結果。這種設計的目的不是讓人「更幸福」，而是為了讓人「更多產」，更能生存繁衍。但是到了現代，人的需求發生變化後，和大腦的這種設計產生了衝突。

我們來回顧一下生命發展的極簡歷史：大約四十億年前，有一些最原始的、可以複製信息的物質產生，這些物質慢慢地被一個細胞包圍起來而形成了簡單的單細胞生物，後來又逐漸演化出有多個細胞組成的更複雜的生物組織。這些生物組織進一步發展出擁有很強計算能力的大腦，一些有大腦的物種發展出高度社會性的物種。其中最聰明、最具社會性的一個物種就是 20 萬年前誕生的「智人」(Homo Sapiens，也就是我們自己)。在此之前的進化幾乎都是以自然選擇的方式進行，智人誕生後開啟了進化中的第二場革命性的進化方式，也就是文化的進化。文化進化和生物進化的不同之處在於其不僅通過個人基因來進行，更重要的是在羣體範圍內通過文化的傳承來進行，這是一種「非自然選擇」。所以在智人出現後，進化的速度大大提高，發展迅猛，以至於在 20 萬年後的今天，當初作為「第三隻大猩猩」的一個靈長類分支的我們居然掌控了整個地球。如今，全球 60、70 億人通過經濟、科技聯繫成了一個全球化的整體。如果從今天的維度再向前看，因為互聯網和人工智能的出現，我們這個物種彷彿正在形成一個集體的大腦，每一個個體正在演變成這個集體大腦中的一個神經元。這就是過去四十億年生命在地球上發展的極簡史。這部極簡史中最有意思的就是在智人出現後，我們在自然選擇之外又出現了另一種進化方式——也即通過個體、集體共同傳承的文化進化過程。然而，人類的文化進化也是通過人的大腦來進行的，而這個大腦正是達爾文自然選擇設計的產物，所以這兩者帶有先天性的矛盾。

我想像 2500 年前，釋迦牟尼也可能是在極其偶然的情況下發現了冥修，發現通過冥修這種實踐可以讓人的文化意識去觀察、理解、從而最終征服人的生物意識。換句話說，冥修可以使作為人的一部分的大腦，超越人自身的動物性限制，去了解人的全部，了解與人相關的社會和宇宙。這一發現無論是在當時還是現在都堪稱偉大。書中，賴特教授用大量現代、當代的腦科學、進化心理學的實驗和知識為這一發現提供科學印證。這裏面最重要的一點就是自我認知。

自然選擇設計的大腦讓我們永遠處於一種不滿足的狀態，只有不滿足，才能讓我們更多產。但這種不滿足的狀態很難和人在文化進化上的追求相容，比如說對「幸福感」和「意義」的追求。這就是人永久性的不滿足、痛苦的來源，人身上「動物性」、「人性」和「神性」三者矛盾的來源。

與此相關的另一個重要問題是人的自我意識和自我控制。理性的人總是希望能完全控制自己，自己做自己的 CEO，但是現代科學告訴我們這其實是一種錯覺。當我們用理性思考的時候，我們實際上是在「理性化」。合理性（Rationality）實際上是合理化作用（Rationalization）。依據現代科學對大腦的認識，大腦其實是一個模塊化運行的系統，應對不同的環境有一套不同的方案，啟動這些不同模塊的方式是通過感情。所以當我們認為自己在理性思考時，實際上是通過感情在思考，也就是說人從根本上來說是感情動物。啟動這些感情的是不同的生存狀態、不同的環境。這些感情的核心是「以自我為核心、以自身利益為核心來衡量其他一切」。這種思維必然會劃分敵我、零合，在文化進化的過程中有時會給自己和他人帶來無窮的痛苦。這些在佛學中都有很具體的闡述，現代科學也進一步印證了為甚麼人的思維是這樣設計的，核心在於大腦是自然選擇設計的機器。作為自然設計的大物種——人，我們的大腦有幾億年進化歷史，非常發達。而同時人的社會屬性也非常發達，智人出現以後，我們開啟了文化進化，慢慢開始和我們自身與生俱來的生物進化發生了根本性的矛盾。我們的追求不再止於慾望、享樂、傳代，而是更渴望一種持久的和平、持久的幸福，開始追求對他人、集體的責任，對道德、意義有了更多追求，和純生物的自我發生了根本性的矛盾。

關於人類的文化進化，我在本書上篇中作了系統的梳理。我把文明進化的歷史劃分為三個主要階段：第一個階段是人類在五萬年前出走非洲，遍佈全球；第二個階段是約一萬年前農業文明的出現；第三個階段是幾百年前出現的以現代科技為主導的科技文明。這三次文明的大飛躍讓我們與動物祖先的生存方式拉開了巨大距離，讓我們實實在在地成為了地球和其他動物的主宰者。

為適應文明的躍升，從精神層面來說，人類的認知也有兩次大的飛躍。第一次飛躍發生在2500年前左右，也就是「軸心時代」，從希臘的哲學家，到中東的希伯來先知、中國的諸子百家、印度的釋迦牟尼，這些先哲們不約而同地對人本身的人性和神性、人生存的意義、道德的規範開始了一次集體性的大反思，反思個體和羣體的生存狀態；反思人和自然的關係；反思社會的結構、生存的意義、道德的規範，提出了一系列細節不同然而大方向又相似的答案。這些反思無論在當時還是現今都對全人類產生了深遠的影響。

第二次飛躍發生在500年前左右，現代科學的出現後，人們用比較可靠的、實證的方法積累起客觀世界和人自身的許多可靠的、可被反覆證明的、也可用來預測的知識。這次革命及隨後的技術革命將人類認知提升到一種前所未有的階段。而這次認知革命也對第一次軸心時代中的許多結論、權威提出了根本性的挑戰和質疑。比如對一元宗教的破壞尤為顯著。一元宗教中關於上帝的基本假說不僅沒有得到科學的印證，而且教會的許多具體教義甚至已被科學證偽。與此相反，佛學中的很多洞見卻不斷被現代科學所印證。所以越來越多的現代人，在佛學中看到了重新塑造人的道德體系和意義的可能性。

人類集體進化的成果非常璀璨，但由於文化無法通過基因遺傳，所以個體在這種集體進化的過程中，一直很難和整體文明的成就建立起直接聯繫，而要通過漫長的教育等方式來實現。但即使是漫長的教育到最後也僅能使人知其一二，所以現代人常常有一種被巨大的歷史洪流裹挾着向前走的感覺，像一顆不能自己控制自己的小小螺絲釘。馬克思把這種感覺定義為人的「異化」(Alienation)。軸心時代所建立起來的「安身立命」的哲學在現代科學中逐漸被摧毀，所以我們在現代社會中對「意義」的追求一直沒有着落。如今全球化的過程中，隨着人工智能的出現和發展，我們建設文明的「硬」能力越來越強大，但是對文明的內涵、意義的「軟」理解卻不匹配。這就是為甚麼佛學的科學化對現代人尤其有意義，也是為甚麼我認為賴特教授的這本書特別有意義。這本書用科學的方法印證了佛學中一些基本的洞見，某種程度上來説開啟了佛學的科學化和現代化。

那麼科學化的佛學如何幫助「異化」中的現代人呢？書中也提到一個很有意思的例子，就是人的自我控制。人的大腦是各種模塊組成的，這些模塊是在數億年漫長的進化過程中一點一點建立起來的。人的大腦對不同狀況和環境有着不同的反應。啟動這些模塊反應的是人的感情。這些感情就和人的肌肉一樣，可以不斷被強化，也可以被弱化。這種強化和弱化主要是通過一種賞罰機制來進行的。絕大部分時間，人的大腦是處於一種「自動駕駛」狀態，我們對事物的反應其實和條件反射沒有太大差別 —— 自然選擇設計的大腦就是這麼有意思。所謂的思想，其實就是思想自己在想自己，我們的行為歸根到底是通過感情來控制的，並不以自己真正的意志為轉移。人到底如何才能成為自己真正的主人？佛學中提供了一種重要的實踐方法，就是冥修。在冥修的過程中，人可以通過強化或弱化賞罰機制，有意識地切斷一些從「感覺」到「思維模塊」再到「行動」的傳導機制，也就是說將自然選擇所設計的大腦重新設計一遍，這就是文化進化和自然進化真正不同之處。文化進化一方面通過學習的方式，另一方面也可以通過冥修，在一代人中就能夠實現進化方式的改變。今天在實踐中，糾正各類成癮行為（酒、毒品、性等）的機構大量採用冥修及依照冥修原則設計的心理輔導方法，被證明卓有成效。

過去的幾十年中，西方越來越多的學者、知識分子開始信奉佛學，這些人中大多數之前是一元宗教的信奉者，羅伯特•賴特本人也曾是基督教信徒，其他還有一些猶太教信徒等。因此，西藏佛學今天在西方擁有崇高的地位。正因為得到了科學的印證，佛學更有可能為現代文明塑造道德的基礎。第一次和第二次人類認知的大躍進都指向了一些永恆的理念，即真、善和美。被現代科學所印證的佛學最早期的洞見指出了人的基本生存狀況的真相，在這個真相基礎之上提出來的道德主張就更有可能形成現代社會可靠的道德基礎，也即善。有了真和善之後，我們對世界的美就會有全新的認識。這就是為甚麼這本書對現代人有特別的意義。

廣義來說，人是自然進化和文化進化的產物。我猜想人身上有大約七八分的動物性，兩分的人性，再加半分神性。文化進化的意義在於讓人凸顯人性、擴大神性和限制動物性。據我觀察，人類文化進化史上最偉大的制度創新都是把這三種特性統一、調和的結果。比如說中國的科舉制，以及現代自由市場經濟制度都是如此。以現代市場經濟為例，它就是利用了人的動物性中永不滿足的特點，結合了科技的不斷發展，從而提供了經濟無限增長的可能性，最大限度發揮了自然選擇中人類「多產」的一面。而我們在對這一機制洞察的基礎上，所創造的分配制就帶有更多道德、也即人性的色彩。科舉制度也是如此，利用了人對權力追求的永不滿足，給大家創造了機會的平等，以學識能力公平分配權力，盡可能滿足社會中所有人的共同利益。

此外我還想提一下與本書相關的另兩本書，雖然沒有進入我的「年度書評」名單，但也是今年非常不錯的兩本書，且和佛學多少有些聯繫。其一是尤瓦爾•赫拉利（Yuval N. Harari）今年的新作《未來簡史》（*Homo Deus: A Brief History of Tomorrow*）。尤瓦爾本人是一位虔誠的冥修實踐者。我在和他的交談過程中注意到他的隨行人員中有一位是他的冥修導師，而且是他身邊固定核心成員之一。他有很長的冥修實踐歷史，而且每次冥修是長達一個月的靜修（Silent Meditation）。他告訴我這種冥修的實踐對他的思考和寫作幫助極大。他的《未來簡史》和《人類簡史》（*Sapiens: A Brief History of Humankind*）都是從人類作為一個物種的角度來闡述文化進化的歷史，從這一全新角度出發，這兩本書讀來都饒有趣味。佛學，尤其是科學化的佛學在他的思考中起到了非常重要的作用。

第二本書是橋水基金創建人瑞•達利歐（Ray Dalio）的《原則》（*Principles*）。這本書主要是將他在過去四十年建立橋水基金過程中形成的一些行之有效的基本準則記錄下來，與讀者分享。瑞•達利歐本人也有四十多年的冥修實踐歷史，並在採訪中把冥修看作是他商業成功的最大推手。這本書基本可以看作是科學化的佛學應用於宏觀投資、資產管理公司創建的一個實例。他的這些原則中充滿了科學化佛學對於人性根本認知的洞見。

二、《偉大的中國工業革命》

今年要推薦的第二本書是清華大學文一教授寫的《偉大的中國工業革命》。眾所周知，工業革命帶來的變化是無與倫比的，但它的分佈卻很不平衡，目前為止只發生在英國、西歐、美國和少數幾個亞洲國家。實現了工業革命和未實現工業革命的國家之間有天壤之別。為甚麼有些國家實現了工業革命，有些國家沒有實現？如何在一個貧窮落後的國家引爆工業革命？

自鴉片戰爭以後，中國至少經歷了四次嘗試引爆工業革命的努力。第一次是洋務運動，第二次是辛亥革命，第三次是毛時代包括大躍進等一系列工業化運動，第四次是鄧小平開啟的改革開放。前三次均以失敗告終，最後一次卻意外地引爆了持續四十年（到明年正好是四十年）的大規模工業革命，獲得了巨大成功。這一巨大的成功自然引起了人們的廣泛關注與疑問。如何能在一個貧窮落後的國家引爆工業革命？中國這第四次工業革命的嘗試為甚麼能如此成功？中國以後的成功和崛起是否不可阻擋？中國的成功對其他國家有甚麼啟示？回答這些問題，正是本書的核心要義。

解讀這些問題之所以困難，最根本的原因在於，我們迄今為止對工業革命在其他國家的成功、對工業革命為甚麼首先發生於英國沒有一個共識。正因為還無法真正解讀這些已經成功的案例，所以對新案例的解釋就更為無力和匱乏。現有的各種理論不足以解釋已經發生的歷史，也就更無法預測未來。今天，無論在西方還是中國，對中國工業革命的成功仍存在着各種誤讀疑惑，對中國未來的崛起也不太確定。而這本書的意義在於，它從歷史的角度重新解讀了引爆英國工業革命的真正原因，再以英國的歷史對照中國工業革命的嘗試，以此來解讀為甚麼中國正在發生的工業革命事實上已成功且未來勢不可擋。這是此書最獨特的洞見和貢獻。

這本書在講述英國工業革命歷史中，提出的一個最重要的概念就是「原始農村工業化」，也即工業革命前的英國農村手工業市場化。在英國，這一過程大約持續了一兩百年。這一時期始於新大陸被發現之後，英國在北美建立了殖民地，形成一個非常繁盛的跨大西洋的貿易圈（也就是我在本書上篇中提到的「大西洋經濟」）。這種大西洋經濟把英國農村的剩餘勞動力真正組織起來，形成一種小規模的、以手工作坊為主要形式的、以自由市場原則組織起來的跨全球貿易體系。這種組織解決了農業文明時代最根本的限制，也就是馬爾薩斯人口陷阱。在農業文明時代，當土地有更多產出的時候，人們就開始生產更多人口，在土地總量不增加的情況下，這些人口很快就超過了土地產出的限制。最後不得不用各種各樣的危機和災難來填平這種陷阱，這是一個周而復始的過程。歐洲因為發現了新大陸，在保持糧食產出的前提下，讓新生的人口開始有了新的職業，用原始工業加上貿易，和新大陸完全聯繫在一起。新大陸的面積非常巨大，比英國加上歐洲大陸，再加上英國殖民地（還包括印度、北美、非洲等）還要大。所以剩餘勞動力就以貿易和商業的方式被組織起來了。此外，當時的英國政府也是典型的重商主義政府，以商業為導向把整個社會強力地組織在一起。

在原始工業貿易的激發下，技術的進一步發展如同星火燎原。工業革命的核心特點就是大規模、高效率、集體化的生產、分工、合作，以此迅速降低工業品的成本，進而又極大刺激了消費，互相應對，互相促進，最後形成了巨大、快速的良性循環。在英國，引發這個巨大良性循環的產品就是紡織品，因為紡織品具有最大的消費需求彈性。英國能夠實現紡織品的大規模生產，原因是這時英國已經通過殖民主義、奴隸制、重商主義形成了跨全球的共同市場。棉花從美國南部奴隸莊園和印度的棉花田採摘，又因為珍妮紡織機、蒸汽機的發明，在英國實現大規模快速生產，成本大規模降低，並且國內已經形成大規模的統一市場，這個市場又延伸到北美和其所有的殖民地包括印度。政府和商人結合在一起，進行對全球統一市場的管理，同時國內的人口又被大規模組織起來，可以進入工廠，提供源源不斷的勞動力。工廠獲得的收入又能返回到產品的開發、升級、銷售，由此引爆了第一次工業革命。第一次工業革命在全球被迅速鋪開之後，通過殖民主義、重商主義，英國工業在全球建立了巨大市場，很快又產生了對第二次工業革命的需求。第二次工業革命實際上就是為了生產第一次工業革命所需要的機器、運輸工具、基礎設施、動力設備等而生。這些需求之間又互相引爆各種產業革命，其中包括化工、機器製造、遠洋航行、火車、石化資源利用等等。各種技術形成了一種自我驅動的機制，一直發展到今天的信息革命。這就是英國工業革命的歷程。

那麼，回頭看中國，文一教授最有洞見的地方，是他把中國在改革開放初期的鄉鎮企業改革，和在英國持續了上百年的原始農村工業化相互對照。1949 年後，共產黨一直試圖把中國農村組織起來。中國革命的成功，主要依靠組織農村的力量，所以毛澤東也一直希望在農村真正地建立工業根基。但這次嘗試失敗了，原因在於雖然他把農民組織起來了，但他卻不相信市場機制。在 70 年代末改革開放初期，中國實際上已經有 150 多萬個鄉鎮企業，但它們並不是以市場的方式組織起來的，它們的生產方式還是計劃經濟，是憑票據供應的方式。這種方式造成的直接後果就是所謂的短缺經濟——低效的生產遠遠不能滿足社會需求。到了鄧小平改革時代的第一個十年（1978−1988 年），改革的核心動力是鄉鎮企業在市場機制下的大規模發展。這種發展實際上正好對應了英國原始農村工業發展的過程。在這個過程中，鄉鎮企業從 150 萬個發展到將近 2000 萬個。中國由此形成了一個巨大、統一的國內自由市場，輕工業、手工作坊式的鄉鎮企業因為滿足了短缺經濟產生的巨大需求而迅速崛起，一下子在全國形成了以市場機制為基礎聯合起來的廣大的市場。全國性的市場機制，不僅使糧食生產得以保障，同時也把農村中剩餘勞動力真正以市場的方式組織起來。

中國下一步走的路和英國的工業革命一模一樣。從改革，到開放，中國開始全方位介入全球經濟的運行。而讓中國工業騰飛的第一個產品和英國一樣，也是紡織品。中國也是在紡織品上迅速進行了第一次工業革命。在已經有全國統一市場的基礎上，大量的農村剩餘人口進入到工業領域，而且中國政府也和英國政府一樣，是重商型政府，傾盡一切能力來拓展國內和國際市場，把技術從國外引進，把工業在國內建立起來。銷售的產品不僅實現國內的全方位覆蓋，而且遍佈全球市場。所以在改革開放第二個十年內，中國實現了第一次工業革命。結果也是一樣，很短時間內，中國就因為其體量成為了全球最大的紡織品市場，也成為了全球最大的紡織品出口國，而且從那以後一直是全球最大的紡織品製造、消費及出口國。紡織品革命出現之後，又帶動了以紡織品為代表的第一次工業革命發展自生自發的需求，即對於機器的需求、對於交通基礎設施的需求、對於基礎動力、重化工、煤炭、電力的需求，基於上述需求第二次工業革命由此開始。因為這兩次工業革命，中國經濟開始進入自發的、循環的、不斷自我強化的增長過程，就像英美一樣，這一過程一旦開始，就無法停止，以此開啟了長達四十年的高速、複合增長經濟奇跡。讓中國也因此具備了科技文明國家的基本經濟特徵：持續、複合增長。

以此為基礎，作者同時也回答了幾個相關的問題，例如，為甚麼中國的前三次工業革命實踐沒有成功？清朝的洋務運動基本上是一種自上而下的改革實踐，缺乏社會基層組織，工業項目就是政府拍腦袋做出的決定，沒有形成一個真正的市場機制；辛亥革命時代，農民也沒有真正被組織起來；毛時代，農民被組織起來了，而且可以進入到工業領域中，但是毛不相信市場的力量。直到鄧小平的改革開放，農村剩餘勞動力不僅被組織起來，而且是以市場的方式被組織起來，在全國形成了統一的市場機制，有幾千萬、上億的勞動力，參與到了國內和國際的市場競爭之中。這是他對四次中國工業革命嘗試的比較。另一個相關問題是為甚麼最早工業革命沒有在荷蘭發生，沒有在中國、印度發生？在近代之前，中國和印度政府基本不重商，也不重視市場。荷蘭政府非常重商，但一直沒有紡織業基礎，其專長的漁業、貿易等都沒有很大的消費彈性及規模化效應，不足以引爆工業化革命——工業化革命必須要有一種需求彈性很大的產品來點燃，大規模的生產能夠帶來大規模的成本下降。

但是無論以甚麼樣的產品進行行業引爆，工業革命發生最根本的前提是有一個足夠大的市場。關於自由市場，他提出另外一個有洞見的看法，自由市場，其實既不自由也不免費，而是一個非常昂貴的公共品，必須要有一個強有力的重商主義政府花大力氣、大代價去建設。在此基礎上他也批評了今天西方關於工業革命的最主流的基本解讀，也就是「華盛頓共識」，認為現代工業的形成必須要有自由市場機制、非政府干預、民主和法治的保障，沒有掠奪性的腐敗制度等等。而這些共識在他看來，都和英國的歷史實踐相悖，是因果倒置。這些都是西方後工業化社會發展到今天的結果，而非原因。按照這種理論來解讀中國，是西方一再對中國錯誤預判的主要原因。

文一教授通過對西方歷史的重新梳理，分析中國工業革命成功的原因，並據此預言中國未來持續的經濟發展不可阻擋，同時他認為中國經驗也同樣適用於其他希望引爆工業革命的發展中國家。從這個意義上來說，本書的洞見具有原創性，意義非凡。

明年就是中國改革開放四十週年，中國經濟發展的成績舉世驚歎，但關於它的成因及未來發展無論是在中國還是在世界範圍內，都存有廣泛爭議。近年來，越來越多的中外學者開始在這一領域耕耘，以我粗淺的非專業眼光看來，楊小凱、林毅夫、周其仁、許小年、史正富、文一等諸先生都有富有創見的貢獻，值得認真學習。但這個題目實在是太大，對全球的影響也實在是太過深遠，因此全方位的解讀還有很長的路要走。

三、2017 年的感悟

最後在這裏和大家分享一些 2017 年的感悟，正好也與這兩本書中所談問題相關。我從事投資到今年正好是第二十五年，我創立和管理的喜馬拉雅投資基金到 2017 年也剛好走完了第一個二十週年。投資行業是對於不確定的未來的預測，對真實的理解和追求，理性的思維和決策正是我工作中最核心的內涵。也正因此，我在二十幾年的投資實踐中能更加深刻體會到人類認知的先天缺陷，自然選擇所設計的大腦本身，對於理解文化進化現實存在根本矛盾和局限。我們認知上的很多問題，絕大部分是因為大腦是自然選擇設計出來的機器，而我們要理解的現實卻是文化進化的產物。這兩者的根本矛盾，造成了我們對世界認識的不清晰和看問題的模糊，進而導致我們一系列錯誤的決策。在投資領域內，錯誤的決策常常會導致災難性的後果。出於這個原因，我對理性思維的重要性，以及獲得智慧的困難程度都有感同身受的體驗。

以對中國的看法為例，中國正在發生的事情是一場宏大的歷史運動，它既是近代500年歷史，尤其是西方近代工業革命歷史的延續，又和其自身5000年的歷史契合。其中的複雜性絕不是任何個人以一己之力能夠輕易理解的。置身其中，我們每個人實際上都如同瞎子摸象。而且，因為我們每個人都是感情體驗動物，所以摸的部位不同，所觸摸出的結論，和對這些結論的確信程度又有不同。加之中國近百年來一直在動盪的大歷史中跌宕起伏，自然會給每一個觀察者都留下強烈的感情傾向。把我們每一個個體的「瞎子」所得出的觸摸印象匯總到一起，應該能得出對大象更為客觀的看法。但因為我們每個人都因個人情感強烈地堅持自己的局部印象，往往不能跳出個人經驗而觀全局。以我為例，我一直能夠感覺到我早年和青年時代的經歷強烈地影響着我對中國的觀察和理解，拒絕他人視角，有時甚至到了畫地為牢的境地。在現實中，我觀察到只有很少人能夠衝破個人經驗的藩籬而進行客觀理性的思考。

中國之於西方觀察者也同樣如此，對不了解的複雜事物，人們傾向套用意識形態和歷史經驗來解讀，而恰好西方的意識形態和歷史經驗都和中國不同，因此也很難真正客觀看待中國的現實。

自然選擇設計出的大腦，雖然在絕大多數情況下不能適應文化進化的成果，但是自然選擇也給我們留下了改進的空間。2500年前，釋迦牟尼發現了冥修，孔子發現了理性思維，這些偉大的發現，無論在過去還是現在，都讓我們對未來充滿信心。芒格先生認為獲取智慧是人類的道德責任，對此，我深以為然。以我個人經驗為例，如果不能不斷修正自己的錯誤，不斷學習進步，絕不會走到今天。過去二十五年，我的投資從「撿煙屁股」的方法到投資偉大的公司，從投資北美到專注亞洲、中國，這中間的每一步都是不斷糾錯的結果。我管理基金的資產從最初的幾百萬到現在已近100億美元，收益增長50多倍，這其中真正驅動投資回報複合增長的正是知識和思考力的複合增長。只有思考力的增長速度超過資金增長速度，投資資金才會安全有效。希望我個人在這方面的經驗和努力，也能被那些致力於提升思考力的朋友，尤其是年輕朋友有所借鑒。如是，我會深感欣慰。

2017年12月

中國經濟未來可期

——2019年年度書評及感悟

今年我想給大家推薦的書是辜朝明先生所寫的《大衰退年代：宏觀經濟學的另一半與全球化的宿命》。

這本書討論的全都是當今世界最大的問題。第一，貨幣政策。基本上今天所有的主要經濟體，如日本、美國、歐洲、中國都在大規模地超發貨幣。基礎貨幣的超發現在已經達到了天文數字，造成了全世界範圍內的低利率、零利率甚至在歐元區出現的負利率，這些現象以前在歷史上從未發生過。同時，貨幣增發對經濟增長的貢獻又微乎其微，除了美國之外，主要發達國家的經濟基本都是微增長或是零增長。這種局面造成的另一個結果就是各國的債務水平相對於GDP的倍數越來越高，同時所有的資產價格，從股票到債券，甚至房地產，都處在歷史的高點。這種非正常的貨幣現象到底會持續多久？會以何種方式結束？結束時對全球的資產價格又意味着甚麼？沒有人能夠回答這些問題，但是幾乎每個人的財富都與此密切相關。

第二，全球化。過去幾十年的全球化，讓處在不同發展階段的國家的命運緊密地聯繫在一起，但是全球貿易和全球資本流動又和各國自己獨立行使的貨幣政策、財政政策是互相分離的。所以全球化和全球資本流動與各國自己的經濟政策和國內政策形成了相當大的衝突，也讓國家之間的關係日益緊張。比如現在我們看到的日益加劇的中美貿易衝突，比如全球許多國家、地區內部的不穩定，從香港到巴黎，再到智利，各個地方的街頭政治日益激烈。同時在這些國家內部，極左和極右的政治勢力逐漸取代了中間力量，讓整個世界都變得更加不確定。在這種情況下，未來全球的貿易和資本流動會是何種狀況，也沒有人能預知。

第三，在這樣的國際環境下，各個國家的宏觀經濟政策、財政政策應該如何應對？處在不同發展階段的不同國家的政策應該有甚麼樣的不同？

三個問題涉及的都是當今世界的頭等大事。能回答其中任何一個問題的理論，大概都是值得尊重的學術成就，而同時回答三個問題幾乎是個不可能完成的任務。辜朝明在這本書中，確實提供了一個比較令人信服的視角，提出了一些基本的概念和內部邏輯完整的理論框架，在這三個問題上雖然不能說給出答案，但都至少給了我們非常重要的啟發。無論你對他的理論同意與否，都值得深思。

現在說說作者辜朝明。他是野村證券研究院首席經濟學家，在過去三十年對日本政府有廣泛影響。我第一次聽到他大概是十幾年前，在日本的一次 YPO 國際會議上。他在會議上做了一個主旨演講，解釋當時日本所謂的「失去的十年」(當然現在已經是「失去的二十年」，甚至是「失去的三十年」了）。辜朝明解釋了日本泡沫破裂之後的現象，也就是經濟的零增長、貨幣超發、零利率、大規模政府赤字、債務高砌等經濟現象。對於這些現象，西方有着不同的解讀，但基本上都認為是日本宏觀經濟政策的失敗所導致的。但是辜朝明第一次給出了另一個完全相反但又比較令人信服的解讀。他提出了一個自己獨特的經濟學上的新概念——資產負債表衰退。他把當時日本的經濟衰退，歸結為在資產泡沫破裂後，由於私人部門（企業與家庭）資產負債表從急劇膨脹到急劇衰落所引起的經濟大衰退。在資產負債表引起的經濟大衰退中，他提出了一個最獨特的看法，就是整個私人部門的目標已經發生了根本性變化，不再是為了追求利潤的最大化，而是追求負債的最小化。所以這個時候，無論貨幣的發行量有多大，私人部門和個人拿到了錢第一件事不是去投資和擴張，而是去償付債務。因為當時資產價格的急劇下降，讓整個私人部門和家庭其實都處在一個技術性破產的狀態下，所以他們要做的事情，他們修補資產負債表的方式，就是不斷地去儲蓄、去還債。這種情況下，經濟必然會引起大規模的萎縮。這種萎縮就像 30 年代美國的經濟危機一樣，因為經濟一旦開始萎縮，它就會有一種自發性的螺旋式的加速進行的機制。在 30 年代大蕭條時期，短短的幾年內，整個美國經濟萎縮了將近 46%。

日本政府採取的辦法就是大規模地發行貨幣，然後通過政府大規模的借債，直接投資基礎設施來消化居民大規模的儲蓄。通過這種方法，日本在十幾年裏讓經濟維持在同一水平。經濟雖然是零增長，但也沒有發生衰退。在辜朝明看來，這是唯一正確的宏觀經濟政策選擇。日本經濟也因此沒有經歷像美國 30 年代那樣的大規模的、高達 46% 的縮減，同時又給了私營部門足夠的時間去慢慢修補資產負債表。所以到了今天，私營部門和家庭開始恢復到正常，當然代價就是政府的資產負債表的嚴重受傷，日本政府的債務今天是全球最高的。但是它相對於其他選擇，仍然是一個最好的政策選擇。這是當時我聽到的關於日本的最與眾不同的一種解讀。此後對日本經濟的觀察在某種程度上也印證了他的想法。

西方對於日本的政策一直持批評態度，直到 2008–2009 年這次西方經濟大衰退之後，才對日本的態度發生了變化。因為 2008–2009 年之後，整個西方一下子進入到和日本在 80 年代末遇到的大泡沫破裂之後非常相近的情況。這個時候，西方主要的資產也開始急劇貶值，整個私營部門陷入了技術性破產，所以後來的情況也都非常相似。主要西方國家不約而同採取的政策都是大規模地超發貨幣。這時影響西方央行的主要經驗是 30 年代的大蕭條。在總結 30 年代對待經濟大危機政策的時候，經濟學界主要的結論是以弗里德曼（Milton Friedman）的觀點為主，認為貨幣政策發生了根本性的錯誤。2008 年時的美聯儲主席伯南克（Ben Bernanke）是這一觀點的堅決支持者。他甚至認為在極端情況下，可以從直升機上直接撒鈔票。所以在應對 2008 年危機時，西方國家開始進行了大規模的貨幣超發。但是與預期不同的是，貨幣超發的結果並沒有帶來經濟增長的迅速恢復。這些大量超發的貨幣其實被私營部門重新儲蓄下來，用於償還債務了，所以經濟增長依舊乏力。除了美國有部分少量的經濟增長之外，歐元區經濟基本上仍處在零增長的邊緣。

對此，政府的第一反應仍然是加大貨幣的增發，為此各國央行甚至發明了從未被使用過的量化寬鬆 (QE)。傳統上央行通過調節準備金 (基礎貨幣最重要的部分) 來調節貨幣供給。在實行 QE 後，美聯儲創造的超額準備金達到了法定準備金的 12.5 倍。在隨後，西方主要央行紛紛跟隨使用 QE 之後，相應的倍數分別達到了歐元區 9.6 倍，英國 15.3 倍，瑞士 30.5 倍，日本 32.5 倍！也就是說，在正常經濟情況下，如果私人部門可以有效使用這些新增貨幣，通貨膨脹可以達到同樣的倍數 (比如美國 1250%)。或者說如果這些貨幣進入資產投資，可以讓資產價格急劇上升數倍至泡沫水平，亦或是強烈刺激 GDP 增長。

但是實際的情況是經濟仍然只是微弱增長，部分資產價格逐漸上升，這一政策造成的最大後果是接近零利率，甚至在歐元區造成了今天大概 15 萬億美元的負利率。這讓整個資本主義市場機制的根本性假設發生了動搖，而與此同時，卻沒有帶來所預想的經濟增長。此時，整個歐洲的現象就開始和當初的日本越來越像。大家開始重新思考日本的經驗。辜朝明對於日本的總結、日本在財政政策上的做法重新引起了西方主要國家的興趣。

辜朝明用了一個比較簡單的框架來解釋這些現象。他說依據經濟中的儲蓄與投資行為，一個經濟總會處在下述四種情況中的一種，如表 7 所示。

表 7　經濟中的儲蓄與投資行為分析

	借款人 / 投資人	儲蓄者
第一種情況 （經濟正常增長）	有	有
第二種情況 （一般的經濟危機）	有	無
第三種情況 （日本 90 年代）	無	有
第四種情況 （2008－2009 年， 及 1929 年的美國）	無	無

正常情況下，一個經濟體中應該既有人儲蓄，也有人借款投資。這樣經濟處在一個比較正向的增長的狀態。當一般的經濟危機到來的時候，儲蓄者沒錢了，但是還有借款人（投資人），還有投資機會，這種情況下，央行作為最後的貨幣提供者就非常重要。這就是 30 年代大蕭條的重要結論，就是央行作為最後的出借人，是最後的資金提供者。由它來提供資金，然後貸給私人部門。

但是，大家沒有想到的是以前沒有出現過的第三種、第四種情況，也就是當借款人（投資人）缺失的情況下經濟會是甚麼情況？比如說在日本，有儲蓄者，但是在過去這幾十年裏，私營部門沒有動力去借款投資，這種情況應該怎麼辦？到了 2008－2009 年，整個西方的情況是既沒有儲蓄者，也沒有借款人，儲蓄者本身在危機發生時就沒有了，在美國基本沒有儲蓄，資產又大規模地下降，所以私人部門基本都處在技術性破產的情況下。同時，在歐洲基本上也沒有投資機會，做了幾輪 QE 之後，基礎貨幣大規模超發，仍然沒有人願意去投資，經濟中沒有投資機會。人們拿到錢之後又以負利率的形式反交給銀行。這種情況以前從未發生過。

辜朝明的基本研究框架的主要貢獻是第三種和第四種情況，也即借款人缺失的情況下的一些現象。比如說日本，屬於第三種情況，有人儲蓄，但是沒有人借款。這種情況下，他認為政府必須要承擔最終借款人的責任，通過財政政策，由政府直接投資。因為如果不這麼做，私營部門不願意去做借款人，經濟就會開始萎縮，而一旦經濟開始萎縮，它本身會有一種螺旋、加速的機制。這種加速甚至能導致經濟減半，大規模失業，引起的社會後果不堪設想。我們知道在 30 年代希特勒上台、日本軍國主義復活都和當時的經濟大蕭條直接相關。

第四種情況就是 2008−2009 年發生的情況，既沒有儲蓄者，也沒有借款人。此時，政府應該既充當最後的資金提供者的角色，同時也要充當最終借款人的角色。對美國來說，2008−2009 年時它一方面通過央行超發貨幣，一方面財政部通過 TARP 法案，給所有系統性重要商業及投資銀行直接注資，這樣同時解決了儲蓄及投資人雙缺失的問題，穩住了經濟。而西歐直到今天可能還處於第三種甚至是第四種情況，既沒有儲蓄者，也沒有借款人，而又因為歐元區本身的限制，歐洲只可以使用貨幣政策，歐元合約限制了歐洲尤其是南歐國家使用財政政策擴大內需，這種限制將來可能會造成災難性的後果。

辜朝明用以上框架分析了今天世界面臨的獨特的經濟現象（第三種和第四種情況），對於目前發達國家的經濟政策也提出了自己的一些看法。

接下來他還考慮了這個問題：為甚麼西歐和美國都走向了資產泡沫？而且又在資產泡沫破裂後都沒有找到增長的途徑（除了美國還有比較微弱的增長）？為了回答這個問題，他在書中提出了我認為是第二個比較獨特的視角。這個視角對於今天的中國尤為有意義。他提出了經濟發展在全球化貿易的背景下有三個不同的階段。

首先我們先介紹一下在發展經濟學中一個重要的概念——劉易斯拐點。在城鎮工業化早期，農村的剩餘勞動人口不斷被吸引到城市工業中，但是隨着工業發展到一定的規模之後，農村剩餘勞動人口從過剩變到短缺，經濟進入全員就業的狀態。這個拐點就被稱為劉易斯拐點。這一觀察最早由英國經濟學家威廉•阿瑟•劉易斯（W. Arthur Lewis）在 50 年代提出。第一個階段是劉易斯拐點到來之前的早期城鎮工業化過程。第二個階段是經濟過了劉易斯拐點之後，社會進入到一個儲蓄、投資、消費交互增長的狀態，又被稱為黃金時代。第三個階段，也就是辜朝明提出的一個獨特階段，是在全球化背景下，經濟體在經過成熟發展期，進入到發達經濟階段後，會進入到被追趕階段。為甚麼會出現這種情況呢？因為在這個時期，國內的生產成本增加到一定水平後，在海外的其他發展中國家投資就變得更有優勢。早期時，在海外投資的優勢因為各種文化、制度上的障礙顯得不是很清晰，但當國內生產成本高到一定程度的時候，而且在其他國家建立起海外投資的一些基本能力之後，在海外的投資就變得比國內投資遠有益處。這時，資本就會停止在國內投資，國內工資也將開始停滯不前。

第一個階段中，也即劉易斯拐點到來之前的早期城鎮工業化過程中，資本擁有絕對的掌控力，勞工一般很難有定價權和討價還價的能力，因為農村裏有很多剩餘人口，找工作的人很多，企業自然就會剝削工人。

第二個階段，也就是過了劉易斯拐點之後，進入到經濟發展的成熟階段，這時候企業需要通過提高對生產設備的投資以提高產出，同時滿足僱員的需求，增加工資，改善工作環境和生產設備等等。在這個時期，因為勞動人口已經開始短缺，經濟發展會導致工資水平不斷上升，工資上升又引起消費水平上升，儲蓄水平和投資水平也會上升，這樣公司的利潤也會上升，形成了一個互相作用、向上的正向循環。這個階段中，幾乎社會中的每個人都能享受到經濟發展的成果，同時會形成一個以中產階級為主的消費社會，即使是教育程度不高的人，工資也在增長，社會各個階層的生活水平都在提高。所以這個階段也被稱為黃金時代。

到了第三個階段，社會開始出現分化。對於勞動力來說，只有那些技術含量比較高的工作，比如科學技術、金融、貿易、國際市場類會繼續得到很好的工作回報，那些教育程度比較低的傳統製造業工作的工資會逐漸下降。社會的貧富差距進一步擴大。國內的經濟、投資機會逐漸衰竭，投資機會被轉移到了海外。這時 GDP 增長主要依靠持續的科技創新。如果這方面能力比較強（如美國），GDP 仍會低速增長；如果創新能力不強，創新速度不快（如歐洲、日本），則本國經濟增長乏力，投資轉移到海外或非理性領域。

辜朝明認為西方社會大概在 70 年代進入到第三個階段，當時主要被日本和亞洲四小龍追趕。到了十幾年之後的 80 年代，中國開始進入到國際經濟循環中，日本也開始進入到被追趕階段。處在被追趕階段後，國內經濟增長機會急劇減少，經濟增長就比較容易進入到那些易形成泡沫的領域中，無論日本、美國還是西歐都是如此，資金先後進入到房地產、股市、債市及衍生證券中，造成了巨大的泡沫形成和之後的泡沫破裂。泡沫破裂之後，因為本身國內經濟增長機會仍然有限，增長的潛力仍然很少，所以私營部門一方面為了修補自己的資產負債表，另一方面也缺少投資機會，其經濟行為不再是以追求利潤最大化為主要目標，而是轉變為以追求債務最小化為主要目標。這樣，基於傳統經濟學理論的一些預測基本上都失靈了。

辜朝明指出，在經濟發展的不同階段，政府的宏觀政策會有不同的功用，因而需要使用不同的政策工具。這一看法對中國當前是最有啟發意義的。在早期工業化過程中，經濟增長主要是靠資本形成、製造業、出口等等。此時，政府的財政政策會發揮巨大的作用，政府能把有限的資源集中起來，投資到基礎設施、資源、出口相關服務等，這些都有助於新興國家迅速進入工業化狀態。幾乎所有國家在這一階段都採取了積極的政府扶持政策。進入到第二階段，經濟增長的主要動力是工資和消費的雙增長，因為這個時候社會已經全員就業，所以基本上任何一個部門、領域只要增加工資，其他部門和領域的工資必然也會發生剛性的增加。工資增加引發消費和儲蓄增加，而企業為增加產出會使用這些儲蓄增加設備投資，從而實現利潤增長，因而更加有能力以增加工資的方式吸引更多員工，如此反覆循環，呈現出一種正向、互相追趕式的增長。這種增長主要來自國內經濟的自發增長，此時起到決定意義的主要是處在市場前沿的企業家及個人、家庭的投資、消費行為，因為他們更能把握市場瞬息萬變的商機。所以這個時候最有效的是貨幣政策而非財政政策，因為財政政策和私人投資都來自於有限的儲蓄，而且財政政策用得不好還會造成和私營部門的投資互相衝突、互相競爭資源和機會。到了第三階段，也就是被追趕階段，財政政策又變得很重要。因為國內投資環境惡化，投資機會減少，私營部門因海外投資收益更高，而不願意投資國內，但國內仍然有很多儲蓄。此時由政府出面，例如像日本的這種方式，大規模進行社會投資，投資於基礎設施、基礎教育、基礎科研等等，雖然利潤不高，它可以彌補國內的私營部門投資不足，居民儲蓄過多而消費不足，這樣可以保障社會就業，維持 GDP 水平不進入螺旋式下跌，更加適合這一階段的經濟發展。反而貨幣政策在這一階段會常常失靈。

對宏觀政策使用方面的討論對中國現在的發展非常有意義。雖然不同觀察者提出的觀點不同，但大體上中國應該是在過去一些年中已經越過了劉易斯拐點，開始進入到成熟的經濟發展狀態。

我們看到過去十年裏工資水平、消費水平、儲蓄水平、投資水平都呈現出加速增長的趨勢。但是通常因為政府的慣性比較強，所以當經濟發展階段發生變化時，政策的制定和執行會有一個滯後效應，常常仍然停留在上一個發展階段的成功經驗中。這些宏觀政策和經濟發展階段錯位的現象在各個國家各個階段都有發生。比如說，在今天的西方，宏觀政策還是停留在黃金時代比較有效的貨幣政策，但從實際的結果來看，這些政策有效性很低，以至於到今天很多西方國家，尤其是歐洲和日本在貨幣超發、零利率甚至負利率的情況下，通貨膨脹率還仍然很低，經濟增長仍然極其緩慢，債務劇增。同樣地，當中國經濟已經開始進入到後劉易斯拐點的成熟階段後，政府還是比較側重於第一階段中的財政政策。我們在過去幾年中看到的關於經濟改革的一系列舉措，雖然說初衷是好的，是為了調整前一階段經濟工業化、製造業大發展帶來的存量問題，但在實際執行結果上造成了民營企業大規模的加速倒閉，客觀上形成了一定程度上的國進民退現象，最重要的是傷害了民營企業家的信心，因此也引起了一定程度上的動盪和消費者信心不足，減低了這一時期潛在的經濟增長水平。

今天中國的淨出口對 GDP 增長的貢獻已為負數，而消費貢獻了 70–80%，其中私人消費尤為重要，是今後中國經濟增長最根本的動力。在黃金時代中，最重要的是企業家和消費者個人。所有的政策的側重點、出發點都應該聚焦在如何增強企業家的信心，如何建立比較清廉、公正、規範的市場規則，如何減少政府對於經濟運行的權力，簡政放權，減輕稅務，減少負擔。從其他發達國家在黃金時代的經驗上看，貨幣政策在這一時期更為重要。

在第一階段中，中國主要的貨幣政策是間接金融的模式，幾乎是強制性的大規模儲蓄，然後由政府控制的銀行體系把資本大規模、低成本地導入到製造業、基礎設施、出口等國家戰略產業中，這一政策對於中國快速的工業化是成功的。第二階段中，一個主要的方向應該是如何讓整個社會的融資方向、方式能逐漸從上述體系中解放出來，從間接金融轉向直接金融，讓民營企業家、個人消費者能有機會成為主要的最終借款人。我們看到過去幾年中，已經開始出現這方面的鬆動，比如説藉助於金融科技，我們看到消費信貸已經有了初步的發展。當然長期來説，能不能把房地產抵押貸款做得更好，釋放二次再抵押貸款的潛能，都是很值得研究的問題。在金融中如何擴大直接金融的比例，加快註冊制，增強股市對民營企業融資的能力，債券市場、股權市場的建立等等，都是這一階段宏觀政策中最重要的工具。另外，政府的職能是否能從指導經濟轉到輔助、服務經濟，權力上進一步削減，也都是這一階段宏觀政策上最大的考驗。

過去這幾年，雖然一些宏觀政策的初衷都很好，但因其是行政手段，最終的實際結果不盡如人意。在很大意義上，這也提供了研究觀察這一階段經濟特徵的另一個視角和教訓。在第二個階段黃金發展期，有一些政策如果通過市場自發來調節，可能效果會更好。相反，人為的做法可能會揠苗助長。這些都是對於中國目前最重要的課題。

現在日本、西歐、美國等國家處於第三階段，而中國仍然處在第二階段，中國未來的增長潛力還是很大的。中國人均一萬美元的 GDP 水平，對於西方發達國家仍然具有成本優勢，而後面的其他新興發展中國家（如印度等）還沒有形成系統性的競爭優勢。中國可能在相當長一段時間內都會處在黃金發展的機遇期。今天中國人均 GDP 在一萬美元左右，但人均 GDP 達到兩萬美元的人口已經超過一億，主要分佈在東南沿海城市。其實中國從人均 GDP 一萬美元向兩萬美元的躍進，並不需要最先進的科技，只需要將東南沿海城市的生活水平、生活方式大規模向內陸傳播。這就是消費增長的動力，最主要的動力就是「鄰居效應」。別人的東西、別家的東西我也想要有，再加上電視、網絡等媒體傳播，把東南沿海一億人口的生活方式傳播到其他的十幾億人，就達到了人均 GDP 兩萬美元。今後若干年，中國的工資水平、儲蓄水平、投資水平和消費水平還會呈現相互追趕的、螺旋上升的狀態，處在一個互相促進的正向循環中，投資機會仍然非常豐富、優異。如果中國能夠學習西方國家在黃金時代的貨幣政策，對政府和市場的關係做一些調整，對釋放其經濟增長潛力將會大有益處。另一方面，西方尤其是西歐如果能學習日本（包括中國）的一些財政政策上的有益經驗，讓政府承擔更多最終借款人的角色，更大規模進入基礎設施、基礎教育、基礎科研的投資，則對西方發達國家在第三階段被追趕時期維繫經濟增長也會有好處。

在經濟發展的不同的階段採用不同的政策方式和工具，這本身對經濟學也是一個很大的貢獻。經濟學不是物理學，不存在一成不變的公式和定理，它必須要研究現實中不斷變化的經濟現象，提出適合這個時期的最重要的政策。所以從這個意義上來說，這本書中的理論框架對於經濟學研究本身是一個突破，一個有益的嘗試。

當然這本書要回答的這三個問題都是現今世界上最困難、也最重要的問題，不太可能有完美的解答。作者對日本的經驗了解比較深，書中的很多觀點也都以此為出發點，但日本的經驗是否真的適用於歐洲國家和美國，也有待商榷。量化寬鬆、貨幣超發、零利率及負利率、高資產價格、社會貧富不均、民粹政治崛起——這些主要由發達國家引發的國際現象仍會在相當長的時間裏困擾所有國家的政策制定者及普通民眾。對於中國而言，因為目前仍處於後劉易斯拐點的黃金發展期，而已經過了這一階段的西方及日本等發達國家為這一階段的經濟政策，尤其是貨幣政策留下了豐富的參照經驗。只要政策制定者能夠認清目前自身所處的階段，做出適當的調整，就有可能充分釋放黃金發展期巨大的經濟增長潛力。中國未來前途依然可期。

2019 年 11 月

見證 TED17 年

—— 寫在 TED 30 歲之際

2014 年是 TED 30 週年紀念，是我連續第 17 年參加 TED 會議，也是互聯網誕生 25 週年，和我來到美國的第 25 個年頭。在此時對過去做一點回顧，也算是順理成章。

先來說說 TED2014，近些年的會議每年都會有幾個傑出的演示。過去 TED 只是一個週末活動，我可以說幾乎每個演講都是精品。現在會議延長到一周，難免就會有一些不那麼符合 TED 水準的演講，但每年總還是會有幾個亮點可以體現會議真正的價值。

今年亮點之一是谷歌創始人拉里•佩奇（Larry Page）的演講。他有一個核心觀點：特別成功的公司，是那些敢於想像未來，並付出行動創造未來的公司。這聽上去是老生常談，但又確實是個真理。他實際上想說預測未來的最好方式就是創造它，這就是硅谷一直以來在做的事情。在佩奇提到的眾多谷歌「未來項目」中，安卓就是其中一例。這個項目最初看上去和它掙錢的主業沒有關係，但恰恰體現了谷歌公司的真正風格。谷歌從來就沒想把自己局限於搜索引擎，它的口號是「組織全球信息」。谷歌的眼光遠遠不限於當下，而是投向未來，它們想成為定義未來的公司，並為創造未來作出貢獻。當觸屏技術出現時，安卓這個項目的重要性就顯示出來了，今天安卓系統佔據了 80% 的智能手機端，而且比重還會繼續增加，絕非偶然。這個項目仍然一分錢不掙，事實上谷歌成立前十年都沒掙甚麼錢，掙錢不是他們考慮問題的唯一方式。佩奇還演示了他們正在做的其他幾個項目，比如一個讓偏遠貧窮地區有網絡覆蓋的慈善項目。用成本很低的熱氣球組成空中多通交叉網絡，再和衛星信號連接，以此就能在本來沒有任何通訊連接的地方覆蓋互聯網。每個熱氣球幾乎不花甚麼錢，衛星信號已經在那裏了，這個項目是以很低的成本讓原本沒有通訊網絡的地區也和世界聯結了起來。我很佩服佩奇。

另外一個亮點是由麻省理工學院媒體實驗室的休•赫爾（Hugh Herr）教授展示的一項仿生學技術。赫爾教授本人做過雙腿截肢手術，演講時戴着義肢在台上走來走去，但是我覺得看上去非常自然，原來他的假肢使用的是現在最先進的仿生學技術，這些機器可以直接從肌肉和血液中收取同步信號，並通過高速計算機把它們傳感到義肢中，以確保它們幾乎和自生腿有一樣的功能。展示過程中，教授還邀請到了一個去年在波士頓恐怖爆炸案中不幸失去一條腿的女孩，她曾經是一位芭蕾舞演員。爆炸案後赫爾教授告訴她說：「我們能讓你繼續跳舞。」之後整個團隊花了 200 多天的時間找到了解決方法，用她另一條腿裏跳舞時的肌肉和血液信號，同步傳感給義肢。女孩在 TED 的舞台上當場翩翩起舞。如果不是她穿的 Tata 暴露了那條假肢，現場觀眾根本看不出她和傑出的芭蕾舞演員有任何區別。一支舞畢，掌聲雷動，全場為之動容。這樣的時刻實在讓人驚歎技術可以給人類帶來的變化。

同樣的技術也可以應用在其他的人體支持設備裏。比如把這個肌肉信號的技術和支持設備用在健康的人體肢體上，那麼士兵們就可以行軍萬里毫不費力了。這是項前所未有的技術，所需的就是電池和同步仿生信號，而且可以和真的肢體配合得很好，我們完全可以想像用這樣的技術創造出超級士兵和超級運動員。我認為這項技術的未來趨勢是把人腦和機器結合在一起，這樣我們就能夠製造出真正的超人了。

還有一個演講也非常有意思。這是一家兩年前在車庫裏創建的太空技術公司，開始時只有不到十個員工，他們的想法是要造出很多非常便宜的衞星。要知道衞星的造價是很高的，它們體積巨大，而且需要火箭發射，火箭還不能夠被再次利用，所以發射衞星成本非常之高。所以創始人就設想，能不能造出鞋盒大小的衞星，把它們裝載在一個飛船裏直接帶入到太空站，再從太空站中直接釋放到太空中，並通過自我導航進入到既定軌道。這個想法聽上去很不現實，但是兩年以後，他們居然真的發射了 28 個鞋盒大小的衞星，這些衞星的主要任務之一是每分鐘給地球拍出清晰的照片。演示結束後我問創始人：「你的衞星有沒有拍到失蹤的馬航飛機？」他回答我説：「我們的衞星是在事故發生三天後發射出去的。」所以如果他們發射的時間哪怕早一個禮拜，應該就會拍攝到很清晰的飛機照片了。28 個衞星覆蓋了整個地球，以分鐘為單位拍攝照片，所以他們實際上是拍出了動態照片流，記錄天氣模式、水流變化等等一切人類的活動和極端事件。除了隱私方面的問題之外，這真是一項了不起的技術。值得一提的是，這個公司的風險投資人是我的好朋友，他同時也是特斯拉和 Space X 項目的投資者，是埃隆•馬斯克（Elon Musk）的堅定支持者。

另外一個值得一提的是布蘭•費倫（Bran Ferren）的「五個奇跡」演講，他講到了位於羅馬中心的一個萬神殿，該殿中間是一個巨型的平滑穹頂，頂部有一個開放的孔，完全由石頭築成，沒有任何金屬支撐材料，2000 年前能建造出這樣的神殿，實在是一項工程技術上的奇跡。實際上他是用這個作類比説明，所有顛覆性的技術都需要至少連續五個工程技術奇跡才能實現。比如説無人自動駕駛，費倫認為這項顛覆性的變化所需要的五個奇跡都已經具備了，所以在不遠的將來這個技術就會帶來歷史性的變化。試想一下，如果所有車輛都可以無人駕駛，通過感應器和中控雲端數據互相溝通，那交通問題就可以徹底得以解決，因為在任何時候，車都了解路況和速度等，交通信號燈也不再是固定的時長，只有三種顏色，而會變成更靈活的交通管控。托感應器的福，也不會再有交通事故，這可以大幅改善大城市裏人們的生活質量，尤其是像洛杉磯、北京、上海這樣交通擁擠的城市。費倫相信所有創造無人自動駕駛的必要工程元素都已經具備了：一個超級雲計算中心，非常靈敏的感應器，實時高速無線通訊，以及車的電力控制和發動，製造能力就更不用提了。谷歌的自動駕駛車已經無故障行駛了數十萬公里，如果自動無人駕駛車在美國獲得成功，我相信會很快風靡全世界。

今年剛好是 TED 成立 30 週年，回顧這 30 年，我很感慨世界發生的巨大變化，而科技在這些變化中起到了核心作用。TED 總是在第一時間見證那些最主要的變化。僅僅是我參會的這 17 年，在 TED 上見證過的變化就是如此令人難以置信。1997 年，我第一次來 TED 是作為演講嘉賓，就在我演講的前一天，鄧小平去世了。TED 的規則之一就是每一個演講都是主題演講，每個演講不超過二十分鐘，我那天的演講持續了一個小時，可是 TED 的創建人理查德•索爾•烏爾曼（Richard Saul Wurmen）並沒有打斷我。那個演講得到了好評，觀眾們甚至起立鼓掌。但我對其他人的演講更有興趣，當時我感覺到，這是個值得再來的會議，所以在接下來的 17 年裏，我幾乎一年不落，每年都來了。這些年來，我清楚地記得有那麼一些瞬間，深刻地改變了我的思維方式。至今我還記得我第一年來 TED 的時候和一個叫馬文•明斯基（Marvin Minsky）的人聊天，此人是麻省理工學院的教授，非常直率，特立獨行。他當時直言不諱地探討了大腦進化，並且大膽預言人工智能有一天會趕上人類的自然智能，並最終和人類的自然智能合二為一。我問他如何看待靈魂，他說「靈魂」就是一堆細胞，我們人體身體上沒有一處不是生物的。我成長在中國，且一直自認為是個很注重精神世界的人，這個概念讓我深深震驚，之後花了很多年才能真正消化。我費了很多腦筋思考他的答案，後來也花了很多時間研究生物進化學，最終相信他說的是對的。還有另一個讓我記憶深刻的瞬間，2006 年紐約大學的韓裔教授韓傑夫（Jeff Han）展示了一種技術，只要用手控制，就可以移動顯示屏上的圖片和任何東西。神奇極了。每個人都被震撼到了，包括我在內的在場的每個人都認為這個技術將會在很大程度上改變我們的生活。一年後，第一代 iPhone 上市了，我們都說「這不就是韓傑夫嗎」？緊接着又出現了 iPad 及安卓類似的產品，可是我們在韓傑夫那裏早就看到了。這以後移動互聯網時代真正到來了，而這個改變的開始就發生在 TED 舞台上。

這些年來 TED 有很多這樣的瞬間。喬布斯在 TED 舞台上第一次展示他的蘋果（Macintosh）電腦，Sun-System 最先介紹了 Java 系統，韓傑夫展示的觸屏技術直接導致了蘋果的 I 系列產品，谷歌、亞馬遜、推特的創始人都曾在 TED 舞台上首次介紹自己的產品，並且每年都來參會。還有比爾•蓋茨（Bill Gates）、克萊格•文特爾（Craig Venter）、埃隆•馬斯克等很多高科技的風雲人物也一樣。就我參會的 17 年而言，幾乎每年都有這樣一些瞬間，讓你不得不屏住呼吸，讚歎人類非凡的創造力和想像力。你必須要來到 TED 來感受科技的前沿，觸摸到發展的脈搏，才能夠親眼目睹這些了不起的技術、超乎尋常的想法、強大的野心和驅動力，在如何塑造着我們所生活的世界。去年在 TED 舞台上，埃隆•馬斯克宣佈通過火箭重複利用的辦法，他可以讓太空旅行的成本減少 90%，每個人大概只需要 50 萬美金就可以去月球旅行。他甚至預言他可以在五年之內完成這項技術。他如此急迫的原因是因為他還有一項更宏大的計劃，就是希望在二十年以內，在火星上創造一個能夠自給自足，能夠提供循環能量，適宜人居的殖民地。

這些年來，我在 TED 舞台上見證了太多大膽的預言最終成為現實，這讓人感覺到似乎一切皆有可能。我確信我需要每年都到這裏來感受和目睹科技發展的最前沿，甚至可以説去觸摸人類進化的脈搏，因為人類進化不僅存在，而且還在進行。我第一次有這樣的想法，源於克萊格•文特爾第一次在 TED 的演講，那次他宣佈他的團隊已經首次完成人類基因圖譜排序。若干年以後，他又來到了 TED，宣佈通過計算機算法，他成功創造了世界上第一個由人類製造並能自我繁殖的新物種。這是兩個開啟新時代的瞬間，給人類帶來了無窮的想像空間。比如説從人類出現至今，我們以人類文明的名義毀滅了很多物種。而現在我們已經進化到了可以創造新的物種，甚至可以僅僅通過使用博物館裏的基因標本，加上近親繁殖的技術，讓已經滅絕的物種重回自然。僅僅是在過去幾年，人類對生物工程技術就已經掌握到了相當高的水平。我想在不久的將來，我們就可以重新塑造人體器官，甚至造出聰明的機器來延伸大腦的功能。這時你會感受到人類進化還遠沒有結束，任何生命的進化都是個持續的過程，現在我們有能力參與，甚至在某種程度上操控這個過程。這種靈光一現般的啟迪性瞬間，就好像我在大學時第一次接觸到海森堡的測不準原理，以此為界，物理學從經典物理學進入到現代物理學；也像是 1972 年人類第一次通過衛星照片看見茫茫宇宙中的地球家園，那麼美麗而脆弱。你永遠不會忘懷這些動人的瞬間。

自從 200 多年前蒸汽機開啟了工業革命，幾乎所有的人類發明都是用來延伸人體肌肉的力量。過去十年左右，發明創造則轉向了延展人類大腦的力量。我想到了一定時候，我們不僅能治癒一切精神疾病，更重要的是可以重組知識和智能。麻省理工大學媒體實驗室的創始人尼古拉斯•尼葛洛龐帝（Nicholas Negroponte）在過去30年在TED舞台上的預測比絕大多數人都準確。今年在TED他又一次語出驚人，預測30年以後，人類就可以研製出一種飲料，只要喝下去就可以把所有人類知識都注入自己的大腦。在你嘲笑他的異想天開之前，你需要知道，30年之前當他第一次預言互聯網的時候，還壓根不存在這件事，而到了今天，互聯網在我們的生活裏已無處不在了。

2014年也是我來到美國第25週年，僅僅25年，世界發生了巨變。在我看來，主要有兩種動力驅動這個變化——全球化和互聯網帶來的科技加速發展。

伴隨1989年蘇東解體，東歐、蘇聯國家都接受了市場經濟，在1992年鄧小平南方視察後，中國也被徹底納入了全球市場。至此歷史上第一次所有重要的國家都採用了市場經濟，現在我們已經有一個覆蓋了世界每個角落的全球市場。這是史無前例的。也是在1989年，英國工程師蒂姆•伯納斯–李（Tim Berners-Lee）發明了一個很聰明的方式在同事間傳輸數據，讓彼此更好地交流，他把這個方法命名為萬維網（World Wide Web）。就是這個小小的發明釋放出了震驚世界的力量，把全世界連結在一起。今天，互聯網已經連結起世界40%的人口。我想不用多久，這個數字就會接近100%。伯納斯–李今年也來到了TED會議，很奇特地和愛德華•

斯諾頓（Edward Snowden）的機器人「替身」同台交流。他提議在互聯網 25 歲之際，我們需要一個「互聯網大憲章」保護它不受政府過多干涉。他希望能通過雲端眾包，收集到寫入憲章的最佳想法，並最終讓所有主要政府都能遵守。

我感到無比幸運，能在過去 25 年裏，親身見證偉大的人類發展進程，首先是作為一個愛國學生，然後是作為風險投資人在最前線見證互聯網的誕生及發展。我和很多引領變化的人結為好友，近距離地觀察每一次里程碑式的變化，親身感受它發生之快，對生活改變之深遠。

驅動人類發展的兩大動力就是人類的智能和進取心，那些在最前沿推動人類發展的通常是這樣的人——聰明過人，雄心勃勃，且具有人類學家愛德華•威爾遜所說的利他主義基因。正是這樣的力量，讓我們從笨拙的猴子，進化成地球的統治者。在 TED 的舞台上，你會見到很多這樣的人，他們像磁鐵一樣吸引着彼此，激發着彼此的靈感。馬文•明斯基是對的，靈魂只是一堆細胞，但組成這些人靈魂的細胞絕非尋常。他們在一起發明出了能極大延伸人類肌肉力量的機器，現在又在前線研究如何延伸人腦的力量。通過生物工程，他們還能讓已經滅絕的物種起死回生。他們甚至還在認真考慮去其他星球建立人類殖民地。我們在 TED 上見證到的一切，正是不斷進行中的人類進化過程的現在時，如今我們不僅可以直接參與，甚至在某種程度上可以掌控它的方向。

最後，作為一個 TED 的資深參與者，我在這裏也獲得了新的身份認同。25 年前來到美國以後，我曾掙扎過很久，不知自己到底是中國人還是美國人。在幾年前，我已經開始明白我既是徹頭徹尾百分之一百的中國人，也是純正的百分之一百的美國人，而且 1+1>2。在全球化的今天，我們都是世界公民，同屬人類大家庭，現在開始覺醒對其他物種命運的關懷，及對地球母親的責任，然而依然渴望在遙遠太空之外的其他星球上，再建人類家園。這就是今天我們所在的歷史坐標點。如果你今天還不認同這個觀點，技術發展本身就會在未來某天說服你。

2014 年 3 月

人性與金融危機

——2016年新年感言

2016年新年伊始，觀看了電影《大空頭》(*The Big Short*)。影片改編自邁克爾·劉易斯（Michael Lewis）的同名小說，講述了最早發現2007−2008年次貸危機以及美國整個金融系統的漏洞、並着手做空來獲利的幾位投資人的傳奇故事。影片中涉及的許多事件，我都親身經歷過；影片中的各色人物，我都或多或少有過交集，所以觀看起來，更多了一些身臨其境的現實感，由此也引發了一些感想。

從2005、2006年開始，我個人也因為偶然的原因發現了信用違約掉期（CDS）這個產品，做了一些研究，也一度準備大規模進入，通過CDS做空。後來在和查理·芒格的幾次談話之後，逐漸打消了這個念頭。查理反對的原因也很簡單：如果我的分析是正確的，那就意味着最終要麼承接這些產品的交易對方，那些大的金融公司可能因為破產而不能兌現；要麼這些大的金融機構被政府通過納稅人的錢救活了，這時你賺的錢其實也是納稅人、政府的錢，於心並不踏實。後來結果果然證實了查理的這個判斷，那些從這次歷史上最大空頭中賺的錢其實最終都是直接或間接從全球納稅人手中拿到的。因此我也從來沒有因為沒有賺到納稅人的錢而後悔過。

投資本身就是對未來的預測，雖然預測得對，多多少少會帶來一些愉悅感，但是不同的賺錢方式導致的結果還是不一樣。後來在邁克爾·劉易斯的這本書出版之後，我又和查理有過幾次交流，談到當時的這個決策，他說當時如果你因為做 CDS 賺了很多錢，可能你直到今天還在尋找下一個大空頭的機會。人的本性就是這樣。對沖基金投資人鮑爾森（John Paulson）是這次大空頭最大的贏家。這幾年，我觀察鮑爾森自 2008 年以後的業績，倒是又一次驗證了查理的這個判斷。君子愛財，取之有道，指的不僅是賺錢的方式、方法，在查理看來，所賺之錢的來源也同樣重要。在這一點上，我也深以為然。這些大空頭賺的錢，其實最終還是由廣大的納稅人填補上來的。普通納稅人既是這次全球金融危機最大的受害者，又是這次金融危機最終買單的人。在這樣的危機裏賺錢實在是於心不忍。但這次刻骨銘心的經歷，讓我對於金融行業的危險更加膽戰心驚。

更重要的是，影片以做空人的經歷為引子，揭示了由美國引發的 2008 年全球金融危機中的種種人事，以及釀成這次危機的深刻的人性原因。

這次金融危機在很大意義上是由金融行業的特點釀成的。因為與其他任何服務行業不同，金融產品在絕大多數時間裏對絕大部分人來說，都很難判斷優劣。這為金融行業腐敗締造了天然的土壤。2008 年從美國引發的全球金融危機僅僅是近年來最極端的一個例子。從事金融工作的朋友，無論國內有沒有引進這部電影，大家都應該想辦法找來看一看。

英國人阿克頓（John Emerich Edward Dalberg-Acton）有一句名言：權力導致腐化，絕對權力導致絕對腐化。二十幾年從事金融行業的經歷，常常讓我覺得，由信息不對稱引起的權力傾斜，加之巨大的金融利潤誘惑，對整個金融業的腐化更甚，更能引發系統性的金融危機。

然而至少在 2008 年以前，西方監管機構的主流觀念傾向認為，自由市場經濟在金融行業內同樣普適，所以以少干預、不干預為優。這一觀念最為前聯邦儲備銀行行長格林斯潘（Alan Greenspan）所推崇。

自由市場經濟當然是人類歷史上最偉大的制度創新，不過確確實實也存在例外。這些例外被定義為市場失靈。但到目前為止，市場失靈被認為最主要存在於公共服務、自然壟斷及外部性領域，對金融領域內的市場失靈則討論較少。然而據我本人的經驗和觀察，市場失靈實際上廣泛存在於金融市場。所以在金融領域裏，負面清單式的自由比起正面清單自由，常常更具破壞力。2008、2009 年全球金融危機就是一次極端性的教訓。

我們剛剛經歷過的 2015 年，中國場外融資極端槓桿的使用也讓國人經歷了一次驚險。如果政府當時沒有及時採取有力措施，後果實在不堪設想。

最近一段時間，由於一樁眾所周知的收購風波，我有機會閱讀了一些保險公司的所謂萬能險產品合同，讀後讓我後背陣陣發寒。如果今天我處在監管部門的位置上，這樣的產品大行其道，一定會讓我夜不能寐。

金融市場就是一個暴露人性弱點的機制，這一點從現代金融市場誕生的那一刻起，就沒有變過。今天中國的金融混業看來已是勢在必行，直接金融也會成為今後實體經濟發展最重要的推手之一。在這樣的大背景下，從金融監管到金融從業人員應該更加警醒金融行業本身對人性的挑戰。因為人性的特點，金融自由化一定會引發腐敗；絕對的金融自由化常常會導致巨大的金融危機。

我也並非主張絕對金融管制，更不是主張自由市場在金融業裏不發揮重要作用，但是所有的歷史經驗都表明，對金融行業的天然風險保持高度警惕，永遠是個明智的策略。2016 年是中國「十三五」開局之年，市場直接融資將變得更加重要，混業經營也成為趨勢。在這樣的背景下，作此感想一篇，以為 2016 年開年自省。

2016 年 1 月

思索我們的時代

在過去的一兩周，有一系列大事件迅速發生。表面看起來，這些事件似乎是隨機的。但當把它們聯繫到一起時，我卻不得不要停下來駐足思考我們所處的時代。

2 月 22 日，美國航空航天局（NASA）發現了一個新的太陽系。這個太陽系距離我們只有四十光年，其中有七個類地行星，因此這些行星上可能有生命存在。幾天後的 2 月 27 日，埃隆•馬斯克（Elon Mask）宣佈，SpaceX 將於 2018 年將攜帶有兩名付費客戶的 Dragon II 飛船發送到月球軌道上。這將是 1972 年阿波羅計劃結束之後載人飛船首次重返月球。

幾天後的 3 月 1 日，世界氣象組織（WMO）確認，南極氣溫創下了新高紀錄：63.5 華氏度（17.5 攝氏度）！地球上 90% 的淡水以冰川的形式存在於北極，如果這些冰川融化，可能將海平面升高 200 英尺。就在同一天，科學家在加拿大古代巖石中發現了微型化石。這一發現將地球生命的起源推到更久遠的 37.7 億到 42.8 億年前，也就是說地球在 45 億年前形成後沒過多久，就在地獄般的條件下產生了生命！

我們再回到地球上，3 月 3 日中國開始一年一度的「兩會」。

期間，中國政府再次承諾，要在2017年讓1000萬人民擺脱貧困，並在2020年徹底消除貧困。如果這個目標實現了，將會是中國5000年歷史上的首次創舉——要知道中國這塊土地上生活了將近五分之一的地球人口。同一天，美國國家醫學科學院發起了一項針對人類衰老和長壽的大挑戰，以2500萬美元獎金來催化有利於人類健康長壽的科學研究。

彷彿是冥冥中的安排，讓我更好地理解這些事件，上週二我應邀參加了由伯格魯恩研究所（Berggruen Institute）主辦的一場晚餐會，席間我與尤瓦爾·赫拉利教授討論了他的新作《未來簡史》。週四晚上，我和一位老友胡安·恩里克斯（Juan Enriquez）在晚餐上的交談又給了我很多啟示。胡安是我們時代最重要的思想者之一，著有《自我進化：非自然選擇如何影響地球上的生命》。緊接着，週五晚上，我很榮幸地出席了美國國家醫學科學院「人類長壽大挑戰」的項目啟動晚宴。晚宴在95歲高壽的好萊塢傳奇人物諾曼·利爾（Norman Lear）的宅邸舉辦（還有比這更合適的舉辦場所嗎？）。在場的其他客人包括來自全國各地的企業家領袖、風險投資人、諾貝爾獎獲得者、音樂家、思想家和藝術家。所有這些際遇都在幫助我更好地思索理解我們這個時代。

自1900年以來，全球平均壽命已增加了一倍多，達到70歲左右（發達國家的平均壽命約再長10年）。換句話説，在100多年的時間裏，人類壽命的延長幅度比之前10萬多年裏人類在全部歷史中的增長幅度還要大。這是現代文明取得的驚人成就！然而在後工業化時代的今天，全世界仍有約 9% 的人口生活在貧困線之下。絕大多數人生活在發展中國家，還無法充分享受到現代化生活的福祉。這種情況的存在不是因為人類作為一個整體，所創造的食物不夠養活所有人，也不是因為人類創造的財富不夠讓所有人來分享。原因是不均勻的財富分配。

在過去的四十年中，中國經濟高速發展，使數億人民從貧困線脫離。同樣重要的是，中國的實踐為其他國家，尤其是非洲國家和印度，展示了一條新的經濟發展道路。

然而，世界各地的快速工業化也導致了意想不到的後果，其中一項就是可能會讓地球變暖到不再適宜人類生存的程度。一直以來，人們都認為地球變暖的罪魁禍首是二氧化碳排放。然而最新研究表明，沼氣（甲烷）比二氧化碳在臭氧層裏隔擋太陽光反射的能力可能要高上十倍。地球上大部分甲烷以凍結沼氣狀態儲存在西伯利亞的冰雪大地上。地球的持續升溫最終可能導致甲烷被釋放到臭氧層中，進一步加速全球變暖。據一些業內領先的氣候科學家的最新估算，海平面迅速上升的局面很可能是幾十年內的事情，而不是之前所估計的幾個世紀。

在美國，人工智能和生物工程的發展讓人類全新的未來世界不再是幻想：在這個未來世界中，人類不再願意把「進化」這一頭等大事交給隨機選擇。相反，我們有意將自己進化為一種更高等的智慧生物，將我們的生命不斷延長直至不朽，再配置上一個能夠適應不同星球乃至星際間生存的軀體。在之前提到的美國國家醫學科學院「人類長壽大挑戰」項目啟動晚宴上，一位知名企業家宣稱：「死亡只是一種選擇！」聽起來好像是科幻小說？其實不然。鑒於人工智能和生物工程技術的迅速發展，我們必將很快到達並且超越「奇點」。我們中的一部分人將從智人中分裂出一個全新的物種，我在這裏姑且命名為「XYZ 人」（或赫拉利教授命名的 Human Deus）—— 這樣的世界不再是難以想像的。但是這種進化機會是否對所有人類都公平呢？當地球不再適合於人類生存，而星際旅行也變為可能，我們這些生命有限的肉身凡胎會有足夠時間飛行到其他星球嗎？「XYZ 人」會善待那些進化程度不及他們的智人嗎？

縱觀歷史，不禁讓我們心生憂慮。智人從未善待過尼安德特人（Neanderthal）、直立人（Homo Erectus）或任何其他物種。自從智人出現以來，大多數其他物種都不得安生，除非是那些被人類選為寵物共同進化的貓和狗。

智人之間彼此對待的過往記錄同樣令人髮指。在人類悠久的歷史中，我們留下了剝削、奴役、謀殺、屠殺，甚至種族清洗的斑斑劣跡。所有「反人類罪」實際上都是由人類自己犯下的。毋庸置疑，現在的情況有所改善，尤其是在第二次世界大戰以後。但我們現在的進步還遠遠不足以使所有人擺脫貧困，或者讓所有人都享受到現代生活的果實。赫拉利教授認為，智人為了應對各種挑戰，發展出一種創造「故事」的獨特能力。所謂「故事」，就是那些真實生活中並不存在、但會強烈影響我們思維的概念。在我看來，至今為止至少有四個重要的「故事」塑造了我們的文明：政府（其中又包括民族、種族的概念），宗教（包括文化、信仰），科學與技術，以及自由市場經濟。前兩者是農業文明的產物，後兩者是現代化開始後產生的。

這四個「故事」能幫助應對當今世界我們所面臨的挑戰嗎？

的確，有效的全球政府對於消除貧困、應對氣候變化，促進經濟發展以及應對新技術給人類帶來的諸多新的挑戰是非常有用的。要想形成全球政府，我們必須從現有的民族國家政府中吸取經驗教訓。其中，中國和美國的經驗尤為寶貴。在歷史上大部分時期，中國人口都佔全世界五分之一左右，在長達 2000 多年的實踐裏，中國政府積累了無數針對大量人口的治理經驗和教訓。而美國代表了人類另一種最成功的實踐：如何將來自不同文化、不同宗教信仰、不同種族背景和歷史的人民聚集在同一種政府形式之下。

在文化方面，今天的歐洲人正在嘗試用新的概念（「故事」）來生活。這些概念並不注重如何去實現更多、獲取更多，而注重於如何對我們已取得的成就感到幸福，並對其他人的痛苦更加同情。如果實現你的欲求就是「成功」，那麼對你已經實現的東西產生欲求，不就是「幸福」嗎？現在我們處於富足經濟時代，已經和過去農業文明時代的短缺經濟大為不同，亟需一種新的身份認同。歐洲人引領的這些實踐對於如何鑄造所有人類都認同的身份認同至關重要。

自由市場經濟是人類歷史上實現繁榮和進步最偉大的發明。從歐洲到美洲，再到亞洲、非洲，任何地方只要採用了自由市場經濟體系，就會以前所未有的方式釋放人類潛能。我堅信未來很多年後，這仍然會是消除貧困和實現人類共榮的最重要的引擎。

結合了自由市場經濟制度，現代科學和技術造就了我們現在所生活的富足社會，實現了從以短缺經濟為特徵的農業文明的大飛躍。

科學技術在過去創造了無數奇跡，今天仍然以加速度向前發展。以今天我們用的 iPhone 裏的處理芯片為例，僅在 30 年前，製造具有同等處理能力的芯片，竟要花費 7500 萬美元！今天，摩爾定律仍然有效，而且在可預見的將來還會持續下去。它為人工智能的發展，甚至為最終創造出一種全新的以硅為基礎的生命提供了無限的可能。然而，我們其實對於自己這種古老的碳基生命還所知甚少。我們只知道它是近四十億年進化的結果。一切關於人類身體和大腦的新發現都只令我們更敬畏於自然選擇的力量。相比而言，我們成功操控硅晶片的歷史只有區區四十年。難道我們真的對以自我選擇方式進化出來的未來更有信心？要知道我們今天的肉身可是大自然經過四十億年不間斷修補調整得到的結果。

技術引發的焦慮從來不是甚麼新鮮事。但是在過去，技術進步從未威脅到人類在食物鏈頂端的位置。相反，技術一直在幫助人類穩固這一地位。縱觀歷史，這些技術進步一開始總是先讓少數人受益，但最終會惠及到所有人。然而「XYZ 人」的出現將完全不同，特別是當這些技術被掌握在那些對變化程度之劇烈渾然不覺的少數人手中時。真正的危險總是存在於未知的未知數。

今天，技術發展的速度似乎已經遠遠超越人類應對的能力。在技術和市場經濟已經全球化的今天，政治還未全球化。因此，還沒有出現真正能夠監管人類「自我創世」的力量。似乎我們唯一能做的僅僅是期盼那些將要掌握這些「自我進化」關鍵技術的少數人，在進入「XYZ 人」初期時所表現出的自我約束與控制。同時，我們也期盼社會文化更快發展，為某種形式的全球政府早日出現醞釀土壤。而另一種可能的情況是，某種致命威脅逼迫一種全人類聯盟的形成，這種威脅可能來自加速的氣候變化、核恐怖主義、或者我們自己創造出的危險的新物種。此時形成的聯盟可能還算及時，也可能已經來不及了。

昨天，當我正陷入這些沉思時，家裏發生了一起小小的里程碑事件：我 13 個月大的女兒貝拉 (Bella) 在後院學會獨自走路了！在我喜不自勝地歡呼時，貝拉媽媽的反應是當天就在游泳池周圍架起了高高的圍欄。是啊，在這個希望和危機並存、焦慮和驚奇共生的時代，我們有甚麼理由不去買一份保險呢？

從廣義上來說，美國自第二次世界大戰以來一直自願履行着「世界警察」的角色，成為世界和平的主要承保人。當未來世界的圖卷慢慢展開，今天的我們尤其需要這樣的和平環境。

當然，沒有任何保險能應對未知的未知數。我們對人類的未來，正如我對貝拉的未來一樣，都所知無幾。但即使人類會在遙遠的將來消亡，我們還是有權利感歎一句「多麼精彩的旅程！」

同時，我們可以安全地預測一件事，那就是 21 世紀注定不會沉悶，之後的幾個世紀也不會。

2017 年 3 月 5 日

五十述懷*

1966 年 4 月，風雨飄搖的文革前夜，我出生在河北唐山。知識分子的出身，使我父母、爺爺、奶奶很快失去了人身自由，所以我的童年在一個個寄養家庭——從農民、到礦工，甚至是長托的托兒所裏流離。現在想來，從這樣一個起點，一路上跌跌撞撞，數次與死神擦肩而過，我居然走到了今天，真是感歎生命無常之有常。

生命之幻妙在於其未可知性。走過無數多的橋，看過無數多的雲，翻越過各種險灘峻嶺，激發過各種潛能。今天回望征途，一路上遇到了這麼多善良的好人，發願者、導師、合作夥伴、朋友……我生命的知遇們，你們就是我的路、橋、汽車和飛機。沒有你們一路上無私的搭載、鼓勵和友情，我是斷然不可能走這麼遠直到今天。值五十歲之際，無論你們在天邊還是在眼前，借得大江千斛水，研為翰墨頌親恩。謝謝！謝謝！謝謝！

如果說這一路坎途，我個人有甚麼貢獻的話，那就是這條人生之路確實是我一步步走下來的。伍迪·艾倫（Woody Ellen）的笑話說：「百分之九十的成功要歸功於從不缺席。」這句話是對的。

---

* 本文原文為我在今年生日晚會上的英文演講，由我的好友作家六六翻譯成中文，在此感謝！

在人生的很多關隘上，我都可能停滯不前，或者隨遇而安。但我心裏的聲音一直告訴我「這不是終點」。有一半的行程我「超惘惘而遂行」，而另一半則在試錯。

前行的道路如履薄冰，戰戰兢兢。怨恨惱怒煩，貪嗔痴慢疑，所有的這些人生而自帶的缺陷，我皆未能免。事實上，源自童年的硬傷使得我必須付出更大的努力才能與之抗衡。每當我為負面情緒所困或誤入歧途的時候，我很幸運地能迷途知返。蘇格拉底是對的，「不自省的人生不足以度」。至少活得不夠好。「吾日三省吾身」，時不時的，我都會停下步伐審視一下這段時間我又犯了哪些錯誤。法無定法，勢無恆勢，時勢之變常有，過去是正確的觀點，到今天就錯誤了，因此，多年來，我形成一種習慣，每過 5–10 年，都要花一段時間克己反躬相去之歲月，有時需要作的變化之大猶如重塑。理性的修為幫助我形成了這樣一種「時時勤拂拭」的習慣，更加幸運的是，吾有諍友數人，幸至身不離於令名。如果沒有這些幫助，我可能早就迷失在人生各種各樣的迷宮之中了。

儘管生命的小船穿越艱難險阻，我還堅持坐在駕駛位上，因為這趟人生的旅途畢竟是我自己的，旁人無法替代。現已行程過半，又到了承上啟下檢視未來的時刻。

子曰：「五十而知天命。」不知命，無以為君子也。與死神數度擦肩而過讓我相信死生有命，知天命不可違。我唯一能做的是逝者如斯，不捨晝夜。生命的前半段我努力增益我所不能，而後半段我當嘗試化繁為簡，返樸歸真，尊天命而為之。

在絕大多數職業上我可能都是失敗者。比方説，我肯定是個蹩腳的芭蕾舞演員，也絕無可能成為籃球明星。但我的天性和經歷卻讓我可以成為一名合格的投資人。感謝我前行路上的啟蒙老師巴菲特先生。25 年前在我就讀於哥倫比亞大學期間，是他的一場不期而遇的演講讓我誤打誤撞地進入投資領域。而更加不可思議的是，13 年前，我遇到人生的導師查理•芒格先生，他不僅成為了我的投資夥伴，更是我終生的良師益友。我常歎自己何德何能才領受生命如此豐厚的饋贈，即使是莎翁再世也構畫不出這樣戲劇的篇章。

時至今日，我已擁有了屬於自己的二十幾年的投資記錄，從業那麼久了，依舊發憤忘食樂以忘憂。偶爾我會好奇，我到底能沿着巴菲特和查理指引的道路上走多遠，他們到目前為止擁有無與倫比的 50 多年持續增長的記錄，我能追趕多久呢？用最乾淨的方法僅憑智慧投資賺應得之錢在中國行得通嗎？我不追求資產規模或是投資管理費，我只想留下一份屬於我的乾淨的投資記錄。就好像高爾夫運動員手裏的計分卡一樣，記下每一輪的比分直到終身。我清晰地知道，價值投資在全球包括中國的實踐是值得我傾盡畢生心力從事的事業。

過去 50 年，我在中美各有半壁生涯。兩段不同的履歷讓我時常審度中美兩國，它們不同的文化和我自己的變化。相當長一段時間裏，我有身份認知障礙 —— 我到底是中國人還是美國人？兩種文化的衝突宛如兩股真氣在我體內奔湧，一爭高下。為得解脱我更加深入地研究體驗兩種文化的精髓。直至不惑之年，我才慢慢將兩種真氣合二為一和平共處，以至豁然開朗 —— 我成了既是純粹的中國人，又是百分百的美國人，並且 1+1>2。通過兩種文化的視界，我能夠解讀兩種文明的各自風華，我可以於希聲處聞大音，於無形處觀有形。這樣的特質讓我在中美文化之間無界游走。我現在更相信 1+1=11。因此，我將視中美兩國和兩國人民之間的交流與溝通為己任，為彼此解讀對方的故事，未來這項工作也將是我後半生的主要職責之一。

感謝上天！我有三個千金。她們活潑可愛聰慧善良。我以她們為傲。因為愛之深切，我不想因太多遺產羈絆她們的人生自由。我會鼓勵她們與我和妻子 Eva 一起，通過我們的家庭慈善基金，致力於創造更加美好的世界。憑借她們天生的跨文化優勢，我希望她們與我一起，致力於增進中美兩國之間，尤其是民間的相互理解。此外，在中國及哥倫比亞大學接受的優質教育是成就我今天最重要的原因。我和我的同事們會繼續推廣價值投資的教育實踐。我更希望能有機會努力推進讓更多的年輕人像我一樣有機會接受無疆界的高水準教育。這是未來我和家人同事共同努力的方向。

五十歲於我是一個分水嶺。從這一天起，我離終點可能比起點還要更近些。在年齡的見解上，我喜歡諾曼•利爾的通達。諾曼今年 94 歲了，依舊在諸多領域逍遙。在美國，崇拜他的粉絲上至八九十歲下到二三十歲都有。有一次我問諾曼：「你感覺自己多大年齡？」他答：「我永遠和與我對話者同齡。」這是我聽到的關於年齡的最酷答案！從那以後我就特別關注與我交流的人。今天起，我就正式年過半百。我亟需且誠招年輕朋友與我比肩同行，你們會讓我與時俱進，青春永駐。

我親愛的朋友們！祝我們一起天增歲月人增慧，春滿乾坤喜盈門！

2016 年 4 月

後記

本書得以付梓，要感謝的人實在太多，但毫無疑問，首先要感謝我的太太 Eva。她不僅在最早期參與了大量文稿的相關工作，是我很多文稿的第一讀者，提出了許多寶貴的建議，而且在我不分晝夜寫作書稿的這段時間，給予我最寬厚的理解和溫暖的支持，為家庭付出了太多太多。有這樣一位愛人、伴侶、朋友和知音，我何其幸運。

非常感謝我的摯友常勁先生和六六女士，若非他們多年來一再堅持，不斷「騷擾」，我根本不會有意願把自己這些想法付諸文字。從帕薩迪納市政府花園的散步、談心，到朋友聚會沙龍上的分享，到錄音筆記錄下的聲波，再到紙上的文字——常勁先生在他的序言中已經將成書過程仔細地娓娓道來，我就不再贅述了。總之，將想法整理成文章，再將文章整理成文集，這個過程中常勁、六六、施宏俊等諸位好友都是我要感謝的人。毫不誇張地說，沒有他們就不會有這本書。另外，我還要感謝虎嗅網的創辦人李岷女士，最早在虎嗅網上發表了我的現代化系列文章，感謝中信出版社的施宏俊總這些年來一直盛情鼓勵、邀請我出版此書，以及這個過程中過稼陽編輯為此書所做的大量具體工作。

現代化系列文章自 2014 年發佈後，我得到了很多朋友的熱烈反響和寶貴建議，其中許多對我都有啟發和幫助，在此表示感謝。喜馬拉雅資本的同事們是我很多文章的第一批讀者，他們提出了很有見地的反饋和建議，我深深地感謝，同時也為這些才華橫溢的同事感到驕傲。尤其我要特別感謝我的助理鄭菁女士，她為了本書文稿付出了大量的心血，並以其縝密的思維和高超的文字水平為本書增色不少。在最早期的文字整理工作中，劉爽女士也投入了許多精力和時間，在此一併感謝。

自少年時起，閱讀就是我最享受的事。閱讀讓我可以在不同的時間、空間中穿梭暢遊，與歷史長河中各個時代的聖賢智者們對話、神交。本書中的很多想法都是在和先賢聖哲，以及當代智者的思想碰撞中產生。儘管我們素未謀面，但在我心中早已將他們視為摯友同道，我感激他們這些年來對我的啟發和帶給我的靈感。在我看來，這是讀書最大的快樂和裨益所在。

在現實生活中，芒格先生早已被世人視為與這些先賢聖哲、當代智者們同列，廣受敬仰。而命運對我何其眷顧，讓我能在過去十幾年中和他成為真正的忘年交，發展出亦師亦友的深厚情誼。在和芒格先生無數次的交流中，我得到過很多啟發。本書中關於文明、現代化、價值投資的很多想法都離不開我和他的廣泛交流，彼此思想的相互滲透。往往一個人最大的局限是看不清自己的盲點。通過持續努力，人可以做到對很多問題客觀理性，但唯獨對自己最難做到。真正的摯友、導師是能夠指出你身上盲點的人。芒格先生對我最大的幫助就是幫我認清了自身最大的盲點。如果不是他，我可能還在作繭自縛、畫地為牢。這一點我對他感激不盡。

最後我想説的是，本書所涉獵的領域廣泛，其中很多並非我的專業，本書也不是學術專著。若以學術專著的標準來要求，嚴謹準確方面尚有欠缺，引述、論證所用資料也遠不夠詳盡豐富，希望各位專家、學者和讀者們諒解。我的原意是想為有興趣的讀者提供一些不同的視角，如果能對大家有所啟發，我就很欣慰和滿足了。

2019 年 11 月 22 日

附錄

推薦閱讀書單*

一、科學、哲學、進化、人類文明史、人類歷史

1. [美]賈雷德·戴蒙德，《槍炮、病菌與鋼鐵：人類社會的命運》，上海譯文出版社，2006。
   Jared M. Diamond. *Guns, Germs, and Steel: The Fates of Human Societies.* New York, NY, US: W. W. Norton & Co, 1999.
2. [美]伊恩·莫里斯，《西方將主宰多久：從歷史的發展模式看世界的未來》，中信出版社，2011。
   Ian Morris. *Why the West Rules-for Now: The Patterns of History, and What They Reveal About the Future*. Picador. 2011.
3. [美]伊恩·莫里斯，《文明的度量：社會發展如何決定國家命運》，中信出版社，2014。
   Ian Morris. *The Measure of Civilization: How Social Development Decides the Fate of Nations.* Princeton, NJ, US: Princeton University Press, 2013.

* 所列書目均根據筆者個人喜好推薦，不以書的外在社會影響為依據。英語原著中有中譯本的，也附上中譯本供參考，但不代表筆者閱讀過中譯本，所以也不確保中譯本翻譯的質量。有能力的讀者可閱讀英語原版。另外，推薦原則是同一位作者的作品盡量不超過兩本。如果讀者喜歡該作者作品，可以閱讀他(她)更多作品。

4. [美] 愛德華•奧斯本•威爾遜，《羣的征服：人的演化、人的本性、人的社會，如何讓人成為地球的主導力量》，左岸出版社，2018。
E. O. Wilson. *The Social Conquest of Earth.* New York, NY, US: W. W. Norton & Co, 2012.

5. [英] 戴維•多伊奇，《無窮的開始：世界進步的本源》，人民郵電出版社，2014。
David Deutsch. *The Beginning of Infinity: Explanations that Transform the World.* London, UK: Allen Lane. 2011.

6. [英] 戴維•多伊奇，《真實世界的脈絡：平行宇宙及其寓意》，人民郵電出版社，2016。
David Deutsch. *The Fabric of Reality: The Science of Parallel Universes – And Its Implications.* New York, NY, US: Allen Lane, 1997.

7. [英] 馬特•里德利，《理性樂觀派：一部人類經濟進步史》，機械工業出版社，2011。
Matt Ridley. *The Rational Optimist: How Prosperity Evolves.* Harper. 2010.

8. [英] 卡爾•波普爾，《科學發現的邏輯》，中國美術學院出版社，2008。
Karl Popper. *The Logic of Scientific Discovery*. Routledge. 2002.

9. [英] 卡爾•波普爾，《開放社會及其敵人》，中國社會科學出版社，1999。
Karl Popper. *The Open Society and its Enemies*. Princeton University Press. 2013.

10. [英] 理查德•道金斯，《自私的基因》，中信出版社，2018。
Richard Dawkins. *The Selfish Gene*. Oxford University Press. 1990.

11. [以色列] 尤瓦爾•赫拉利，《人類簡史：從動物到上帝》，中信出版社，2014。
Yuval N. Harari. *Sapiens: A Brief History of Humankind*. New York, NY, US: Harper, 2015.

12. [英] 尼爾•弗格森，《文明》，中信出版社，2012。

Niall Ferguson. *Civilization: The West and the Rest.* Penguin Books, 2012.

13. [美] 史蒂芬•平克，《當下的啟蒙：為理性、科學、人文主義和進步辯護》，浙江人民出版社，2018。
    Steven Pinker. *Enlightenment Now: The Case for Reason, Science, Humanism, and Progress.* Viking, 2018.
14. [美] 史蒂芬•平克，《心智探奇：人類心智的起源與進化》，浙江人民出版社，2016。
    Steven Pinker. *How the Mind Works.* W. W. Norton & Co Inc, 1997.
15. Charles Van Doren. *A History of Knowledge: Past, Present, and Future.* Ballantine Books. 1992.
16. [美] 凱倫•阿姆斯特朗，《神的歷史》，海南出版社，2013。
    Karen Armstrong. *A History of God: The 4000-Year Quest of Judaism, Christianity and Islam.* Ballantine Books, 1994.
17. Robert Wright. *Why Buddhism is True: The Science and Philosophy of Meditation and Enlightenment.* Simon & Schuster, 2017.
18. [美] 丹尼爾•卡尼曼，《思考，快與慢》，中信出版社，2012。
    Daniel Kahneman. *Thinking, Fast and Slow.* Farrar, Straus and Giroux. 2011.
19. Vaclav Smil. *Creating the Twentieth Century: Technical Innovations of 1867−1914 and Their Lasting Impact.* Oxford University Press, 2005.
20. Vaclav Smil. *Transforming the Twentieth Century: Technical Innovations and Their Consequences.* Oxford University Press, 2006.

二、中國文明、歷史、文化

1. 錢穆，《先秦諸子繫年》，商務印書館，2001。
2. 錢穆，《中華文化十二講》，九州出版社，2013。
3. [漢] 司馬遷，《史記（白話本）》，商務印書館，2016。

4. 李解民等，《白話二十五史精選》，新世界出版社，2009。
5. [宋]朱熹(編)，《四書章句集注》，上海古籍出版社，2006。
6. William Theodore de Bary. *Waiting for the dawn*. Columbia University Press, 1993.
7. 狄百瑞，《中國的自由傳統》，香港中文大學出版社，1983。
8. William Theodore de Bary and Irene Bloom. Editors. *Approaches to the Asian Classics*. Columbia University Press, 1990.
9. Wing-Tsit Chan. *A Source Book in Chinese Philosophy.* Princeton University Press, 1969.
10. 許倬雲，《萬古江河——中國歷史文化的轉折與開展》，湖南人民出版社，2017。
11. 《黃宗羲全集》，浙江古籍出版社，2012。
12. 《余英時文集》，廣西師範大學出版社，2014。
13. 林毓生，《思想與人物》，聯經出版事業公司，1983。
14. 《曾國藩全集》，岳麓書社，1994。
15. 黃仁宇，《萬曆十五年》，三聯書店，1997。
16. 史景遷，《天安門：知識分子與中國革命》，中央編譯出版社，1998。
17. Jonathan D. Spence (史景遷). *The Search for Modern China.* W. W. Norton & Co, 1991.
18. 王亞南，《中國官僚政治研究》，中國社會科學出版社，1981。
19. 辜鴻銘，《中國人的精神》，外語教學與研究出版社，1998。
20. 孫皓暉，《中國原生文明啟示錄》，中信出版社，2016。

三、中國當代經濟改革開放

1. 黃仁宇，《資本主義與二十一世紀》，三聯書店，2006。
2. 錢穆，《中國經濟史》，北京聯合出版公司，2013。

3. [美] 傅高義，《鄧小平時代》，三聯書店，2013。
4. 吳敬璉，《中國經濟改革進程》，中國大百科全書出版社，2018。
5. 林毅夫，《解讀中國經濟（增訂版）》，北京大學出版社，2014。
6. 《楊小凱學術文庫》，社會科學文獻出版社，2018。
7. 史正富，《超常增長：1979 – 2049 年的中國經濟》，上海人民出版社，2013。
8. 文一，《偉大的中國工業革命》，清華大學出版社，2016。
9. [新加坡] 李光耀，《李光耀回憶錄：我一生的挑戰 —— 新加坡雙語之路》，譯林出版社，2013。
10. [新加坡] 韓福光等，《李光耀：新加坡賴以生存的硬道理》，外文出版社，2015。
11. [新加坡] 李光耀，《李光耀回憶錄 1923－1965》，世界書局，1998。
12. [新加坡] 李光耀，《李光耀回憶錄 1965－2000》，世界書局，2000。
13. 吳曉波，《浩蕩兩千年：中國企業公元前 7 世紀－1869 年》，中信出版社，2012。
14. 王小波，《沉默的大多數》，北京十月文藝出版社，2017。

四、價值投資、金融和資本主義

1. [美] 本傑明・格雷厄姆，《聰明的投資者》，江蘇人民出版社，2000。
   Benjamin Graham. *The Intelligent Investor*. Collins Business, 1994.
2. [美] 本傑明・格雷厄姆、戴維・多德，《證券分析》，中國人民大學出版社，2013。
   Benjamin Graham and David Dodd. *Security Analysis.* McGraw-Hill Education, 1996.
3. Roger Lowenstein. Buffett: *The Making of an American Capitalist.* Random House, 1995.
4. [美] 彼得・考夫曼（編），《窮查理寶典：查理・芒格的智慧箴言錄》，中信出版社，2016。

Peter D. Kaufman. *Poor Charlie's Almanack: The Wit and Wisdom of Charles T. Munger.* Walworth Publishing Company. 2005.

5. Peter Bevelin. *Seeking Wisdom: From Darwin to Munger.* PCA Publications. 2007.

6. [美] 珍妮特‧洛爾，《查理‧芒格傳》，中國人民大學出版社，2009。
   Janet Lowe. *Damn Right! Behind the Scenes with Berkshire Hathaway Billionaire Charlie Munger*. Wiley, 2000.

7. [美] 沃倫‧巴菲特，《巴菲特致股東的信：股份公司教程》，機械工業出版社，2004。
   Lawrence A. Cunningham. *Essays of Warren Buffett: Lessons for Investors and Managers.* John Wiley & Sons Ltd, 2009.

8. Warren E. Buffett. *The Essays of Warren Buffett: Lessons for Corporate America.* The Cunningham Group, 2001.

9. [美] 安德魯‧基爾帕特里克，《永恆的價值：投資天才沃倫‧巴菲特傳》，上海遠東出版社，1998。
   Andrew Kilpatrick. *Of Permanent Value: The Story of Warren Buffett.* Andy Kilpatrick Pub Empire, 1998.

10. [美] 艾麗斯‧施羅德，《滾雪球：巴菲特和他的財富人生》，中信出版社，2009。
    Alice Schroeder. *The Snowball: Warren Buffett and the Business of Life.* Bantam Books, 2008.

11. Robert G. Hagstrom. *The Warren Buffett Portfolio: Mastering the Power of the Focus Investment Strategy*. John Wiley & Sons, 1999.

12. [美] 菲利普‧費舍，《怎樣選擇成長股》，地震出版社，2017。
    Philip A. Fisher. *Common Stocks and Uncommon Profits and Other Writings*. Wiley, 1996.

13. [美] 本傑明‧格雷厄姆，《格雷厄姆：華爾街教父回憶錄》，上海遠東出版社，2008.
    Benjamin Graham. *Benjamin Graham: The Memoirs of the Dean of Wall Street.* McGraw-Hill. 1996.

14. John Train. *Money Masters of Our Time.* HarperBusiness, 1994.

15. James R. Vertin and Charles D. Ellis. *Classics: The Most Interesting Ideas and Concepts from the Literature of Investing.* Business One Irwin, 1988.

16. James R. Vertin and Charles D. Ellis. *Classics II: Another Investor's Anthology*. Irwin Professional Pub, 1991.

17. [美] 喬爾·格林布拉特，《股市天才：發現股市利潤的秘密隱藏之地》，中國青年出版社，2011。
Joel Greenblatt. *You Can Be a Stock Market Genius: Uncover the Secret Hiding Places of Stock Market Profits*. Touchstone, 1999.

18. Howard Marks. *Memo to Oaktree Clients*. Wave Publishing, 2005.

19. [美] 喬治·索羅斯，《金融煉金術》，海南出版社，2016。
George Soros. *The Alchemy of Finance.* Wiley, 2007.

20. [美] 喬治·索羅斯，《我是索羅斯》，海南出版社，2011。
George Soros. *Soros on Soros.* Wiley, 1995.

21. Leon Levy and Eugene Linden. *The Mind of Wall Street: A Legendary Financier on the Perils of Greed and the Mysteries of the Market.* PublicAffairs, 2002.

22. David F. Swensen. *Unconventional Success: A Fundamental Approach to Personal Investment.* Free Press, 2005.

23. [英] 查爾斯·麥基，《大癲狂：非同尋常的大眾幻想與羣眾性癲狂》，電子工業出版社，2013。
Charles Mackay. *Extraordinary Popular Delusions and the Madness of Crowds.* Barnes & Noble Inc, 1994.

24. 查爾斯·P. 金德爾伯，《瘋狂、驚恐和崩潰：金融危機史》，中國金融出版社，2007。
Charles P. Kindleberger. *Manias, Panics, and Crashes: A History of Financial Crises.* Wiley, 2005.

25. [美] 巴頓·畢格斯，《財富、戰爭與智慧：二戰投資啟示錄》，大牌出版社，2015。
Barton Biggs. *Wealth, War and Wisdom.* Wiley, 2008.

26. [美] 瑞·達利歐，《原則》，中信出版社，2018。
Ray Dalio. *Principles: Life and Work*. Simon & Schuster, 2017.

27. [英] 約翰·羅斯查得，《戴維斯王朝：五十年華爾街成功投資歷程》，東方出版社，2005。
John Rothchild. *The Davis Dynasty: 50 Years of Successful Investing on Wall Street.* Wiley, 2001.

28. [美] 沃爾特·艾薩克森 ，《創新者：一羣技術狂人和鬼才程序員如何改變世界》，中信出版社，2017。
Walter Isaacson. *Innovators: How a Group of Hackers, Geniuses, and Geeks Created the Digital Revolution.* Simon & Schuster, 2014.

29. [美] 埃德溫·勒菲弗，《股票大作手回憶錄》，萬卷出版公司，2010。
Edwin Lefèvre. *Reminiscences of a Stock Operator*. Wiley, 2004.

30. 小弗雷德·施韋德，《客戶的遊艇在哪裏》，機械工業出版社，2010。
Fred Schwed Jr. *Where Are the Customers' Yachts? Or, A Good Hard Look at Wall Street.* Wiley, 1995.

31. Seth Klarman. *Margin of Safety: Risk-Averse Value Investing Strategies for the Thoughtful Investor*. HarperCollins, 1991.

32. Bruce Greenwald and Judd Kahn. *Competition Demystified: A Radically Simplified Approach to Business Strategy*. Portfolio, 2007.

33. S. Jay Levy and David A. Levy. *Profits and The Future of American Society*. Happer & Row, 1983.

34. [美] 馬丁·惠特曼，《馬丁·惠特曼的價值投資方法》，機械工業出版社，2013。
Martin J. Whitman. *Value Investing: A Balanced Approach.* Wiley, 1999.

35. [美] 戴維 · S. 蘭德斯，《國富國窮》，新華出版社，2010。

David. S. Landes. *The Wealth and Poverty of Nations: Why Some Are So Rich and Some So Poor.* W. W. Norton & Company, 1999.

36. [英] 弗里德利希·哈耶克，《通往奴役之路》，中國社會科學出版社，1997。

    F. A. Hayek. *The Road to Serfdom*. University of Chicago Press, 1994.

37. [美] 肯尼斯 ·R. 胡佛，《凱恩斯、拉斯基、哈耶克：改變世界的三個經濟學家》，上海社會科學院出版社，2013。

    Kenneth R. Hoover. *Economics as Ideology: Keynes, Laski, Hayek, and the Creation of Contemporary Politics.* Rowman & Littlefield Publishers, 2003.

38. Alan Greenspan and Adrian Wooldridge. *Capitalism in America: A History.* Penguin Press, 2018.

39. [美] 約瑟夫·熊彼特，《資本主義、社會主義與民主》，商務印書館，1999。

    Joseph A. Schumpeter. *Capitalism, Socialism and Democracy*. Routledge, 1994.

40. Charles R. Geisst. *Wall Street: A History*. Oxford University Press. 2018.

41. [美] 邁克爾·波特，《競爭優勢》，華夏出版社，2005。

    Michael E. Porter. *Competitive Advantage: Creating and Sustaining Superior Performance.* Free Press, 1998.

42. [美] 傑里米 J· 西格爾，《股市長線法寶》，機械工業出版社，2011。

    Jeremy J. Siegel. *Stocks for the Long Run: The Definitive Guide to Financial Market Returns and Long-Term Investment Strategies*. McGraw-Hill, 2002.

43. [美] 辜朝明，《大衰退年代：宏觀經濟學的另一半與全球化的宿命》，上海財經大學出版社，2019。

    Richard C.Koo. *The Other Half of Macroeconomics and the Fate of Globalization*. Wiley, 2018.

五、西方文明史

1. [古希臘]柏拉圖，《柏拉圖對話集》，上海譯文出版社，2013。
2. [古希臘]柏拉圖，《理想國》，商務印書館，1986。
3. [古希臘]荷馬，《荷馬史詩·伊利亞特》，人民文學出版社，2015。
4. [古希臘]荷馬，《荷馬史詩·奧德賽》，人民文學出版社，2015。
5. [古希臘]亞里士多德，《尼各馬可倫理學》，商務印書館，2003。
6. [古希臘]亞里士多德，《政治學》，商務印書館，1997。
7. [古希臘]修昔底德，《伯羅奔尼撒戰爭史》，上海人民出版社，2012。
8. [古羅馬]奧古斯丁，《懺悔錄》，商務印書館，1963。
9. 《聖經》。
10. [德]歌德，《浮士德》，上海譯文出版社，2007。
11. [英]霍布斯，《利維坦》，商務印書館，1985。
12. 法]盧梭，《社會契約論》，商務印書館，2003。
13. [意]尼科洛·馬基雅維里，《君主論》，譯林出版社，2012。
14. [英]約翰·洛克 ，《政府論》，中國社會科學出版社，2009。
John Locke. *Two Treatise of Government*. Hackett Publishing Company, Inc, 1980.
15. [英]約翰·密爾，《論自由》，商務印書館，2005。
John Stuart Mill. *On Liberty*. Simon & Brown, 2016.
16. [法]笛卡爾，《笛卡爾哲學原理》，商務印書館，1997。
17. [英]牛頓，《自然哲學的數學原理》，商務印書館，2006。
18. [英]達爾文，《物種起源》，商務印書館，1995。
19. [英]亞當·斯密，《國富論》，商務印書館，2015。
20. 法]托克維爾，《論美國的民主》，商務印書館，1989。
21. [美]漢密爾頓等，《聯邦黨人文集》(*The Federalist Papers*)，商務印書館，1980。

22. 《美國憲法》(*The Constitution of the United States*)、《獨立宣言》(*United States Declaration of Independence*)、《美國權利法案》(*United States Bill of Rights*)。

23. [奧地利]西格蒙德·弗洛伊德，《夢的解析》，上海三聯書店，2008。

24. John Arthur Garraty and Peter Gay. *The Columbia History of the World.* Harper & Row, 1987.

25. Contemporary Civilization Staff of Columbia College. *Introduction to Contemporary Civilization in the West.* Columbia University Press.

26. [美]斯塔夫·里阿諾斯，《全球通史：從史前史到21世紀》，北京大學出版社，2012。

27. [英]保羅·肯尼迪，《大國的興衰：1500–2000年的經濟變革與軍事衝突》，中信出版社，2013。
Paul Kennedy. *The Rise and Fall of the Great Powers: Economic Change and Military Conflict from 1500 to 2000*. Random House, 1987.

六、傳記類及其他

1. [美]本傑明·富蘭克林，《窮理查年鑒——財富之路》，上海遠東出版社，2003.
Benjamin Franklin. *Poor Richard's Almanack*. Peter Pauper Press, 1980.

2. Gordon S. Wood. *The Americanization of Benjamin Franklin*. Penguin Books, 2005.

3. [美]沃爾特·艾薩克森，《富蘭克林傳》，中信出版社，2016.
Walter Isaacson. *Benjamin Franklin: An American Life.* Simon & Schuster, 2003.

4. [美]沃爾特·艾薩克森，《列奧納多·達·芬奇傳：從凡人到天才的創造力密碼》，中信出版社，2018。
Walter Isaacson. *Leonardo da Vinci.* Simon & Schuster, 2017.

5. [美]沃爾特·艾薩克森，《愛因斯坦傳》，湖南科學技術出版社，2014。

Walter Isaacson. *Einstein: His Life and Universe*. Simon & Schuster, 2008.

6. [英] 大衛•坎納丁，《梅隆：一個美國金融政治家的人生》，上海遠東出版社，2010。
   David Cannadine. *Mellon: An American Life.* Knopf, 2006.
7. [美] 羅恩•徹諾，《沃伯格家族：一個猶太金融家族的傳奇》，上海遠東出版社，2011。
   Ron Chernow. *The Warburgs: The Twentieth-Century Odyssey of a Remarkable Jewish Family.* Random House, 1993.
8. [美] 羅恩•徹諾，《摩根財團：美國一代銀行王朝和現代金融業的崛起》，中國財政經濟出版社，2003。
   Ron Chernow. *The House of Morgan: An American Banking Dynasty and the Rise of Modern Finance.* Atlantic Monthly Press, 1990.
9. [美] 羅恩•徹諾，《洛克菲勒傳：全球首富的創富秘訣》，華東師範大學出版社，2013。
   Ron Chernow. *Titan: The Life of John D. Rockfeller Sr.* Vintage, 2004.
10. Joseph Frazier Wall. *Andrew Carnegie*. University of Pittsburgh Press, 1989.
11. [美] 安•蘭德，《源泉》，重慶出版社，2013。
    Ayn Rand. *The Fountainhead.* Plume, 1994.
12. [英] 喬治•奧威爾，《1984》，北京十月文藝出版社，2010。
    George Orwell. *1984*. Houghton Mifflin Harcourt, 2017.
13. [美] 扎卡里亞，《自由的未來》，上海譯文出版社，2014。
    Fareed Zakaria. *The Future of Freedom: Illiberal Democracy at Home and Abroad.* W. W. Norton & Company, 2003.
14. Fareed Zakaria. *The Post-American World.* W. W. Norton & Company, 2008.
15. [美] 格雷厄姆•艾利森，《注定一戰：中美能避免修昔底德陷阱嗎？》，上海人民出版社，2019。
    Graham Allison. *Destined for War: Can America and China Escape Thucydides's Trap?* Houghton Mifflin Harcourt, 2017.